轨道交通装备制造业职业技能鉴定指导丛书

变压器、互感器装配工

中国北车股份有限公司　编写

中国铁道出版社

2015年·北　京

图书在版编目(CIP)数据

变压器、互感器装配工/中国北车股份有限公司编写．—北京：中国铁道出版社，2015.6

(轨道交通装备制造业职业技能鉴定指导丛书)

ISBN 978-7-113-20375-7

Ⅰ.①变… Ⅱ.①中… Ⅲ.①变压器－装配(机械)－职业技能－鉴定－自学参考资料②互感器－装配(机械)－职业技能－鉴定－自学参考资料 Ⅳ.①TM405②TM450.5

中国版本图书馆CIP数据核字(2015)第097959号

书　　名： 轨道交通装备制造业职业技能鉴定指导丛书
变压器、互感器装配工
作　　者： 中国北车股份有限公司

策　　划： 江新锡　钱士明　徐　艳
责任编辑： 冯海燕　　**编辑部电话：** 010-51873371
封面设计： 郑春鹏
责任校对： 王　杰
责任印制： 郭向伟

出版发行： 中国铁道出版社(100054，北京市西城区右安门西街8号)
网　　址： http://www.tdpress.com
印　　刷： 北京尚品荣华印刷有限公司
版　　次： 2015年6月第1版　2015年6月第1次印刷
开　　本： 787 mm×1 092 mm　1/16　**印张：** 12.75　**字数：** 315千
书　　号： ISBN 978-7-113-20375-7
定　　价： 40.00元

序

在党中央、国务院的正确决策和大力支持下，中国高铁事业迅猛发展。中国已成为全球高铁技术最全、集成能力最强、运营里程最长、运行速度最高的国家。高铁已成为中国外交的新名片，成为中国高端装备"走出国门"的排头兵。

中国北车作为高铁事业的积极参与者和主要推动者，在大力推动产品、技术创新的同时，始终站在人才队伍建设的重要战略高度，把高技能人才作为创新资源的重要组成部分，不断加大培养力度。广大技术工人立足本职岗位，用自己的聪明才智，为中国高铁事业的创新、发展做出了重要贡献，被李克强同志亲切地赞誉为"中国第一代高铁工人"。如今在这支近5万人的队伍中，持证率已超过96%，高技能人才占比已超过60%，3人荣获"中华技能大奖"，24人荣获国务院"政府特殊津贴"，44人荣获"全国技术能手"称号。

高技能人才队伍的发展，得益于国家的政策环境，得益于企业的发展，也得益于扎实的基础工作。自2002年起，中国北车作为国家首批职业技能鉴定试点企业，积极开展工作，编制鉴定教材，在构建企业技能人才评价体系、推动企业高技能人才队伍建设方面取得明显成效。为适应国家职业技能鉴定工作的不断深入，以及中国高端装备制造技术的快速发展，我们又组织修订、开发了覆盖所有职业(工种)的新教材。

在这次教材修订、开发中，编者们基于对多年鉴定工作规律的认识，提出了"核心技能要素"等概念，创造性地开发了《职业技能鉴定技能操作考核框架》。该《框架》作为技能人才评价的新标尺，填补了以往鉴定实操考试中缺乏命题水平评估标准的空白，很好地统一了不同鉴定机构的鉴定标准，大大提高了职业技能鉴定的公信力，具有广泛的适用性。

相信《轨道交通装备制造业职业技能鉴定指导丛书》的出版发行，对于促进我国职业技能鉴定工作的发展，对于推动高技能人才队伍的建设，对于振兴中国高端装备制造业，必将发挥积极的作用。

中国北车股份有限公司总裁：

2015.2.7

前　言

鉴定教材是职业技能鉴定工作的重要基础。2002 年，经原劳动保障部批准，中国北车成为国家职业技能鉴定首批试点中央企业，开始全面开展职业技能鉴定工作。2003 年，根据《国家职业标准》要求，并结合自身实际，组织开发了《职业技能鉴定指导丛书》，共涉及车工等 52 个职业(工种)的初、中、高 3 个等级。多年来，这些教材为不断提升技能人才素质、适应企业转型升级、实施"三步走"发展战略的需要发挥了重要作用。

随着企业的快速发展和国家职业技能鉴定工作的不断深入，特别是以高速动车组为代表的世界一流产品制造技术的快步发展，现有的职业技能鉴定教材在内容、标准等诸多方面，已明显不适应企业构建新型技能人才评价体系的要求。为此，公司决定修订、开发《轨道交通装备制造业职业技能鉴定指导丛书》(以下简称《丛书》)。

本《丛书》的修订、开发，始终围绕促进实现中国北车"三步走"发展战略、打造世界一流企业的目标，努力遵循"执行国家标准与体现企业实际需要相结合、继承和发展相结合、坚持质量第一、坚持岗位个性服从于职业共性"四项工作原则，以提高中国北车技术工人队伍整体素质为目的，以主要和关键技术职业为重点，依据《国家职业标准》对知识、技能的各项要求，力求通过自主开发、借鉴吸收、创新发展，进一步推动企业职业技能鉴定教材建设，确保职业技能鉴定工作更好地满足企业发展对高技能人才队伍建设工作的迫切需要。

本《丛书》修订、开发中，认真总结和梳理了过去 12 年企业鉴定工作的经验以及对鉴定工作规律的认识，本着"紧密结合企业工作实际，完整贯彻落实《国家职业标准》，切实提高职业技能鉴定工作质量"的基本理念，在技能操作考核方面提出了"核心技能要素"和"完整落实《国家职业标准》"两个概念，并探索、开发出了中国北车《职业技能鉴定技能操作考核框架》；对于暂无《国家职业标准》、又无相关行业职业标准的 40 个职业，按照国家有关《技术规程》开发了《中国北车职业标准》。经 2014 年技师、高级技师技能鉴定实作考试中 27 个职业的试用表明：该《框架》既完整反映了《国家职业标准》对理论和技能两方面的要求，又适应了企业生产和技术工人队伍建设的需要，突破了以往技能鉴定实作考核中试卷的难度与完整性评估的"瓶颈"，统一了不同产品、不同技术含量企业的鉴定标准，提高了鉴定考核的技术含量，保证了职业技能鉴定的公平性，提高了职业技能鉴定工作质量和管理水平，将成为职业技能鉴定工作、进而成为生产操作者技能素质评价的新标尺。

本《丛书》共涉及98个职业(工种)，覆盖了中国北车开展职业技能鉴定的所有职业(工种)。《丛书》中每一职业(工种)又分为初、中、高3个技能等级，并按职业技能鉴定理论、技能考试的内容和形式编写。其中：理论知识部分包括知识要求练习题与答案；技能操作部分包括《技能考核框架》和《样题与分析》。本《丛书》按职业(工种)分册，并计划第一批出版74个职业(工种)。

本《丛书》在修订、开发中，仍侧重于相关理论知识和技能要求的应知应会，若要更全面、系统地掌握《国家职业标准》规定的理论与技能要求，还可参考其他相关教材。

本《丛书》在修订、开发中得到了所属企业各级领导、技术专家、技能专家和培训、鉴定工作人员的大力支持；人力资源和社会保障部职业能力建设司和职业技能鉴定中心、中国铁道出版社等有关部门也给予了热情关怀和帮助，我们在此一并表示衷心感谢。

本《丛书》之《变压器、互感器装配工》由中国北车集团大同电力机车有限责任公司《变压器、互感器装配工》项目组编写。主编郝朝阳，副主编朱佳良；主审刘金铎，副主审范丽娜；参编人员张超、杨建明、刘晓晔、白兰、林晓燕。

由于时间及水平所限，本《丛书》难免有错、漏之处，敬请读者批评指正。

中国北车职业技能鉴定教材修订、开发编审委员会

二〇一四年十二月二十二日

目　　录

变压器、互感器装配工(职业道德)习题

一、填 空 题

1. 安全管理的基本方针是安全第一,(　　)。

2. 劳动保护法规也叫(　　)。

3. 劳动保护法规是国家强制力保护的在(　　)中约束人们行为,以达到保护劳动者安全健康的一种行为规范。

4. 通常,建议在设备周围工作的所有人员应穿(　　)、戴防护镜和耳塞。

5. 要牢固树立(　　),质量至上的理念。

6. 劳动合同即将届满时,公司与员工应提前以(　　)就是否续订劳动合同达成协议,并由人力资源部办理相关手续。

7. 中华人民共和国安全生产法从(　　)起实施。

8. 我国安全生产的方针是安全第一(　　),综合治理。

9. 考勤是员工出、缺勤情况的真实记录,是(　　)的依据。

10. 三级安全教育分别是(　　)车间级、班组级。

11. 劳动卫生的中心任务是(　　),防止职业危害。

12. 中国劳动保护法规的指导思想是保护劳动者在生产劳动中的(　　)。

二、单项选择题

1. 下列不属于安全规程的是(　　)。

(A)安全技术操作规程　(B)产品质量检验规程
(C)工艺安全操作规程　(D)岗位责任制和交接班制

2. 通常,建议在设备周围工作的所有人员应穿戴(　　)。

(A)安全靴　(B)防护镜　(C)耳塞　(D)以上均需

3. 树立"用户至上"的思想,就要增强服务意识,端正服务态度,改进服务措施,达到(　　)。

(A)用户至上　(B)用户满意　(C)产品质量　(D)保证工作质量

4. 清正廉洁,克己奉公,不以权谋私、行贿受贿,是(　　)。

(A)职业态度　(B)职业修养　(C)职业纪律　(D)职业作风

5. 现场质量管理的目标是要保证和提高产品(　　)。

(A)设计质量　(B)符合性质量　(C)使用质量　(D)产品质量

6. 质量控制的目的在于(　　)。

(A)严格贯彻执行工艺规程　(B)控制影响质量的各种因素
(C)实现预防为主,提高经济效益　(D)控制影响质量的操作规程

7. 在增加职工的自觉性教育的同时，必须有严格的(　　)。

(A)管理制度　(B)奖罚制度　(C)岗位责任制　(D)经济责任制

8. 全面质量管理最基本的特点是(　　)。

(A)全面性　(B)全员性　(C)预防性　(D)局部性

9. 增加职工的(　　)意识，是搞好安全生产的重要环节。

(A)安全生产　(B)自我保护　(C)职业道德　(D)职业修养

10. 法律赋予职工享有接受教育培训，以使自己具备保护自己和他人所必须的知识与技能的权利，这项权利也是保证职工(　　)的前提条件。

(A)接受教育培训　(B)知情权和参与权

(C)掌握知识与技能　(D)参与技能培训

11.《安全生产法规》规定：从业人员发现直接危及人身安全的紧急情况时，有权停止作业或者在采取可能的应急措施后(　　)作业场所。

(A)坚守　(B)保护　(C)撤离　(D)封闭

12. 下列关于爱岗敬业的说法中，正确的是(　　)。

(A)市场经济鼓励人才流动，再提倡爱岗敬业已不合时宜

(B)即便在市场经济时代，也要提倡“干一行、爱一行、专一行”

(C)要做到爱岗敬业就应一辈子在岗位上无私奉献

(D)在现实中，我们不得不承认，“爱岗敬业”的观念阻碍了人们的择业自由

三、多项选择题

1. 劳动合同的订立应遵循以下(　　)。

(A)国家和地方政府有关法律法规的原则

(B)平等自愿、协商一致的原则

(C)权利和义务对等一致的原则

(D)公平、公正、公开的原则

2. 员工有下列情形之一的，公司可以解除劳动合同(　　)。

(A)提供与录用相关的虚假材料

(B)试用期内被证明不符合录用条件的

(C)严重违反劳动纪律或公司规章制度的

(D)严重失职、营私舞弊，给公司造成重大损失的

3. 下列说法中，符合“语言规范”具体要求的是(　　)。

(A)多说俏皮话　(B)用尊称，不用忌语

(C)语速要快，节省客人时间　(D)不乱幽默，以免客人误解

4. 下列有关职业道德修养的说法，正确的是(　　)。

(A)职业道德修养是职业道德活动的另一重要形式，它与职业道德教育密切相关

(B)职业道德修养是个人的主观的道德活动

(C)没有职业道德修养，职业道德教育不可能取得应有的效果

(D)职业道德修养是职业道德认识和职业道德情感的统一

5. 道德作为一种社会意识形态，在调整人们之间以及个人与社会之间的行为规范是，主

要依靠(　　)力量。

(A)信念　　(B)习俗　　(C)法律　　(D)社会舆论

6. 不安全行为是指造成事故的人为错误,下列(　　)行为属于人为错误的不安全行为。

(A)操作错误　　(B)忽视安全、忽视警告

(C)使用无安全装置设备　　(D)手代替工具操作

7. 预防事故的基本原则是(　　)。

(A)事故可以预防　　(B)防患于未然

(C)根除可能的事故原　　(D)全面处理的原则

8. 有关职业道德不正确的说法是(　　)。

(A)职业道德有助于提高劳动生产率,但无助于降低生产成本

(B)职业道德有助于增强企业凝聚力,但无助于促进企业技术进步

(C)职业道德有利于提高员工职业技能,增强企业竞争力

(D)职业道德只是有利于提高产品质量,但无助于提高企业信誉和形象

9. 下列关于职业技能构成要素之间的关系,不正确的说法是(　　)。

(A)职业知识是关键,职业技术是基础,职业能力是保证

(B)职业知识是保证,职业技术是基础,职业能力是关键

(C)职业知识是基础,职业技术是保证,职业能力是关键

(D)职业知识是基础,职业技术是关键,职业能力是保证

10. 下列关于职业道德与职业技能关系的说法,正确的是(　　)。

(A)职业道德对职业技能具有统领作用

(B)职业道德对职业技能有重要的辅助作用

(C)职业道德对职业技能的发挥具有支撑作用

(D)职业道德对职业技能的提高具有促进作用

11. 劳动保护是根据国家法律法规,依靠技术进步和科学管理,采取组织措施和技术措施,用以(　　)。

(A)消除危及人身安全健康的不良条件和行为

(B)防止事故和职业病

(C)保护劳动者在劳动过程中的安全和健康

(D)内容包括劳动安全、劳动卫生、女工保护、未成年工保护、工作时间和休假制度

四、判 断 题

1. 抓好职业道德建设,与改善社会风气没有密切的关系。(　　)

2. 职业道德也是一种职业竞争力。(　　)

3. 企业员工要认真学习国家的有关法律、法规,对重要规章、条例达到熟知,做到知法、懂法,不断提高自己的法律意识。(　　)

4. 劳动保护法规是国家劳动部门在生产领域中约束人们的行为,以达到保护劳动者安全健康的一种行为规范。(　　)

5. 安全规程具有法律效应,对严重违章而造成损失者给以批评教育、行政处分或诉诸法律处理。(　　)

6. 危险预知活动的目的是预防事故，它是一种群众性的“自我管理”。（　）
7. 仪容干净，衣着整洁，上岗按规定着装，佩戴胸卡，正确穿戴劳动防护用品。（　）
8. 全员参加管理，就是要求企业从厂长到工人，从关心产品质量，到做好本职工作。（　）
9. 从用户使用要求出发，产品质量就是产品的适用性。（　）
10. 质量是经济效益的基础，也是创汇能力的基础。（　）
11. 职业道德是人们职业活动中必须遵循的职业行为规范和必须具备的道德品质。（　）
12. 灭火措施主要是切断火源和隔绝空气两个方面。（　）
13. 社会主义职业道德建设是社会主义精神文明的重要组成部分。（　）
14. 电气火灾一般采用二氧化碳和泡沫灭火器、干粉及黄砂扑灭。（　）
15. 在生产中加强协作，互保安全，是加强班组管理的重要内容。（　）

变压器、互感器装配工(职业道德)答案

一、填 空 题

1. 预防为主　2. 安全管理法规　3. 生产领域　4. 安全靴
5. 安全第一　6. 书面形式　7. 2002年11月1日　8. 预防为主
9. 核算工资　10. 厂级　11. 改善劳动条件　12. 安全及健康

二、单项选择题

1. B　2. D　3. B　4. B　5. B　6. C　7. A　8. C　9. B
10. B　11. C　12. B

三、多项选择题

1. ABC　2. ABCD　3. BD　4. ABC　5. ABD　6. ABCD　7. ABCD
8. ABD　9. ABD　10. ACD　11. ABCD

四、判 断 题

1. ×　2. √　3. √　4. ×　5. ×　6. √　7. √　8. √　9. √
10. √　11. √　12. √　13. √　14. ×　15. √

变压器、互感器装配工(初级工)习题

一、填 空 题

1. 尺寸是用特定单位表示(　　)的数字。

2. 准确地表达物体的形状、尺寸、技术要求的图称为(　　)。

3. 一张完整的零件图应包括一组图形、(　　)、技术要求、标题栏。

4. 通过图形符号表达零件具体结构功用及加工方法的图纸叫(　　)。

5. 将两个或两个以上的电阻的一端全部连接在一个节点,而另一端全部连接在另一个节点,叫(　　)。

6. 变压器是由铁心和线圈组成的,铁心是变压器的(　　)。

7. 图纸上所画图形的大小与实物大小之比,称为(　　)。

8. 在用电压表测量电器两端电压时,电压表内阻越(　　)测量越准确。

9. 为了保证各种仪器仪表测量结果的准确一致,必须对各种仪器仪表进行检定和(　　)。

10. 一般万用表可以用来测量直流电压、交流电压、(　　)和直流电流。

11. 常用的仪表表盘上有≌符号,标明该表为(　　)。

12. 使用万用表之前,应先检查指针是否在零位,若不在零位,通过调整表面上的(　　)进行调整。

13. 金属材料的工艺性能包括:可铸性、可锻性(　　)、可焊性等。

14. 金属材料的机械性能是指金属材料(　　)作用而不致破坏的能力。

15. 常用材料可分为金属材料、(　　)材料、高分子材料及复合材料四大类。

16. 扁铜线的规格用其横截面的(　　)来表示,单位为 mm^2。

17. 纸包绕组线只有与(　　)配合使用,才能具有良好的电性能和很高的使用寿命。

18. 弹簧垫圈材料为(　　),装配后垫圈压平,其反弹力能使螺纹间保持压紧力和摩擦力。

19. 配合螺栓连接能精确固定被连接件的相对位置,并能承受较大的(　　),但孔的加工精度要求较高。

20. 机械图样中的粗实线,图线宽度为 b,一般应用于(　　)。

21. 三面体系中三个投影面分别为正面、(　　)和侧面。

22. 零件向基本投影面投影所得到的视图叫(　　)。

23. 装配图上,一般情况下,一套连接件如螺母、垫圈、螺栓可用一条(　　)画出。

24. 熔断器(　　)接在被保护的电路中,当发生短路或过载,而使电路电流增大,自动切断电路,保护电源和电器免受短路损害。

25. 配合是指基本尺寸相同的(　　)之间相互结合的关系。

26. 在公差与配合图解中,确定偏差的一条基准直线叫(　　),通常用来表示基本尺寸。

27. 金属材料的机械性能是指金属材料抵抗载荷作用而不致破坏的能力。通常包括硬度、塑性、韧性和(　　)等。

28. 常用金属材料分为黑色金属和(　　)两大类。

29. 铜合金 H70 的含义为黄铜,铜含量为(　　)。

30. 合金钢是指在碳素钢中加入一种以上一定数量的(　　),使其获得具有一定性质的钢。

31. 电工绝缘材料在正常运用条件下允许的最高工作温度等级称为(　　)。

32. 电工用塑料薄膜的厚度一般在(　　)mm 以下,其特点是厚度薄且具有优异的电气性能。

33. 划线是指根据图纸要求,准确地在毛坯或已加工表面上划出(　　)。

34. 根据零件加工的情况,划线基准通常有三种类型:(1)以两个相互垂直平面(或线)为基准;(2)以(　　)为基准;(3)以一个平面和一条中心线为基准。

35. 锉刀按齿的粗细分为:粗锉、中粗锉、(　　)和油光锉。

36. 电路的负载通称为(　　),其作用是把电能转变为其他形式的能量来满足一定的需要。

37. 家庭使用的电器设备都是(　　)连接的。

38. 电路中任意两点间的电位差叫(　　)。

39. 电磁材料交变磁化过程中,磁场强度 H 的变化,始终(　　)于磁感应强度 B 的变化。

40. 电工仪表是指测量各种(　　)的仪表。

41. 电工仪表品种规格繁多,基本可分为指示仪表、数字仪表和(　　)。

42. 电烙铁主要用于电器元件线路接头的(　　)。

43. 不致造成人身触电事故的电压称为(　　)。

44. 因人体接触或接近带电体所引起的局部受伤或死亡的现象称为(　　)。

45. 保护接零是将电气设备的金属外壳与中线连接,用在电源中性点(　　)的低压供电系统中。

46. 机构是由多个具有确定(　　)的零件所组成的整体。

47. 齿轮传动是依靠齿轮间的啮合来传递运动和(　　)的传动方式。

48. 滚动轴承常用的润滑剂有润滑油和(　　)两类,也有选用固体润滑剂的。

49. 常用设备中,主要有手工润滑、油芯润滑、(　　)润滑和集中循环润滑。

50. 板牙分为圆板牙和(　　)板牙。

51. 生产中常用的长度量具分为简单量具、游标读数量具、(　　)量具、指示式量具、块规。

52. 制定工艺规程需要产品图纸、(　　)和现有的生产条件等原始条件。

53. 在钢料上套丝要加(　　),提高螺纹光洁度和板牙的寿命。

54. 錾子一般用碳素工具钢锻制而成,并经淬火。常用錾子有扁錾、(　　)和油槽錾三种。

55. 凡是将两个以上的零件组合在一起或将零件与组件结合在一起,成为一个装配单元的装配工作称(　　)。

56. 部件装配的主要工作内容包括零件清洗、整形和(　　)、零件预装以及组件装配部件总装配调整四个过程。

57. 具有过盈量配合的两个零件，装配时先将包容件加热胀大，再将被包容件装入到配合位置的过程称为(　　)。

58. 过盈连接装配常用的方法有压入法、热胀配合法、(　　)和液压套合法。

59. 链条装配后，过紧会增加负载，(　　)。

60. 专为某一产品所用的工艺装备叫(　　)。

61. 通常按被测工件的(　　)确定测量器具的精度等级。

62. 利用游标卡尺测硅钢片厚度时，不允许过分地施加压力，所用压力仅仅是使两量爪(　　)零件表面正好。

63. 通常使用分度值为(　　)的千分尺测量硅钢片厚度。

64. 常用手电钻的种类有单相串激式手电钻和(　　)手电钻。

65. 钻孔时加切削液的目的是为了冷却和(　　)。

66. 长期搁置不用的电动工具，通电使用前应检查其(　　)是否良好。

67. 常用千斤顶有(　　)千斤顶、液压千斤顶、齿条千斤顶。

68. 机械设备使用人"三好"的内容包括管好、用好、(　　)。

69. 用万用表测量交流电压时，转换开关位置指向(　　)。

70. 用万用表测量电压或电流，如对被测量事先无数量，应选用(　　)试测。

71. 如果将电流表并联在负载两端，则会形成(　　)而烧坏表。

72. 用电压表测量读数时，要看准(　　)，特别是测量 10 V 以下小量程电压挡。

73. 已知电流表量程为 1 A，具有 200 分格，测得某电路电流时，指针偏转为 130 格，则实测电流为(　　)A。

74. 测量电气设备的绝缘电阻时，必须先(　　)电源。

75. 用兆欧表测过的设备，如含有电容，要及时(　　)，防止发生触电。

76. 连接接地体与电气测量装置之间的金属导体称为(　　)。

77. 电器与线路的带电部分，由于绝缘损坏而与其接地的金属结构部分发生的连接，称为(　　)短路。

78. 线圈套装后并绕导线间不得(　　)。

79. 并绕导线间由于(　　)损坏而形成的短路叫并绕导线间短路。

80. 防止线圈(　　)的措施是使并绕导线进行换位。

81. 线圈套装时应有(　　)吊具。

82. 用(　　)测定法来判断，高压侧电阻较大，低压侧电阻较小。

83. 电力机车牵引变压器高压侧绕组匝数较低压侧绕组匝数(　　)。

84. 设计夹件油道的作用是便于(　　)和绝缘。

85. 变压器铁心上铁轭装好后，应在表面均匀涂刷(　　)。

86. 铁轭是指铁心中不套(　　)的部分。

87. 铁心上铁轭和下铁轭之间靠(　　)固定。

88. 选用兆欧表时，主要考虑兆欧表的(　　)和测量范围。

89. 变压器引线焊接搭接面积应取最小截面导体的(　　)倍。

90. 引线焊接时,为防止烧坏纸板及线圈,常用石棉绳、石棉布来防护纸板及(　　)。

91. 270 km/h 高速动力车组变压器引线焊接采用 5%(　　)焊接。

92. 韶山 7 型系列电力机车壳式变压器线圈总整形时,应将线圈放置在油压机工作台的(　　)位置。

93. 导致绝缘材料的老化的原因很多,主要是(　　)因素。

94. 导线涡流损耗的大小与导线宽度及导线截面积的平方成(　　)。

95. 变压器引线焊接,如为铜绞线常采用(　　)焊丝。

96. 270 km/h 高速动力车组变压器引线由(　　)、接线片、绝缘材料组成。

97. 变压器器身进箱前,油箱内部需(　　)。

98. 变压器油箱内部按图纸技术要求应涂刷规定的(　　)。

99. 箱盖密封胶条的压缩量为胶条厚度的(　　)。

100. 铁心包着线圈的变压器是(　　)变压器。

101. 变压器铭牌上的容量、电压、电流等数据是(　　)数据。

102. 铭牌的作用是标明该设备的额定数据和(　　)。

103. 硅胶在干燥状态下呈(　　),吸湿后变成浅红色。

104. 吸湿器的作用是用以清除吸入空气中的杂质和(　　)。

105. 一般硅胶总量的半数以上(　　)或变质时,应进行干燥或更换。

106. 将零件和部件结合成(　　)完整的产品(机器)的装配称总装配,简称总装。

107. (　　)的叠积是铁心柱和铁轭的硅钢片之间,部分的交错搭接在一起,使接缝交错遮盖。

108. 常见的铁心叠积型式是(　　)。

109. 变压器使用的硅钢片厚度通常在 0.3～0.5 mm 左右,目的是为了限制硅钢片中的(　　),以及由此引起主磁通的削弱。

110. 壳式变压器铁心叠片种类比心式变压器铁心叠片种类(　　)。

111. 心式铁心叠片种类比壳式铁心叠片种类(　　)。

112. 韶山 3B 型电力机车牵引变压器铁心是(　　)的。

113. 韶山 6B 型电力机车牵引变压器铁心是(　　)的。

114. 韶山 4 改型电力机车牵引变压器铁心是(　　)的。

115. 韶山 7 型系列电力机车牵引变压器铁心是(　　)的。

116. 在电抗器铁心中,套线圈的部分称为(　　)。

117. 为保证叠片质量及提高叠片速度,可采用定位棒以圆孔定位,定位棒的直径比孔径(　　)。

118. 硅钢片表面刷漆的目的是减少(　　)。

119. 鉴定橡胶垫是否耐油,常用燃烧特征试验和(　　)来确定。

120. 大型变压器常采用(　　)的方式注油。

121. 当变压器绕组中通过交变电流时,绕组将受(　　)力作用。

122. 变压器电压变化率 ΔU 与负载电流的大小有关,负载电流越大,电压变化越(　　)。

123. 橡胶主要用作电线电缆的(　　)和护层材料。

124. 电抗器铁心气隙的作用是使铁心不易(　　)。

125. 变压器的副边额定电压是变压器(　　)时,副边绕组端电压的保证值。单位为伏或千伏。

126. 识读装配图是一个由浅入深、(　　)由此及彼的过程。

127. 三视图可以全面地揭示出各视图之间的(　　)和投影规律。

128. 在变压器的成品试验中,采用(　　)做电压比试验。

129. 用角度样板检验角度的方法是直接测量法中的(　　)量法。

130. 我国油耐压试验的标准油杯是采用(　　)或球形电极。

131. 组合体的定位尺寸是确定形体之间(　　)的尺寸。

132. 兆欧表的摇测速度为(　　),可以有±20%的变化。

133. 目前铁心心柱紧固常用(　　)绑扎。

134. 端子与油箱密封常采用橡胶密封件,密封件的压缩量应控制在垫厚的(　　)左右为宜。

135. 调整气隙垫块厚度可以改变电抗器的(　　)。

136. 环氧树脂在加入(　　)成型后具备了良好的机械性能和电气性能。

137. 机械设备润滑"五定"的内容是定人、定点、(　　)、定量和定质。

138. (　　)是指生态系统发展到一定阶段,它的能量流动、物质循环、生物种类的构成和各个种群的比例处于相对稳定的状态。

139. 变压器主要由铁心、(　　)和附属部分组成。

140. 绝缘材料在使用过程中,由于各种因素的长期作用会发生化学变化和物理变化,使电气性能和机械性能变坏,这种变化称(　　)。

141. 储油柜的主要作用是减少变压器与(　　)的接触面积,减缓变压器油的老化。

142. 测电笔只能用于对地电压小于(　　)以下的电路中。

143. 用一定的方式将零件装配在一起称为(　　)。

144. 换位导线按匝绝缘材料来分,可分为纸绝缘漆包换位导线和(　　)换位导线。

145. 兆欧表主要由(　　)、比率型电子测量机构和测量线路等部分组成。

146. 变压器在电力系统中的作用是(　　)。

147. 变压器铁心必须接地,其接地点必须(　　)接地。

148. 多层圆筒式绕组层间设置油道,主要是为了(　　)。

149. 线圈浸漆主要考虑(　　)。

150. 变压器温度升高时,绝缘电阻测量值(　　)。

151. 变压器温度升高时,绕组直流电阻测量值(　　)。

152. 变压器油中水分增加可使油的介质损耗因数(　　)。

153. 通过(　　)试验的数据可以求变压器的阻抗电压。

154. 油浸式变压器绕组温升限度为(　　)。

155. 用工频耐压试验可考核变压器的(　　)。

二、单项选择题

1. 三视图的投影规律是(　　)。

(A)主、俯视图长对正,主、左视图高平齐,俯、左视图宽相等

(B)主、俯视图宽对正,主、左视图长平齐,俯、左视图高相等

(C)主、俯视图长对正,主、左视图宽平齐,俯、左视图高相等

(D)主、俯视图高对正,主、左视图长平齐,俯、左视图宽相等

2. 把物体放在三个投影面中间,用正投影的方法作图,可得到三视图,其中,由前往后投影,画在正投影面的图形称为(　　)。

(A)主视图　　(B)俯视图　　(C)左视图　　(D)三视图

3. 电阻是表征导体对电流阻碍作用的物理量,用 R 表示,它的单位是(　　)。

(A)欧姆　　(B)伏特　　(C)安培　　(D)瓦特

4. 下列图形符号,其中(　　)表示晶体二极管。

(A) 　　(B) 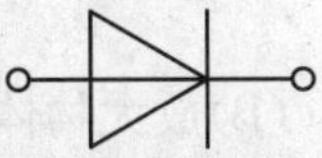　　(C) 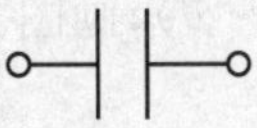　　(D)

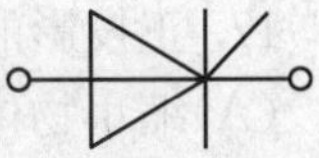

5. 变压器连接在电路中的作用是(　　)。

(A)改变交流电路的电压和实现电路间隔离

(B)改变直流电路的电压和实现电路间隔离

(C)改变电路中的电功率

(D)改变直流电路的电压和电流值

6. 同一零件的各个视图(　　)。

(A)必须采用同一比例

(B)可以采用不同比例,只要形状对,不需另加标注

(C)应采用同一比例,若某一视图采用不同比例时,需另加标注

(D)绘图时没有统一标准

7. 一般普通万用表拨至欧姆挡位时,内部电池使(　　)。

(A)红表笔为高电位,黑表笔为低电位

(B)红表笔为低电位,黑表笔为高电位

(C)不确定

(D)两表笔电位相同

8. 单向有功电能表的电流线圈与相线串联,而电压线圈必须与电路(　　)。

(A)串联　　(B)并联　　(C)可以任意连接　　(D)开路

9. 一般情况下,以下(　　)工作时,需自带电源。

(A)兆欧表　　(B)电压表　　(C)电流表　　(D)万用表

10. 用万用表直流电压挡测正弦交流电压,其指标值为(　　)。

(A)电压有效值　　(B)电压峰值的 $1/\pi$ 倍值

(C)0　　(D)电压峰值

11. 用(　　)材料做成铁心,可以大大地增强磁场强度,增加磁回路的磁通量,改善磁特性。

(A)软磁　　(B)硬磁

(C)磁温度补偿合金　　(D)矩磁

12. 电磁式电压表所测电压为交流电压的(　　)。

(A)有效值　　(B)平均值　　(C)峰值　　(D)峰峰值

13. 电机、变压器用硅钢片做成各种形状的铁心，主要是利用硅钢片的(　　)。

(A)高导磁性能　(B)磁饱和性能　(C)磁滞性能　(D)剩磁性能

14. 制造电机和变压器的硅钢片，属(　　)。

(A)软磁材料　(B)硬磁材料　(C)矩磁材料　(D)非铁磁材料

15. 普通螺栓连接常用于被连接件(　　)，并能从连接件两边进行装配的场合。

(A)不太厚　(B)太厚　(C)精加工　(D)固定性好

16. 机械图样中的图线分为粗细两种，粗线宽度为 b，可在 0.5～2 mm 之间选取，细线宽度约为(　　)。

(A)0.1b　(B)0.9b　(C)$b/5$　(D)$b/3$

17. 正投影的特点是：(　　)，画图方便。

(A)缩小物体大小　(B)放大物体大小

(C)如实反映物体形状和大小　(D)依据实际需要改变物体大小

18. 工程上常说的三视图通常指主视图、俯视图和(　　)。

(A)仰视图　(B)右视图　(C)左视图　(D)侧视图

19. 电流的大小和方向都不随时间的变化而改变，称为(　　)。

(A)交流电　(B)直流电　(C)脉流电　(D)交直电

20. 公差等级是确定尺寸精确程度的等级，属于同一公差等级的公差对所有基本尺寸，虽数值不同，均被认为具有(　　)的精确程度。

(A)同等　(B)不等　(C)不确定　(D)相差不多

21. 在载荷作用下，抵抗变形和破裂的能力，称为金属材料的(　　)。

(A)强度　(B)塑性　(C)韧性　(D)硬度

22. 用于制造切削速度较高的刀具一般用(　　)。

(A)高速钢　(B)合金结构钢　(C)特殊性能钢　(D)碳素钢

23. 平面划线时，需确定(　　)个基准。

(A)一个　(B)两个　(C)三个　(D)四个

24. 锯割管材用(　　)锯条最适合。

(A)粗齿　(B)细齿　(C)中齿　(D)以上三种都行

25. 电阻并联时，其等效电阻(　　)其中阻值最小的电阻。

(A)大于　(B)小于　(C)等于　(D)不一定

26. 在下面电路中，A、C 间电压等于(　　)。

(A)0　(B)24 V　(C)R 两端电压　(D)12 V

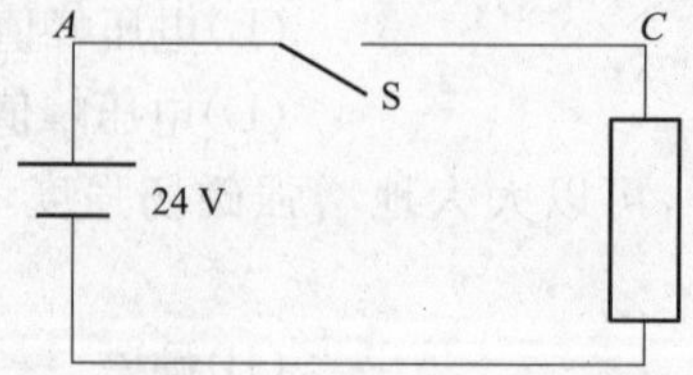

27. 电阻 R_1、R_2、R_3，将它们并联到电源上，比较三电阻上电压降，则(　　)。

(A)R_1上电压大　(B)R_2上电压大　(C)R_3上电压大　(D)一样大

28. 反映磁场中某一区域磁场强弱的物理量是(　　)。

(A)磁通量　(B)磁感应强度　(C)磁场强度　(D)磁导率

29. 感应强度的单位是(　　)。

(A)韦伯(Wb)　(B)特斯拉(T)　(C)享/米(H/m)　(D)安/米(A/m)

30. 仪表盘上标有⑩表示该表(　　)。

(A)为电磁式仪表　(B)仪表准确等级基本误差±1.0%

(C)应垂直放置　(D)仪表绝缘耐压等级为10 V

31. 仪表盘上"←",表示该仪表为(　　)。

(A)电动式仪表　(B)水平放置　(C)垂直放置　(D)直流

32. 用万用表测直流电压、电流时,要注意测棒与测孔一致,且测棒(　　),确保接入被测电路的正、负要正确。

(A)红色为"+",黑色为"-"　(B)红色为"-",黑色为"+"

(C)不确定　(D)通过试验确定

33. 安全电压一般规定为低于(　　)的电压。

(A)25 V　(B)36 V　(C)72 V　(D)220 V

34. 电力变压器的中性点接地属于(　　)。

(A)保护接地　(B)工作接地

(C)保护接地,也是工作接地　(D)可以不接地

35. 发生电气故障造成漏电、走火引起燃烧时,应立即断开电源,并可用(　　)灭火。

(A)黄砂、四氯化碳灭火机　(B)水

(C)酸碱泡沫类灭火机　(D)以上均可

36. 能代替人的劳动去变换机械能或完成有用的机械功的零件组合体称为(　　)。

(A)机构　(B)机器　(C)构件　(D)以上三种都对

37. 一般加工薄壁管子时选用(　　)锯条。

(A)粗齿　(B)中齿　(C)细齿　(D)任意齿

38. 板牙是加工(　　)的工具。

(A)内螺纹　(B)外螺纹　(C)倒角　(D)打磨

39. 液压系统中,使油温升高的主要因素是(　　)。

(A)压力损失大　(B)机械损失大

(C)油箱散热条件差　(D)以上三原因都有

40. 按(　　)来选取相适应测量范围的量具。

(A)被测工件尺寸精度　(B)被测工件尺寸大小

(C)被测工件加工数量　(D)被测工件结构特点

41. (　　)是利用螺旋副原理制成的通用量具,用它可以测量各种外形尺寸和形位误差。

(A)内径千分尺　(B)外径千分尺　(C)塞尺　(D)游标卡尺

42. 一般测圆的内、外径及长度用(　　)。

(A)普通游标卡尺　(B)深度游标卡尺　(C)高度游标卡尺　(D)都行

43. 手摇钻以手摇为动力,适用于(　　)。

(A)较硬材料上钻小孔　(B)较硬材料上钻大孔

(C)较软材料上钻大孔　(D)较软材料上钻小孔

44. 风砂轮使用时一定要使用配套直径和材质的砂轮，工作时应(　　)注油一次。

(A)每 1～2 h　(B)每 8 h　(C)每 30 min　(D)每周

45. 液压千斤顶使用时，只适宜(　　)使用。

(A)垂直　(B)倒置

(C)横放　(D)根据场地需要放置

46. 机械设备的例行保养包含(　　)。

(A)班前　(B)班中

(C)班后　(D)班前、班中和班后

47. 用万用表测量电流时，应将旋转开关拨向(　　)挡位置上，然后把万用表串入被测电路中。

(A)A　(B)mA　(C)V　(D)Ω

48. 在用万用表测量电阻时，(　　)。

(A)一定不能带电测量　(B)可带低压测量

(C)带电测量不影响表的使用　(D)带电测量不影响测量精度

49. 下图的测量电路，适用于测量(　　)。

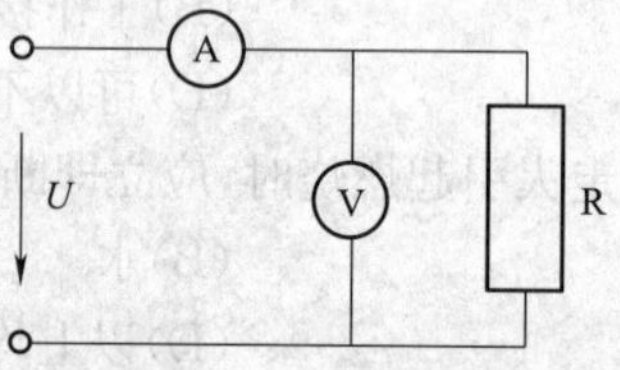

(A)较小的电阻　(B)较大的电阻　(C)较大的电压　(D)较大的电流

50. 如果将电压表串接在被测电路中则(　　)。

(A)使测量电路不通，负载无法工作　(B)使测量电路短路

(C)负载能正常工作，被测值不准确　(D)测量结果正确

51. 用×1 k 挡测电阻，表头读数为 2.6，则实测电阻为(　　)。

(A)2.6 kΩ　(B)26 Ω　(C)26 kΩ　(D)260 Ω

52. 已知电压表量程为 1 kV，具有 150 分格，现测一电压值，指针偏转 120 格，则此实测电压为(　　)。

(A)150 V　(B)120 V　(C)800 V　(D)1 kV

53. 用绝缘电阻表进行测量时，应将被测绝缘电阻接在绝缘电阻表的(　　)之间。

(A)L 端和 E 端　(B)L 端和 G 端　(C)E 端和 G 端　(D)任意两端均可

54. 兆欧表在使用之前先转动几下，看看指针是否在"∞"处，然后再将(　　)两个接线柱短接，慢慢地转动兆欧表，查看指针是否在"0"位。

(A)L 端和 E 端　(B)L 端和 G 端　(C)E 端和 G 端　(D)任意两端

55. 绝缘电阻为"0"，说明所测回路有(　　)。

(A)短路现象　(B)开路现象　(C)正常　(D)不确定

56. 线圈套装后测量并绕导线间绝缘电阻的仪表是(　　)。

(A)兆欧表　(B)功率表　(C)电流表　(D)电压表

57. 线圈并绕导线间短路与线圈性能(　　)。

(A)有关　(B)无关　(C)不一定有关　(D)可以不考虑

58. 线圈套装吊具选用(　　)。

(A)专用吊具　(B)钢丝绳　(C)尼龙绳　(D)通用吊具

59. 线圈套装时要确保(　　),线圈的轴向要可靠地压紧,并防止线圈的绝缘在运行时磕碰而产生振动变形。

(A)与铁心同心　(B)下端圈放平

(C)线圈轴向铅垂　(D)上端圈不超过铁心窗口

60. 变压器铁心采用相互绝缘的薄硅钢片制造,主要目的是为了降低(　　)。

(A)铜耗　(B)杂散损耗　(C)涡流损耗　(D)磁滞损耗

61. 变压器线圈引出线与接线片焊接常用(　　)焊接接头。

(A)T 型　(B)搭接　(C)对接　(D)角接

62. 为防止或减小焊接残余应力和变形,必须选择合理的(　　)。

(A)预热温度　(B)焊接材料　(C)焊接顺序　(D)焊接速度

63. 锡的熔点为(　　)。

(A)320℃　(B)232℃　(C)327℃　(D)418℃

64. 韶山 7 型系列电力机车牵引变压器引线焊接采用(　　)焊接。

(A)磷铜焊丝　(B)不锈钢焊丝　(C)合金钢焊丝　(D)铝合金焊丝

65. 韶山 7 型系列电力机车壳式牵引变压器线圈分组整形分(　　)组。

(A)七　(B)八　(C)六　(D)五

66. 韶山 7 型系列电力机车壳式变压器下油箱调平使用(　　)。

(A)水平仪　(B)钢板尺　(C)卷尺　(D)铅锤

67. 韶山 7 型系列电力机车壳式牵引变压器焊接上下油箱时,焊接顺序应为(　　)。

(A)按逆时方向连续焊　(B)按顺时方向连续焊

(C)对称点焊后连续焊　(D)跳跃连续焊

68. 变压器高压引线包扎绝缘层单边厚度(　　)低压引线包扎绝缘层单边厚度。

(A)等于　(B)大于　(C)小于　(D)大于等于

69. 低压引线包扎绝缘层单边厚度(　　)高压引线包扎绝缘层单边厚度。

(A)等于　(B)大于　(C)小于　(D)大于等于

70. 变压器引线与接线片气焊后,常用(　　)方法清除表面氧化皮。

(A)磨光　(B)抛光　(C)刷光　(D)喷砂

71. 铜排开槽的目的是(　　)。

(A)方便焊接　(B)隔断传热　(C)节省材料　(D)美观

72. 绝缘材料按极限温度可划分为(　　)个耐热等级。

(A)七　(B)六　(C)五　(D)八

73. 变压器油的主要作用是(　　)。

(A)冷却和绝缘　(B)绝缘　(C)冷却　(D)灭弧

74. 变压器油箱内部按规定应涂刷(　　)保护表面。

(A)防锈漆　(B)绝缘漆　(C)醇酸磁漆　(D)酚醛调合漆

75. 心式变压器箱盖四周螺栓紧固件应采用(　　)紧固。

(A)按逆时方向顺序　　(B)按顺时方向顺序
(C)对称分别紧固顺序　　(D)跳跃式顺序

76. 变压器绕组对油箱的绝缘属于(　　)。
(A)外绝缘　　(B)主绝缘　　(C)纵绝缘　　(D)横绝缘

77. 国产变压器油的牌号是用油的(　　)来区分和表示的。
(A)凝固点　　(B)温度　　(C)绝缘强度　　(D)水分

78. 变压器铭牌上的额定容量是指(　　)。
(A)有功功率　　(B)无功功率　　(C)视在功率　　(D)平均功率

79. 变压器油粘度说明油的流动性好坏,温度越高,粘度(　　)。
(A)越大　　(B)越小　　(C)非常大　　(D)不变

80. 硅胶装在牵引变压器的(　　)中。
(A)吸湿器　　(B)防爆装置　　(C)温度信号计　　(D)油流继电器

81. 油浸变压器的吸湿器硅胶的受潮部分不应超过(　　)。
(A)1/2　　(B)1/3　　(C)1/4　　(D)1/5

82. 图样上标注的数值必须是零部件的(　　)尺寸。
(A)实际　　(B)图形　　(C)比实际小　　(D)比实际大

83. 材料受外力不破坏或不改变其本身的能力叫强度,其单位用(　　)表示。
(A)N/mm^2　　(B)N/mm　　(C)N/m　　(D)N

84. 绕组每列垫块参差不齐的程度不应超过(　　)mm。
(A)1　　(B)2　　(C)3　　(D)4

85. 电力机车牵引变压器铁心的叠积型式是(　　)。
(A)对接式　　(B)搭接式　　(C)角接式　　(D)T 形

86. 硅钢片的叠积一般是(　　)片分层交替进行。
(A)1　　(B)2～3　　(C)4　　(D)5

87. 硅钢片的退火温度一般不低于(　　)。
(A)700℃　　(B)800℃　　(C)1 000℃　　(D)600℃

88. 为保证叠片质量及提高叠片速度,可采用定位棒以圆孔定位,定位棒的直径比孔径小(　　)。
(A)0.5 mm　　(B)1～2 mm　　(C)3 mm　　(D)4 mm

89. 固体绝缘零件如果受潮,其绝缘强度(　　)。
(A)增高　　(B)不变　　(C)降低　　(D)剧增

90. 调整气隙垫块厚度可以改变电抗器的(　　)。
(A)功率　　(B)电感　　(C)电流　　(D)电压

91. 兆欧表是测量绝缘电阻和(　　)的专用仪表。
(A)吸收比　　(B)变比　　(C)电流比　　(D)电压比

92. 兆欧表的 L 端子应接于被试设备的高压导体上;E 端子应接于(　　)。
(A)被试设备的高压导体上　　(B)被试设备的外壳或接地
(C)试验时需要屏蔽的电极　　(D)相线上

93. 用兆欧表测量绝缘电阻时,其中(　　)端的连接线要与大地保持良好接触。

(A)E (B)L (C)G (D)任一

94. 要测量 380 V 的交流电动机绝缘电阻,应选用额定电压为(　　)的兆欧表。

(A)250 V (B)500 V (C)1 000 V (D)1 500 V

95. 变压器铁心应在(　　)的情况下运行。

(A)不接地 (B)一点接地 (C)两点接地 (D)多点接地

96. 变压器铁心叠法中,损耗最小的是(　　)。

(A)直接 (B)半直半斜 (C)斜接 45° (D)搭接

97. 铁心夹紧结构中带有方铁时,方铁应(　　)。

(A)与铁心及夹件绝缘 (B)与铁心有一点相连,与夹件绝缘

(C)与铁心绝缘,与夹件有一端相连 (D)与铁心绝缘,与夹件两端相连

98. 铁心夹紧的顺序,应该从(　　)进行。

(A)从左边到右边 (B)从右边到左边

(C)从中部到两边 (D)从两边到中部

99. 接线端子与油箱密封常采用橡胶密封件,密封件的压缩量应控制在垫厚的(　　)左右为宜。

(A)1/2 (B)1/3 (C)1/4 (D)1/5

100. 电力机车牵引变压器套管是引线与(　　)间的绝缘。

(A)高压绕组 (B)低压绕组 (C)油箱 (D)铁心

101. 在相同距离的情况下,沿面放电电压比油隙放电电压(　　)。

(A)高很多 (B)低很多 (C)高不多 (D)差不多

102. 变压器空载合闸电流之所以很大,是由于变压器(　　)现象引起的。

(A)铜损耗 (B)涡流 (C)无负载 (D)铁心饱和

103. 在变压器油耐压试验中,取(　　)油击穿电压的平均值加以记录。

(A)3 次 (B)4 次 (C)6 次 (D)5 次

104. 电压互感器在电路中的主要作用是(　　)。

(A)测量功率 (B)变流

(C)变压和电路隔离起保护作用 (D)测量电荷

105. 净油器内硅胶的用量一般取变压器油量的(　　)。

(A)1% (B)2% (C)3% (D)5%

106. 变压器绝缘的使用寿命和长期运行的温度有关,温度每降低(　　),绝缘老化的寿命约提高一倍。

(A)8℃ (B)6℃ (C)10℃ (D)4℃

107. 形位公差代号相应的公差数值后面加注(+)表示若被测要素有误差(　　)。

(A)只许中间向材料外凸起 (B)只许中间向材料内凹进

(C)只许两边向材料外凸起 (D)只许两边向材料内凹进

108. 当变压器温度上升时,铜损将(　　)。

(A)增加 (B)减少 (C)不变 (D)不确定

109. 净油器将变压器油连续再生处理,能除去油中的(　　)。

(A)杂质和水分 (B)杂质和气体

(C)水分和气体　　(D)杂质、水分和气体

110. 直流双臂电桥主要用于测量(　　)电阻。

(A)小　　(B)中等　　(C)大　　(D)都行

111. 韶山7型电力机车牵引变压器型号为JDFP2-7700/25型，其中FP是指(　　)。

(A)强迫油循环风冷　　(B)强迫油循环水冷

(C)强迫水循环风冷　　(D)强迫水循环水冷

112. 有关导线的电阻，以下(　　)是正确的。

(A)导线电阻与导线长度成正比，与导线横截面积成反比，并与导线材质和温度有关

(B)导线电阻与导线长度、横截面积无关

(C)导线电阻只与外加电压与电流有关

(D)导线电阻与导线长度成反比，与导线横截面积成正比，并与导线材质和温度有关

113. 环氧树脂的主要用途是(　　)。

(A)金属与非金属之间的粘接　　(B)金属之间的粘接

(C)非金属之间的粘接　　(D)以上三种都行

114. 高级优质碳素钢含(　　)较低。

(A)碳　　(B)硅　　(C)镁　　(D)硫和磷

115. 无机粘合剂的主要缺点是(　　)。

(A)强度大　　(B)脆性大

(C)强度低和脆性大　　(D)强度大和脆性低

116. 花键连接能保证轴与轴上零件有较高的(　　)要求。

(A)同轴度　　(B)垂直度　　(C)平行度　　(D)平面度

117. 下列机车能源利用率最高的是(　　)。

(A)蒸汽机车　　(B)内燃机车　　(C)电力机车　　(D)都一样

118. 电力机车的传动装置是(　　)。

(A)齿轮传动　　(B)带传动　　(C)链传动　　(D)丝杆传动

119. 电机电枢轴与小齿轮的配合是(　　)。

(A)过盈配合　　(B)过渡配合　　(C)间隙配合　　(D)松配合

120. 粘接结合处的表面应尽量(　　)。

(A)粗糙些　　(B)细些　　(C)粗细均可　　(D)都不对

121. 在研磨中起调和磨料、冷却和润滑作用的是(　　)。

(A)研磨液　　(B)研磨剂　　(C)磨料　　(D)都不对

122. 当工件的强度、硬度、塑性愈大时，刀具寿命(　　)。

(A)愈高　　(B)愈低　　(C)正常　　(D)都不对

123. 内径千分尺的刻线方向与外径千分尺的刻线方向(　　)。

(A)相同　　(B)相反　　(C)完全一样　　(D)都不对

124. 冷校正由于冷作硬化现象的存在，只适用于(　　)的材料。

(A)刚性好、变形严重　　(B)塑性好、变形不严重

(C)刚性好、变形不严重　　(D)塑性好、变形严重

125. 装配时，使用可换垫片，衬套和镶条等，以消除零件间的累积误差或配合间隙的方法

是(　　)。

(A)修配法　(B)选配法　(C)调整法　(D)互换法

126. 淬火加(　　)即为调质处理。

(A)低温回火　(B)中温回火　(C)高温回火　(D)正火

127. 机械制造中常用的长度单位为(　　)。

(A)m(米)　(B)mm(毫米)　(C)μm(微米)　(D)dm(分米)

128. 60Si2Mn 为(　　)。

(A)工具钢　(B)弹簧钢　(C)结构钢　(D)碳素钢

129. SS4 型电力机车通过的最小曲线半径为(　　)。

(A)125 m　(B)150 m　(C)100 m　(D)200 m

130. 电力机车与车列的连挂装置是(　　)。

(A)车体支承装置　(B)辅助装置　(C)牵引缓冲装置　(D)车钩

131. 牵引变压器字母牌的固定方式通常采用(　　)。

(A)螺钉紧固　(B)铆钉　(C)胶粘　(D)都对

132. 安全电压为(　　)的电压。

(A)低于 250 V 高于 36 V　(B)低于 36 V

(C)低于 20 V　(D)低于 220 V

133. 在正常情况下,把电器设备不带电的金属部分用导线与大地连接起来叫做(　　)。

(A)保护接零　(B)保护接地　(C)绝缘　(D)断路保护

134. 大型变压器油箱内壁装屏蔽常采用(　　)方法。

(A)用铝板做成的反磁的电屏蔽　(B)用硅钢片做成的磁屏蔽

(C)以上两种都可以采用　(D)以上两种都不可以采用

135. 电线电缆的安全载流量是指(　　)。

(A)不超过它的最高工作温度条件下的电流

(B)允许通过的最大电流

(C)允许长期通过的最大电流

(D)A 和 B

136. 变压器储油柜的作用是(　　)。

(A)减少油与空气的接触　(B)调节变压器油体积

(C)A 和 B　(D)以上都不对

137. 下列防松方式中,不属于机械防松方式的是(　　)。

(A)止动垫圈　(B)弹簧垫圈　(C)锁紧螺母　(D)涂螺纹防松胶

138. 采用双头螺栓装配时,其轴心线必须与机体表面(　　)。

(A)同轴线　(B)平行　(C)垂直　(D)倾斜

139. 螺纹公称直径指(　　)。

(A)大径基本尺寸　(B)小径基本尺寸　(C)中径基本尺寸　(D)都不对

140. 机械制图中,1∶2 的比例是(　　)。

(A)放大的比例　(B)缩小的比例　(C)与实物相同　(D)与实物无关

141. 电力机车的控制是靠(　　)实现的。

(A)机械部分　(B)电气部分　(C)空气制动部分　(D)其他

142. 欧姆定律的内容是(　　)。
(A)导体的电阻与电压成正比,与电流成反比
(B)导体两端的电压随着电流的增加而增加
(C)导体的电流与电压成正比,与电阻成反比
(D)都不对

143. 金属材料抵抗冲击载荷的作用而不被破坏的能力称为金属材料的(　　)。
(A)塑性　(B)韧性　(C)疲劳　(D)强度

144. 使钢产生冷脆性的元素是(　　)。
(A)P　(B)S　(C)Si　(D)Mn

145. 一般情况下优先使用的配合基准制为(　　)。
(A)基轴制　(B)基孔制　(C)任意　(D)基准制

146. (　　)承担机车重量,产生传递机车牵引力和制动力。
(A)车体　(B)转向架　(C)车体支承装置　(D)牵引缓冲装置

147. 发现精密量具有不正常现象时,应(　　)。
(A)进行报废　(B)及时送交计量检修
(C)继续使用　(D)自行维修

148. 工件材料的强度和硬度愈高,切削力就(　　)。
(A)愈大　(B)愈小　(C)一般不变　(D)都不对

149. 在零件图上用来确定其他点、线、面位置的基准,称为(　　)基准。
(A)设计　(B)划线　(C)定位　(D)加工

150. 螺纹相邻两牙,在中径线上对应两点的轴向距离叫(　　)。
(A)导程　(B)螺距　(C)大径　(D)小径

151. 用直径在 8 mm 以下的钢铆钉铆时,一般情况下采用(　　)。
(A)热铆　(B)冷铆　(C)混合铆　(D)都不对

152. 材料弯曲变形后,外层受拉力而(　　)。
(A)缩短　(B)长度不变　(C)伸长　(D)都不对

153. 聚丙烯酸酯粘合剂,因固化(　　),不适用于大面积粘接。
(A)速度快　(B)速度慢　(C)速度适中　(D)都不对

154. 皱纹纸在油中的电气性能很好,它是由硫酸盐纸浆制成(　　)再加工制成的。
(A)电缆纸　(B)电话纸　(C)电容器纸　(D)浸渍纸

155. 绕组的端部绝缘不够,试验时(　　)影响。
(A)没有　(B)有击穿　(C)有烧坏　(D)有

156. (　　)是非导磁材料。
(A)铁　(B)硅钢片　(C)不锈钢　(D)铜

157. 下列各参数中(　　)是表示变压器油电气性能好坏的主要参数之一。
(A)酸值　(B)绝缘强度　(C)可溶性酸碱　(D)以上都不对

158. 考验变压器绝缘水平的一个决定性试验项目是(　　)。
(A)直流电阻试验　(B)工频耐压试验　(C)变压比试验　(D)以上都不对

159. 当温度升高时,受潮绝缘的电容量将(　　)。

(A)增加　(B)减小　(C)不变　(D)不一定

160. 电源频率增加一倍,变压器绕组的感应电势(　　)。

(A)增加一倍　(B)不变

(C)是原来的1/2　(D)略有增加(电源电压不变)

161. 常用的冷却介质是变压器油和(　　)。

(A)水　(B)空气　(C)风　(D)SF_6

162. 新变压器油在20℃,频率为50 Hz,其介电系数为(　　)。

(A)1.1～1.9　(B)2.1～2.3　(C)3.1～3.3　(D)4.1～4.9

163. 引线和分接开关的绝缘属(　　)。

(A)内绝缘　(B)外绝缘　(C)半绝缘　(D)以上都不对

三、多项选择题

1. 变压器储油柜的作用主要有(　　)。

(A)散热　(B)减少油与空气的接触面积

(C)主箱体油收缩与膨胀的容器　(D)安装油位计

2. 目前动力分散型动车组对牵引变压器的要求是(　　)。

(A)体积小　(B)重量轻　(C)高阻抗　(D)低漏感

3. 按铁心结构,变压器可以分为(　　)。

(A)Y型　(B)△型　(C)壳式　(D)芯式

4. 瓦斯继电器的主要作用是(　　)。

(A)低油位报警　(B)轻瓦斯报警　(C)重瓦斯报警　(D)油流故障报警

5. 以下变压器出现哪种故障或报警时列车必须降功率运行或停车(　　)。

(A)油流继电器报故障　(B)瓦斯报警

(C)油位报警　(D)温度报警

6. 发现变压器油温过高后,应对(　　)进行检查。

(A)油泵是否正常工作　(B)蝶阀是否打开

(C)冷却器进风口有无堵塞　(D)风机是否工作

7. 变压器按用途分可分为(　　)。

(A)电力变压器　(B)特种变压器　(C)升压变压器　(D)降压变压器

8. 具有储能功能的电子元件有(　　)。

(A)电阻　(B)电感　(C)三极管　(D)电容

9. 简单的直流电路主要由(　　)这几部分组成。

(A)电源　(B)负载　(C)连接导线　(D)开关

10. 导体的电阻与(　　)有关。

(A)电源　(B)导体的长度　(C)导体的截面积　(D)导体的材料性质

11. 正弦交流电的三要素是(　　)。

(A)最大值　(B)有效值　(C)角频率　(D)初相位

12. 能用于整流的半导体器件有(　　)。

(A)二极管 (B)三极管 (C)晶闸管 (D)场效应管

13. 可用于滤波的元器件有(　　)。

(A)二极管 (B)电阻 (C)电感 (D)电容

14. 在R、L、C串联电路中,下列情况正确的是(　　)。

(A)$\omega L>1/\omega C$,电路呈感性 (B)$\omega L=1/\omega C$,电路呈阻性

(C)$\omega L=1/\omega C$,电路呈容性 (D)$1/\omega C>\omega L$,电路呈容性

15. 功率因素与(　　)有关。

(A)有功功率 (B)视在功率 (C)电源的频率 (D)电源的电压

16. 基尔霍夫定律的公式表现形式为(　　)。

(A)$\sum I=0$ (B)$\sum U=IR$ (C)$\sum E=IR$ (D)$\sum E=0$

17. 电阻元件的参数可用(　　)来表达。

(A)电阻 R (B)电感 L (C)电容 C (D)电导 G

18. 应用基尔霍夫定律的公式KCL时,要注意以下几点:(　　)。

(A)KCL是按照电流的参考方向来列写的

(B)KCL与各支路中元件的性质有关

(C)KCL也适用于包围部分电路的假想封闭面

(D)KCL与各支路中元件的性质无关

19. 当线圈中磁通增大时,感应电流的磁通方向与下列哪些情况无关(　　)。

(A)与原磁通方向相反 (B)与原磁通方向相同

(C)与原磁通方向无关 (D)与线圈尺寸大小有关

20. 通电绕组在磁场中的受力不能用(　　)判断。

(A)安培定则 (B)右手螺旋定则 (C)右手定则 (D)左手定则

21. 互感系数与(　　)无关。

(A)电流大小 (B)电压大小

(C)电流变化率 (D)两互感绕组相对位置及其结构尺寸

22. 电磁感应过程中,回路中所产生的电动势是与(　　)无关的。

(A)通过回路的磁通量 (B)回路中磁通量变化率

(C)回路所包围的面积 (D)回路边长

23. 对于电阻的串并联关系不易分清的混联电路,可以采用下列(　　)方法。

(A)逐步简化法 (B)改画电路 (C)等电位 (D)以上都不对

24. 自感系数 L 与(　　)无关。

(A)电流大小 (B)电压高低

(C)电流变化率 (D)线圈结构及材料性质

25. R、L、C并联电路处于谐振状态时,电容C两端的电压不等于(　　)。

(A)电源电压与电路品质因数 Q 的乘积 (B)电容器额定电压

(C)电源电压 (D)电源电压与电路品质因数 Q 的比值

26. 电感元件上电压相量和电流相量之间的关系不满足(　　)。

(A)同向 (B)电压超前电流 $90°$

(C)电流超前电压 $90°$反向 (D)以上都不对

27. 全电路欧姆定律中回路电流 I 的大小与(　　)有关。

(A)回路中的电动势 E　　(B)回路中的电阻 R

(C)回路中电动势 E 的内电阻 r_0　　(D)回路中电功率

28. 实际的直流电压源与直流电流源之间可以变换,变换时应注意以下几点,正确的是(　　)。

(A)理想的电压源与电流源之间可以等效

(B)要保持端钮的极性不变

(C)两种模型中的电阻 R_0 是相同的,但连接关系不同

(D)两种模型的等效是对外电路而言

29. 应用叠加定理来分析计算电路时,应注意以下几点,正确的是(　　)。

(A)叠加定理只适用于线性电路

(B)各电源单独作用时,其他电源置零

(C)叠加时要注意各电流分量的参考方向

(D)叠加定理适用于电流、电压、功率

30. 多个电阻串联时,以下特性正确的是(　　)。

(A)总电阻为各分电阻之和　　(B)总电压为各分电压之和

(C)总电流为各分电流之和　　(D)总消耗功率为各分电阻的消耗功率之和

31. 多个电阻并联时,以下特性正确的是(　　)。

(A)总电阻为各分电阻的倒数之和　　(B)总电压与各分电压相等

(C)总电流为各分支电流之和　　(D)总消耗功率为各分电阻的消耗功率之和

32. 电桥平衡时,下列说法正确的有(　　)。

(A)检流计的指示值为零

(B)相邻桥臂电阻成比例,电桥才平衡

(C)对边桥臂电阻的乘积相等,电桥也平衡

(D)四个桥臂电阻值必须一样大小,电桥才平衡

33. 电位的计算实质上是电压的计算,下列说法正确的有(　　)。

(A)电阻两端的电位是固定值

(B)电压源两端的电位差由其自身确定

(C)电流源两端的电位差由电流源之外的电路决定

(D)电位是一个相对量

34. 求有源二端网络的开路电压的方法,正确的方法可采用(　　)。

(A)应用支路伏安方程　　(B)欧姆定律

(C)叠加法　　(D)节点电压法

35. 三相电源连接方法可分为(　　)。

(A)星形连接　　(B)串联连接　　(C)三角形连接　　(D)并联连接

36. 三相电源联连接三相负载,三相负载的连接方法分为(　　)。

(A)星形连接　　(B)串联连接　　(C)并联连接　　(D)三角形连接

37. 电容器形成电容电流有多种工作状态,它们是(　　)。

(A)充电　　(B)放电

(C)稳定状态　　(D)介质介电强度下降

38. 电容器常见的故障有(　　)。

(A)断线　　(B)短路　　(C)漏电　　(D)失效

39. 电容器的电容决定于(　　)三个因素。

(A)电压　　(B)极板的正对面积

(C)极间距离　　(D)电介质材料

40. 多个电容串联时,其特性满足(　　)。

(A)各电容极板上的电荷相等

(B)总电压等于各电容电压之和

(C)等效总电容的倒数等于各电容的倒数之和

(D)大电容分高电压,小电容分到低电压

41. 每个磁铁都有一对磁极,它们是(　　)。

(A)东极　　(B)南极　　(C)西极　　(D)北极

42. 磁力线具有(　　)基本特性。

(A)磁力线是一个封闭的曲线

(B)对永磁体,在外部,磁力线由 N 极出发回到 S 极

(C)磁力线可以相交的

(D)对永磁体,在内部,磁力线由 S 极出发回到 N 极

43. 据楞次定律可知,线圈的电压与电流满足(　　)关系。

(A) $di/dt>0$ 时, $u_L<0$　　(B) $di/dt>0$ 时, $u_L>0$

(C) $di/dt<0$ 时, $u_L<0$　　(D) $di/dt<0$ 时, $u_L>0$

44. 电感元件具有(　　)特性。

(A) $di/dt>0, u_L>0$,电感元件储能

(B) $di/dt<0, u_L<0$,电感元件释放能量

(C)没有电压,其储能为零

(D)在直流电路中,电感元件处于短路状态

45. 正弦量的表达形式有(　　)。

(A)三角函数表示式　(B)相量图　　(C)复数　　(D)以上都不对

46. R、L、C 电路中,其变量单位为 Ω 的有(　　)。

(A)电阻 R　　(B)感抗 X_L　　(C)容抗 X_C　　(D)阻抗 Z

47. 负载的功率因数低,会引起(　　)问题。

(A)电源设备的容量过分利用　　(B)电源设备的容量不能充分利用

(C)送、配电线路的电能损耗增加　　(D)送、配电线路的电压损失增加

48. R、L、C 串联电路谐振时,其特点有(　　)。

(A)电路的阻抗为一纯电阻,功率因数等于 1

(B)当电压一定时,谐振的电流为最大值

(C)谐振时的电感电压和电容电压的有效值相等,相位相反

(D)串联谐振又称电流谐振

49. 与直流电路不同,正弦电路的端电压和电流之间有相位差,因而就有(　　)概念。

(A)瞬时功率只有正没有负　(B)出现有功功率

(C)出现无功功率　(D)出现视在功率和功率因数等

50. R、L、C 并联电路谐振时,其特点有(　　)。

(A)电路的阻抗为一纯电阻,阻抗最大

(B)当电压一定时,谐振的电流为最小值

(C)谐振时的电感电流和电容电流近似相等,相位相反

(D)并联谐振又称电流谐振

51. 正弦电路中的一元件,u 和 i 的参考方向一致,当 $i=0$ 的瞬间,$u=-U_m$,则该元件不可能是(　　)。

(A)电阻元件　(B)电感元件　(C)电容元件　(D)以上都不对

52. 三相正弦交流电路中,对称三相正弦量具有(　　)。

(A)三个频率相同　(B)三个幅值相等

(C)三个相位互差 120°　(D)它们的瞬时值或相量之和等于零

53. 三相正弦交流电路中,对称三角形连接电路具有(　　)。

(A)线电压等于相电压　(B)线电压等于相电压的$\sqrt{3}$倍

(C)线电流等于相电流　(D)线电流等于相电流的$\sqrt{3}$倍

54. 三相正弦交流电路中,对称三相电路的结构形式有下列(　　)。

(A)Y-△　(B)Y-Y　(C)△-△　(D)△-Y

55. 由 R、C 组成的一阶电路,其过渡过程时的电压和电流的表达式由三个要素决定,它们是(　　)。

(A)初始值　(B)稳态值　(C)电阻 R 的值　(D)时间常数

56. 稳压管的主要参数有(　　)等。

(A)稳定电压　(B)稳定电流　(C)最大耗散功率　(D)动态电阻

57. 电力系统的停电时间包括(　　)。

(A)事故停电　(B)临时性停电时间

(C)计划检修停电　(D)限电

58. 变压器按用途可分为(　　)。

(A)电力变压器　(B)特种变压器　(C)仪用互感器　(D)干式变压器

59. 变压器一、二次电压有效值之比可近似等于(　　)。

(A)一、二次侧感应电势有效值之比

(B)一、二次侧绕组匝数之比

(C)一、二次电流最大值之比

(D)变压器的变比

60. 变压器铁心采用的硅钢片主要有(　　)。

(A)热铸式　(B)冷轧取向　(C)冷轧无取向　(D)热轧

四、判 断 题

1. 公差是允许尺寸的变动量,它等于最大极限尺寸与最小极限尺寸之代数差的绝对值,也等于上偏差与下偏差之代数差的绝对值。(　　)

2. 运用图形符号来表达部件中各零件的装配关系的图纸叫装配图。( )

3. 绘制图样时,必须有标题栏,因为标题栏内的文字书写方向就是识读图样的方向。( )

4. 晶体二极管有一个引出电极的 PN 结,具有单向导电性。( )

5. 电阻串联时,流经各电阻的电流相同,总电压为各电阻电压降的总和。总功率为各电阻损耗的总和。( )

6. 绘图铅笔有软硬之分,硬铅标号为 H,软铅标号为 B,标号前面的数字愈大,表示愈硬或愈软。( )

7. 线圈是变压器的电路部分。( )

8. 采用不同的比例,在图样中标注尺寸时,不应按零件的实际尺寸标注,应与图形大小比例有关。( )

9. 电流表是用来测量所在电路的电流的,一般应串接在电路中,所以电流表内阻越大,电流越稳定、越好。( )

10. 用万用表测电阻时,测量前和改变欧姆挡位后都必须进行一次欧姆调零。( )

11. 在测量电路中,电流表要并联,电压表要串联。( )

12. 各种类别、等级的标准仪器仪表,必须按规定的检定周期和检定规程,送上级计量部门进行检定,检定合格者发给合格证书。( )

13. 使用万用表每次测量完毕,应将转换开关拨转到交流电压最大量程位置,以防下次测电压时忘记改变转换开关而将表烧坏。( )

14. 金属材料在载荷作用下的变形通常有弹性变形和塑性变形。( )

15. 为了减小涡流及磁滞损耗,变压器高压线圈铁心是用表面有绝缘层,厚度为 0.35～0.5 mm 的硅钢片叠制成的。( )

16. 变压器带负载越大,效率就越高。( )

17. 变压器铁心通常采用有取向的冷轧硅钢片叠制而成。( )

18. 弹簧垫圈的作用是起防松紧固作用。( )

19. 六角扁螺母用于空间受到限制的连接中,六角厚螺母用于经常拆卸易于磨损的连接中。( )

20. 常见的螺纹连接件有螺栓、螺母、螺钉、螺柱、垫圈等。( )

21. 紧固螺钉头部,根据不同拧紧程度有不同的形状。( )

22. 假如投影中心移到无穷远处,投影线之间可认为是相互平行的,而且投影线垂直于投影面,这时物体的投影叫正投影。( )

23. 基本视图包括主视图、俯视图、左视图、右视图、仰视图和后视图。( )

24. 看斜视图时,要先找到箭头所指表达部位,弄清投影方向。( )

25. 在圆柱的三面投影中,必须画出旋转轴线的投影。( )

26. 装配图上的技术要求是对所有装配零件装成一体的要求,而每张零件图上的技术要求是针对每个零件应达到的指标。( )

27. 电机是电动机和发电机的总称,电动机是把机械能转换为电能,发电机是把电能转换为机械能。( )

28. 加工一根轴尺寸为 $\phi 30^{+0.010}_{-0.010}$,按此范围加工零件,凡是直径在 $\phi 30.010$～$\phi 29.990$ mm

之间的零件,都是合格的。( )

29. 在机械图样中,上偏差要标在零线的上方,下偏差要标在零线的下方,这两条平行线之间的区域,叫公差带。( )

30. 铜具有良好的导电性和导热性,常采用铜制作导线。( )

31. 金属材料具有热稳定性,体积不随温度的变化而变化。( )

32. 45 钢是机械制造中用量最大的中碳钢,一般用于做曲轴及中低速和中轻负荷条件工作的齿轮等。( )

33. 变压器的绝缘强度随温度升高而升高。( )

34. 聚酯薄膜呈光泽、透明、无毒和无味,具有突出的电性能、机械性能、耐热性能和耐化学性能。( )

35. 聚碳酸酯薄膜(简称 PC)具有良好的耐热性和介电性能,主要用于线圈绝缘、槽绝缘和导线绝缘等。( )

36. 划线工作是按照找正、借料、划线、检查、冲眼等过程进行。( )

37. 钳台、虎钳、砂轮机、油压机等均属于钳工常用设备。( )

38. 手工锯割的工具是锯弓和锯条。( )

39. 在电阻串联电路中,电阻值小的电阻器上承受的电压高。( )

40. 由欧姆定律可得 $R=V/I$,所以电阻与电压成正比,与电流成反比。( )

41. 在全电路中,外电路的电流由电源正极流向负极,在内电路则由负极流向正极。( )

42. 磁场中某点的磁场方向,就是小磁针北极在该点的指向,或是该点磁力线的切线方向,并且该点的磁感应强度方向和磁场强度方向相同。( )

43. 软磁材料的磁滞回线宽而平,回线所包围的面积较大。( )

44. 电工仪表只能用来测量电磁量。( )

45. 一般情况下,从仪表表盘上的表示图形和符号可以知道这种仪表的类型。( )

46. 剥线钳用来剥去截面积在 2.5 mm^2 以下的小导线绝缘层。( )

47. 手持式转速表可以用来测量瞬时速度。( )

48. 凡对地电压在 250 V 以上者叫高压电,凡对地电压在 250 V 以下者叫低压电。( )

49. 触电按人体受伤害的程度可分为电伤和电击两种。( )

50. 在进行电气修理作业时,应先断开电源。( )

51. 常见的运动机构有平面连杆机构、凸轮机构、齿轮机构、棘轮机构等。( )

52. 大小和方向不随时间变化的电流称为直流电流,简称直流电。( )

53. 我国石油标准规定,润滑油的标号越大,它的粘度就愈大。( )

54. 机械设备使用人“四会”的内容包括:会使用、会保养、会检查、会排除故障。( )

55. 丝锥是加工内螺纹的工具,板牙是加工外螺纹的工具。( )

56. 塞尺是一组厚度不等的金属薄片组成的量具,主要用来测量两表面间较小间隙的尺寸和大小。( )

57. 用丝锥在孔中切削出内螺纹的操作叫攻螺纹。( )

58. 攻不通的螺孔时,要经常退出丝锥,排净孔中的切屑。( )

59. 成组螺栓、螺钉或螺母拧紧时,应根据被连接件形状以及它们的分布情况按一定的顺

序逐次拧紧，防止其受力不一致而引起的变形。（ ）

60. 双头螺栓与机体螺孔应采用具有足够过盈量的配合，保证连接的紧固性，在拆卸过程中无任何松动现象。（ ）

61. 具有过盈量配合的两个零件，装配时先将被包容件用冷却剂冷却，使其尺寸收缩，再装入包容件，使其达到配合位置的过程称为冷装。（ ）

62. 零件热装时允许用水冷却零件，不会降低材料塑性。（ ）

63. 能为几种产品所共用的工艺装备叫通用工艺装备。（ ）

64. 对工装的基本要求是安全可靠、使用方便、精确合理、轻巧牢固。（ ）

65. 按被测工件的结构特点及所测参数来选择测量器具的种类和结构形式。（ ）

66. 测量前，应检查游标卡尺的"0"位，即把两个量爪紧密贴合时，应无明显的间隙，同时游标和主尺的"0"位刻度线互相对准。（ ）

67. 利用游标卡尺测硅钢片厚度时，把卡尺强制地卡到零件上测量即可，这样测量准确。（ ）

68. 千分尺微螺杆上有污锈，可用砂纸和金刚砂擦拭。（ ）

69. 受加工形状或加工部位的限制，凡不能用钻床或手电钻的场合，可用相应的手板钻进行钻削。（ ）

70. 在钻床上钻孔时，钻床变速应先停车。（ ）

71. 风扳机使用时，不要用大规格风扳机拧紧小螺母，也不要用小规格风扳机拧紧大螺母。（ ）

72. 使用电动工具工作时，应戴上橡胶手套，穿胶鞋或站在绝缘良好的地方。（ ）

73. 机械设备定期保养可减缓设备磨损，延长使用寿命。（ ）

74. 飞溅润滑多用于主轴箱和变速箱中。（ ）

75. 用万用表测交流电压时，当被测交流电压在 500 V 以上时，要选用 0～2 500 V 的高压测量插孔。（ ）

76. 用万用表测量直流电压时，必须判断电压的极性，表面上的"＋"插口接被测量电路的正极，"－"插口接被测电路的负极，千万不能接反。（ ）

77. 电压表电流表在使用前都要调零。（ ）

78. 把量程小的电流表改装成量程大的电流表，应串联一定阻值的分压电阻。（ ）

79. 用电压表测得电源开路时的电压就是电动势。（ ）

80. 绝缘电阻表采用具有较高灵敏度的磁电式表头作为测量机构。（ ）

81. 对额定电压 500 V 以下的线圈作绝缘电阻检测时，应选用 500 V 的绝缘电阻表。（ ）

82. 兆欧表的量限往往达几千兆欧，最小刻度在 1 MΩ 左右，因而不适合测量 100 kΩ 以下的电阻。（ ）

83. 绝缘电阻为"∞"，说明所测回路间电气绝缘强度好或兆欧表损坏。（ ）

84. 测量电力机车牵引变压器线圈绕组间绝缘电阻应选用 500～1 000 V 兆欧表。（ ）

85. 设计夹件油道的目的是减轻铁心重量。（ ）

86. 上铁轭片拆解时，由于硅钢片表面整体刷绝缘漆粘在一起，可用铁锤敲击松动之后逐

级将硅钢片取下。(　　)

87. 直角尺的工作角的偏差通常以“秒”为单位。(　　)

88. 变压器线圈引出线与接线片焊接常用电阻焊。(　　)

89. 韶山 7 型系列牵引变压器高压线圈是由铜板、U 形槽板、纸板组成。(　　)

90. 韶山 7 型系列牵引变压器低压线圈是由换位导线、U 形槽板、纸板组成。(　　)

91. 韶山 7 型系列壳式变压器线圈总整形一般用油压机整形到规定尺寸。(　　)

92. 引线气焊后会产生氧化皮,氧化皮的清理方法常用是钢丝刷、砂布或锉刀。(　　)

93. 韶山 7 型系列壳式变压器引线由铜绞线、连板等组成。(　　)

94. 心式变压器箱盖常见连接方式是用螺栓、螺母、垫圈连接。(　　)

95. 韶山 7 型系列壳式变压器上下油箱盖是采用焊接方式将上下油箱连接在一起。(　　)

96. 韶山 7 型系列壳式变压器上下油箱焊接应先对称点焊后,然后沿四周满焊。(　　)

97. 组装油位表前各部件应做清洁工作。(　　)

98. 下铁轭、上铁轭的夹紧采用穿心螺杆比采用拉带好。(　　)

99. 大中型变压器器身出炉后直到组装完毕开始注油的时间不超过 24 h。(　　)

100. 变压器器身干燥出炉后清洁方法有:变压器油清洗,氩气吹扫等。(　　)

101. 硅胶装在变压器吸湿器中的作用是除掉进出吸湿器空气中的湿气和杂质。(　　)

102. 硅胶在使用前有部分变成浅红色还可以使用。(　　)

103. 硅胶大部分变成浅红色,经过加热烘干后全部变蓝,不能继续使用。(　　)

104. 万能角度尺是精密量具,应定期计量检定。(　　)

105. 使用变压器油清洁器身时可用不同牌号的变压器油。(　　)

106. 铁心叠制后表面涂漆不宜过厚,否则要降低叠片系数。(　　)

107. 牵引变压器中的心式变压器器身与油箱的固定是用连板将器身与油箱连在一起,并用紧固件紧固。(　　)

108. 韶山 7 型系列壳式变压器器身与油箱采用螺栓紧固方法固定器身。(　　)

109. 270 km/h 高速动力车组牵引变压器靠连板紧固件将器身与油箱固定。(　　)

110. 270 km/h 高速动力车组牵引变压器器身在油箱内部是立式放置。(　　)

111. 线圈中垫块的长度偏差为 0.5 mm,垫块的相互间偏差为 0.5 mm。(　　)

112. 线圈中垫块的宽度偏差为±0.5 mm,垫块的相互间偏差为 0.3 mm。(　　)

113. 铁心叠装除保证尺寸公差外,还应使叠片最大缝隙、接缝搭头、参差不齐等方面满足要求。(　　)

114. 大型变压器干燥后线圈轴向压紧方法主要采用人为旋紧螺母压紧。(　　)

115. 变压器干燥后线圈轴向压紧方法有:人为旋紧螺母压紧,机械动力压紧。(　　)

116. 小型变压器干燥后线圈轴向压紧方法主要采用人为旋紧螺母压紧。(　　)

117. 线圈整形架使用时应干净、无锈蚀、无变形及部件齐全等。(　　)

118. 线圈整形时先压紧一边再压紧另一边。(　　)

119. 铜板线圈浸漆后局部未浸上漆,不需补刷。(　　)

120. 引线与铜接线片焊接后,接线片应全部镀(搪)锡。(　　)

121. 硅钢片按轧制方法可分为热轧硅钢片和冷轧硅钢片两种。(　　)

122. 硅钢片按晶粒取向性可分为两大类,一类为取向硅钢片,另一类为无取向硅钢

片。(　　)

123. 有取向硅钢片的材质硬度高，无取向硅钢片的材质硬度低。(　　)

124. 硅钢片的加工毛刺一般不应大于 0.03～0.05 mm。(　　)

125. 目前电力机车牵引变压器是壳式结构的车型是韶山 7 型系列。(　　)

126. 直角尺能测量工件的垂直度。(　　)

127. 大中型变压器铁心叠装时需有专用叠装胎。(　　)

128. 铁心叠装时，一边叠装一边测量铁心厚度是为了保证设计要求的铁心尺寸，以避免过大或过小。(　　)

129. 在平台上叠装铁心时，必须注意测量窗口距离尺寸和窗口对角线，以保证铁心不叠成菱形，每叠好一级要测量铁心端面垂直度、厚度。(　　)

130. 变压器铁心叠装时常用器具有游标卡尺、千分尺、钢板尺。(　　)

131. 电抗器铁心叠装常用器具有游标卡尺、千分尺、钢板尺。(　　)

132. 变压器成批生产时应有底脚孔距测试胎。(　　)

133. 变压器底脚孔距测试胎不需定期计量检定。(　　)

134. 千分尺的精度可达 0.001 mm。(　　)

135. 游标卡尺可测量工件的内外径，长、宽及孔洞深度，精度可达 0.02 mm。(　　)

136. 常见铁心垫脚绝缘材料有环氧玻璃布板、纸板、电工木材。(　　)

137. 铁质夹件与铁轭之间不必垫绝缘纸。(　　)

138. 铁心气隙垫块常用环氧玻璃布板材料制成。(　　)

139. 穿心螺杆对铁心绝缘电阻为零，对铁心性能无影响。(　　)

140. 变压器油取样试验要每月进行一次。(　　)

141. 测量大电阻时可选用兆欧表。(　　)

142. 测量铁心绝缘电阻时应先将所有与铁心连接的接地片拆开后，用兆欧表来检测。(　　)

143. 可以通过测量绝缘电阻值来判断变压器铁心的绝缘状况。(　　)

144. 叠制铁心时只能使用木块或铜块进行修整，不能用铁块敲打硅钢片边缘，以防止硅钢片产生较大的内应力或由于硅钢片卷边使铁心片间短路导致铁心损耗增大。(　　)

145. 铁心夹紧方式有穿心螺杆夹紧、环氧树脂玻璃丝粘带绑扎及钢带绑扎等几种方法。(　　)

146. 变压器是用来改变一、二侧电压、电流和功率的电器设备。(　　)

147. 变压器是一种传递电能的设备。(　　)

148. 普通变压器的特点是在一、二绕组之间既有电的联系又有磁的联系。(　　)

149. 电压的方向是由高电位指向低电位。(　　)

150. 铁心硅钢片涂漆的目的是减少漏磁。(　　)

151. 变压器油老化后粘度增大。(　　)

152. 铁心不能多点接地是为了减少涡流损耗。(　　)

153. 厚度较大的铁心，每隔一定厚度垫一层 0.5 mm 厚的绝缘纸板，是为了降低涡流损耗。(　　)

154. 采用三相五柱式铁心能降低变压器运输高度。( )
155. 架空线路的接地装置包括避雷线。( )

五、简 答 题

1. 常用量具按使用特点分哪三类?
2. 金属材料有什么共性?
3. 简述陶瓷材料的基本性能。
4. 测量条件包括哪些内容?
5. 简述平垫的作用。
6. 变压器油为什么要净化?
7. 简述机械图样中细实线的一般应用。
8. 为了充分利用硅钢片可采取哪些措施?
9. 简述简单装配图的识读方法。
10. 公差与偏差的概念有何不同?
11. 什么是金属材料的塑性? 用什么指标表示?
12. 根据磁性,金属材料分为哪三类?
13. 有色金属比黑色金属有哪些优良的性质? 工业上常用的有哪些?
14. 铜板线圈下料后,浸漆前应做哪些工作?
15. 常用的划线工具都有哪些?
16. 什么是划线基准?
17. 钳工应掌握哪些基本操作?
18. 导体的电阻与哪些因素有关?
19. 什么是部分电路欧姆定律?
20. 简述磁化曲线的作用。
21. 常用的电工工具有哪些?
22. 简述测电笔的使用方法。
23. 触电事故有哪几种类型?
24. 什么叫保护接地?
25. 有人发生触电事故后应立即采取什么措施?
26. 铁心叠制后要从哪几个方面测量绝缘电阻?
27. 简述机车润滑油的作用。
28. 简述韶山 7 系列壳式牵引变压器线圈分组整形所需工装名称。
29. 简述丝锥的结构特点。
30. 简述测量器具的选择原则。
31. 一般装配图应包括哪几个方面的内容?
32. 什么叫电路? 电路一般由哪几部分组成?
33. 什么是兆欧表?
34. 装配连接分几大类? 各包括哪些连接方法?

35. 什么叫铁心叠装的搭接式?
36. 简述合理组织生产过程的要求。
37. 简述文明生产的内容。
38. 什么是质量管理?
39. 简述信得过产品的特点。
40. 制定工艺规程的基本原则是什么?
41. 产品的装配工艺过程由哪四部分组成?
42. 要做好装配工作,必须掌握哪些要点?
43. 螺纹连接装配时,为什么要控制拧紧力矩? 怎样控制拧紧力矩?
44. 液压系统产生爬行的主要原因有哪些?
45. 怎样排出液压缸的空气?
46. 铁心叠制后表面刷漆有哪些要求?
47. 游标卡尺使用时有哪些注意事项?
48. 钳工常用风动工具有哪些?
49. 使用砂轮机要注意哪些事项?
50. 变压器铁心心柱紧固方法有哪三种?
51. 机械设备定期保养主要包括哪些内容?
52. 简述运用电压表、电流表测量直流电阻的原理。
53. 测量绝缘电阻为什么不能用万用表的欧姆挡测量?
54. 简述并绕导线短路对线圈性能的影响。
55. 电力变压器由哪几部分组成?
56. 铁心叠装后应检查哪些项目?
57. 兆欧表的用途是什么?
58. 绕组垫块轴向排列参差不齐的原因有哪些?
59. 变压器线圈引出线与接线片搭焊前应注意哪些问题?
60. 焊接前是否需要预热,以及预热温度的选择根据是什么?
61. 换位导线有哪些优点?
62. 换位导线分哪几种?
63. 换位导线如何做头?
64. 换位导线与引线铜棒焊接的基本要求是什么?
65. 什么叫换位导线?
66. 铁心心柱采用绑扎方式与采用穿心螺杆夹紧相比有何优点?
67. 电线电缆按照其产品性能、结构、制造工艺及使用特点可分为哪几类?
68. 引线焊接时应做哪些工作?
69. 电抗器按铁心的型式可分哪三类?
70. 铜绞线与接线片焊后涂镀的作用有哪些?
71. 什么叫电镀?
72. 气焊时一般由哪些设备和工具组成?

73. 千分尺分哪几种?
74. 使用变压器底脚孔距测试胎前应注意哪些方面?
75. 使用电钻时怎样保证安全?
76. 清理焊接夹渣应从哪几方面入手?
77. 绝缘材料的作用是什么?
78. 什么是绝缘材料的老化?
79. 说出引线绝缘包扎常用的五种材料。
80. 引线气焊前为什么焊件表面必须清理干净?
81. 心式变压器引线组成有哪些部件?
82. 说出铜排除锈常用的四种方法。
83. 举例说明环氧树脂在牵引变压器组装中的使用。
84. 简述引线的主要工艺过程。
85. 引线绝缘包扎后刷漆的作用是什么?
86. 变压器油箱质量检查应从哪几方面入手?
87. 简述油箱内外刷漆基本工艺过程及质量要求。
88. 焊接方式连接油箱的优点有哪些?
89. 焊接方式连接油箱的缺点有哪些?
90. 牵引变压器油位表由哪几部分组成?
91. 牵引变压器字母牌选用材料常用的有哪几种?
92. 环氧树脂有哪些特点?
93. 牵引变压器字母牌质量检查有哪些内容?
94. 牵引变压器器身干燥出炉后紧固件松动的原因是什么?
95. 简述心式变压器和壳式变压器铁心的区别。
96. 简述引线焊接工艺顺序。
97. 为什么硅钢片冲剪后要求毛刺不能太大?
98. 变压器油箱的结构形式有哪几种?
99. 简述 35Q130 硅钢片牌号的意义。
100. 变压器油箱的试漏方法有哪几种?

六、综 合 题

1. 有一圆柱体,其直径尺寸为 $\phi 20^{+0.02}_{-0.013}$,说明它的基本尺寸,上、下偏差,并计算出极限尺寸和公差。

2. 如图 1 已给出一工件的主视图和左视图,请补画其俯视图。

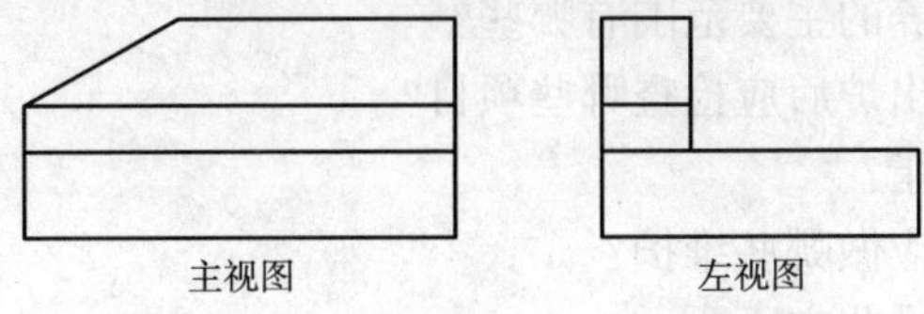

图 1

3. 如图 2 所示，根据直线段在两个投影面上的投影，求在第三个投影面上的投影。

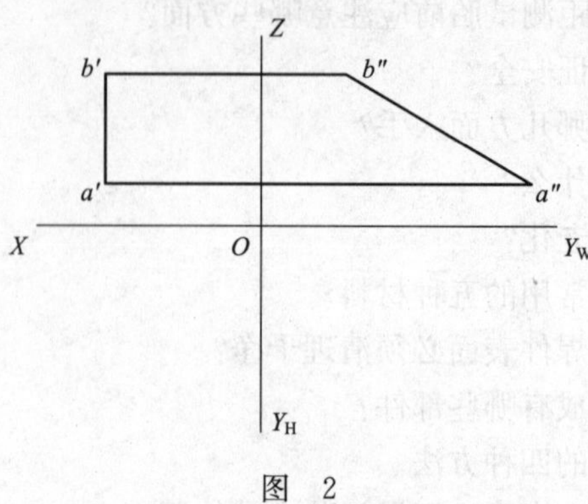

图 2

4. 试述钳工作业的安全作业规程。

5. 如图 3 所示电路中，已知：$E=230$ V，$R_0=1\ \Omega$，$R_{线}=1\ \Omega$，负载 $R_L=227\ \Omega$，求 I、U、U_L，若负载 R_L 不慎短路，这时电流为多大，其后果如何？

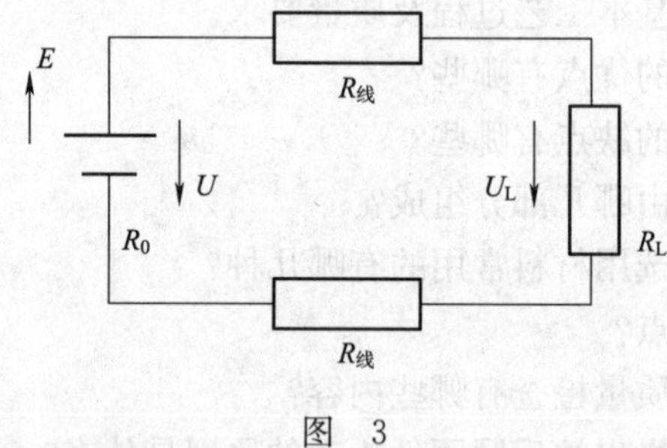

图 3

6. 常用台钻的型号及主要参数有哪些？

7. 怎样使用手动螺旋千斤顶？

8. 画出用电压表、电流表测量较大直流电阻的电路。

9. 3—M10—3 型号的含义是什么？

10. 绘出变压器空载运行等效电路图。

11. 一台额定容量 $S_N=90\ 000$ kVA，额定电压为 220/66 kV 的三相变压器，问高、低压侧额定电流为多少？

12. 在温度 20℃时，测得一变压器的一次侧铜绕组的直流电阻为 0.5 Ω，问换算到 75℃的电阻值为多少？（铜系数 235，电阻值保留小数点后三位）

13. 怎样正确使用电压表和电流表？

14. 试述 1/50 mm 的游标卡尺的刻线原理。

15. 机械设备定期保养的主要范围有哪些？

16. 牵引变压器器身出炉后应检查哪些项目？

17. 如何配制环氧树脂？

18. 线圈整形架日常应做哪些维护？

19. 量具使用应注意哪些方面？

20. 什么叫传动比？两轮转速与轮直径有何关系？

21. 试述读零件图的方法。
22. 兆欧表怎样接线?
23. 以下图4为哪一个基本几何体的三视图?

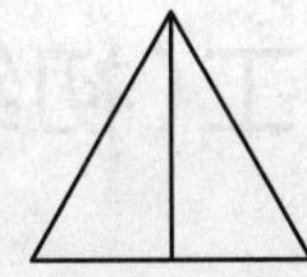
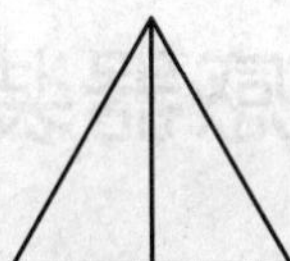
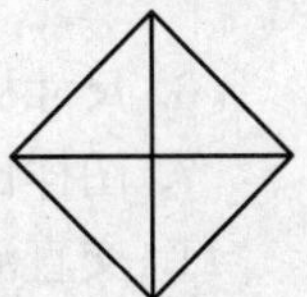

图 4

24. 说明硅钢片牌号的组成及其意义。
25. 试述螺钉 M12×50GB8—88 代号含义。
26. 换位导线与引线铜棒焊接时应注意哪几点?
27. 使用氧气瓶时应注意哪些事项?
28. 牵引变压器器身干燥出炉后整备的要求是什么?
29. 试述电焊条的组成及作用。
30. 硅钢片剪切时应注意什么?
31. 变压器铁心叠片有什么质量要求?
32. 真空注油前维持抽真空时间有什么作用?
33. 如何保证油箱内部的清洁度?
34. 铜铰线如何做头?
35. 试述气焊丝的选用原则和保存方法。

变压器、互感器装配工(初级工)答案

一、填 空 题

1. 长度值
2. 图样
3. 尺寸标注
4. 零件图
5. 电阻的并联
6. 磁路部分
7. 图样比例
8. 大
9. 校准
10. 电阻
11. 交直流仪表
12. 机械零位
13. 可切削性
14. 抵抗载荷
15. 无机非金属
16. 厚度乘以宽度
17. 油
18. 弹簧钢
19. 横向载荷
20. 可见轮廓线
21. 水平面
22. 基本视图
23. 共同指引线
24. 串
25. 孔和轴
26. 零偏差线
27. 疲劳
28. 有色金属
29. 70%
30. 合金元素
31. 耐热等级
32. 0.25
33. 加工界线
34. 两条中心线
35. 细锉
36. 用电设备
37. 并联
38. 电压
39. 超前
40. 电磁量
41. 比较仪表
42. 锡焊
43. 安全电压
44. 触电
45. 接地
46. 相对运动
47. 扭矩
48. 润滑脂
49. 飞溅
50. 圆锥管螺纹
51. 螺旋读数
52. 生产纲领
53. 润滑冷却液
54. 狭錾
55. 部件装配
56. 补充加工
57. 热装
58. 冷缩法
59. 加剧磨损
60. 专用工艺装备
61. 尺寸精度
62. 刚好接触
63. 0.01 mm
64. 三相工频式
65. 润滑
66. 绝缘程度
67. 手动螺旋
68. 养好
69. $\underline{V}$
70. 最大量程挡
71. 短路
72. 所选量程标度线
73. 0.65
74. 切断
75. 放电
76. 接地线
77. 碰壳
78. 短路
79. 绝缘
80. 环流损耗
81. 专用
82. 直流电阻
83. 多
84. 散热和绝缘
85. 绝缘漆
86. 绕组(线圈)
87. 拉紧螺杆
88. 额定电压
89. 3～5
90. 线圈
91. 银焊条
92. 中心
93. 热的
94. 正比
95. 铜合金
96. 铜棒
97. 清理干净
98. 绝缘漆
99. 25%～30%
100. 壳式
101. 额定
102. 使用条件
103. 蓝色
104. 水分
105. 变色
106. 一台
107. 搭接式
108. 搭接式
109. 涡流损耗
110. 少
111. 多
112. 心式结构
113. 心式结构
114. 心式结构
115. 壳式
116. 心柱
117. 小
118. 涡流损耗
119. 油煮法
120. 真空注油
121. 电磁
122. 大
123. 绝缘
124. 饱和

125. 空载　126. 由表及里　127. 对应关系　128. 电压比电桥
129. 比较　130. 球盖形　131. 相对位置　132. 120 r/min
133. 环氧玻璃丝带　134. 1/3 左右　135. 电感值　136. 固化剂
137. 定时　138. 生态平衡　139. 线圈　140. 绝缘材料老化
141. 空气　142. 250 V　143. 装配连接　144. 聚酯薄膜漆包
145. 手摇发电机　146. 传输电能　147. 一点　148. 散热
149. 增加机械强度　150. 降低　151. 增加　152. 增加
153. 短路　154. 65K　155. 绝缘强度

二、单项选择题

1. A　2. A　3. A　4. B　5. A　6. C　7. B　8. B　9. D
10. C　11. A　12. A　13. A　14. A　15. A　16. D　17. C　18. C
19. B　20. A　21. A　22. A　23. B　24. C　25. B　26. A　27. D
28. A　29. B　30. B　31. B　32. A　33. B　34. B　35. A　36. B
37. C　38. B　39. D　40. B　41. B　42. A　43. D　44. A　45. A
46. D　47. A　48. A　49. A　50. A　51. A　52. C　53. A　54. A
55. A　56. A　57. A　58. A　59. A　60. C　61. B　62. C　63. B
64. A　65. A　66. A　67. C　68. B　69. C　70. C　71. B　72. A
73. A　74. B　75. C　76. B　77. A　78. C　79. B　80. A　81. A
82. A　83. A　84. B　85. B　86. B　87. B　88. B　89. C　90. B
91. A　92. B　93. A　94. B　95. B　96. C　97. D　98. C　99. B
100. C　101. B　102. D　103. C　104. C　105. A　106. B　107. A　108. A
109. D　110. A　111. A　112. A　113. D　114. D　115. C　116. A　117. C
118. A　119. A　120. A　121. A　122. B　123. B　124. B　125. C　126. C
127. B　128. B　129. A　130. C　131. D　132. B　133. B　134. C　135. D
136. C　137. D　138. C　139. A　140. B　141. B　142. C　143. B　144. A
145. B　146. B　147. B　148. A　149. A　150. B　151. B　152. C　153. A
154. B　155. D　156. C　157. B　158. B　159. A　160. A　161. B　162. B
163. A

三、多项选择题

1. BCD　2. ABC　3. CD　4. ABC　5. ABCD　6. ABCD　7. AB
8. BD　9. ABCD　10. BCD　11. ACD　12. AC　13. CD　14. ABD
15. AB　16. AC　17. AD　18. AD　19. BCD　20. ABC　21. ABC
22. ACD　23. ABC　24. ABC　25. ABD　26. ACD　27. ABC　28. BCD
29. ABC　30. ABD　31. BCD　32. ABC　33. BCD　34. ACD　35. AC
36. AD　37. ABD　38. ABCD　39. BCD　40. ABC　41. BD　42. ABD
43. AC　44. ABD　45. ABC　46. ABCD　47. BCD　48. ACD　49. BCD
50. ABCD　51. AB　52. ABCD　53. AD　54. ABCD　55. ABD　56. AC

57. ABCD 58. ABC 59. ABD 60. BCD

四、判 断 题

1.√ 2.√ 3.√ 4.√ 5.√ 6.√ 7.√ 8.× 9.×
10.√ 11.× 12.√ 13.√ 14.√ 15.√ 16.× 17.√ 18.√
19.√ 20.√ 21.√ 22.√ 23.√ 24.√ 25.√ 26.√ 27.×
28.√ 29.√ 30.√ 31.× 32.√ 33.× 34.√ 35.√ 36.√
37.√ 38.√ 39.× 40.× 41.√ 42.√ 43.× 44.× 45.√
46.√ 47.× 48.√ 49.√ 50.√ 51.√ 52.√ 53.√ 54.√
55.√ 56.√ 57.√ 58.√ 59.√ 60.√ 61.√ 62.× 63.√
64.√ 65.√ 66.√ 67.× 68.× 69.√ 70.√ 71.√ 72.√
73.√ 74.√ 75.√ 76.√ 77.√ 78.× 79.√ 80.× 81.√
82.× 83.√ 84.× 85.√ 86.× 87.√ 88.× 89.× 90.×
91.√ 92.√ 93.√ 94.√ 95.√ 96.√ 97.√ 98.× 99.×
100.√ 101.√ 102.× 103.× 104.√ 105.× 106.√ 107.√ 108.×
109.√ 110.× 111.√ 112.√ 113.√ 114.× 115.√ 116.√ 117.√
118.× 119.× 120.√ 121.√ 122.√ 123.√ 124.√ 125.√ 126.√
127.√ 128.√ 129.√ 130.√ 131.√ 132.√ 133.× 134.× 135.√
136.√ 137.× 138.√ 139.× 140.× 141.√ 142.√ 143.√ 144.√
145.√ 146.× 147.√ 148.√ 149.√ 150.× 151.√ 152.√ 153.×
154.√ 155.×

五、简 答 题

1. 答:标准量具、通用量具、极限量规。(5 分)

2. 答:金属材料除汞之外都是晶体,具有金属光泽,良好的导电、导热和可塑性,有随温度升高而升高的正的电阻温度系数;临界低温时具有超导现象。(5 分)

3. 答:(1)力学性能:陶瓷是各类材料中刚度最好、硬度最高的材料,但是,它的强度较低,韧性很差。(2 分)

(2)热性能:耐高温。(1 分)

(3)电性能:陶瓷中无自由电子。(1 分)

(4)化学性能:组织结构稳定,对酸、碱、盐有较强的抵抗能力。(1 分)

4. 答:测量条件主要是指测量环境的温度、湿度、空气中杂质含量和振动四个方面。(5 分)

5. (1)用于增加被连接的支承面积,以减少接触处的挤压应力。(2 分)

(2)防止拧紧螺母时擦伤被连接件的表面。(2 分)

(3)起防松作用。(1 分)

6. 答:净化变压器油的目的是清除油中的固体杂质、水分和气体,从而提高油的电气强度,保护油中的纸绝缘,也可以在一定程度上提高油的物理、化学性能。(5 分)

7. 答:细实线一般为粗实线的三分之一宽,一般用于尺寸线及尺寸界线;剖面线;重合剖面的轮廓线。(5 分)

8. 答:(1)大小变压器硅钢片混合套裁。(2分)

(2)充分利用原材料的正公差尺寸。(1.5分)

(3)灵活改变铁心的接缝位置。(1.5分)

9. 答:(1)概括了解,首先看标题栏和说明书了解部位的名称、用途和工作原理。从明细表上可以了解到部件有哪些零件组成。(1分)

(2)分析视图,阅读图样有多少视图及它们之间的相互投影关系,有剖视的地方要确定剖切的位置,想象零件形状。弄清主要零件的装配关系、相互位置及连接方式。(2分)

(3)分析工作原理和相互关系。(1分)

(4)分析零件之间的装配关系和装配要求,进一步确认零件的作用。(1分)

10. 答:公差与偏差是完全不同的概念。(1分)

从意义上,偏差相对基本尺寸而言,指对基本尺寸偏离大小数值。包括实际偏差和极限偏差。而公差只是表示限制尺寸变动范围大小的一个数值。(1.5分)

从作用上,极限偏差表示公差带的位置,反映零件配合松紧程度。公差表示公差带的大小,反映零件配合精度。(1.5分)

从数值上,偏差可为正、负或零。而公差只能是正值,不能为零或负值。(1分)

11. 答:金属材料的塑性是指在载荷作用下,产生显著的变形而不致破坏,并在载荷取消后,仍能保持变形后的形状的能力(3分)。用伸长率δ和断面收缩率ψ来表示(2分)。

12. 答:(1)铁磁性材料:在外磁场中能强烈地被磁化。(1.5分)

(2)顺磁性材料:在外磁场中,只能微弱地被磁化。(1.5分)

(3)抗磁性材料:能抗拒或削弱外磁场对材料本身的磁化作用。(2分)

13. 答:有色金属比黑色金属有许多优良的性质,如高导电性、高导热性、小的比重,耐蚀性、抗磨性等。(3分)

我国常用的有色金属有:铜(Cu)、铝(Al)、镍(Ni)、铅(Pb)、锌(Zn)、钨(W)、钼(Mo)、锡(Sn)、锑(Sb)、汞(Hg)等。(2分)

14. 答:铜板线圈下料后,周边应进行打磨,接口焊缝部位磨平,焊后匝间不得有参差不齐。(5分)

15. 答:有划线平台、划针、样冲、圆规、划卡、游标划规、专用圆规、划针盘、尺架、钢板尺、游标高度尺、直角尺、三角板、曲线板、分度头、方箱、V形铁、板直尺、磁性吸盘、涂料刷子等。(5分)

16. 答:划线时,选择工件上的某个点、线、面作为依据,用它来确定工件各部分尺寸、几何形状和相互位置,这些点、线、面就是划线基准。(5分)

17. 答:划线、锯削、锉削、铲削、錾削、钻孔、攻丝、套扣、扩孔、校正、铆接、研磨、测量等。(5分)

18. 答:导体的电阻与导体的长度、横截面积、材质和温度状态有关。(3分)

具体关系为$R=\rho L/S$,其中,S为导体横截面积(mm^2);L为导体长度(m);ρ为导体电阻系数($\Omega \cdot mm^2/m$)。(2分)

19. 答:在一段电路上,导体中电流强度与导体两端电压成正比,与导体的电阻成反比。即$I=U/R$。(5分)

20. 答:磁化曲线是指铁磁材料的磁滞回线取不同的磁感应强度,可获得一系列磁滞回线,将这些磁滞回线的顶点连接起来得到的曲线。(3分)

在电工技术中有重要用途,电机、变压器的性能与所用铁磁材料的磁化曲线有关。(2分)

21. 答:有绝缘柄钢丝钳、尖嘴钳、斜口钳、断线钳、剥线钳、冷轧线钳、冷压接线钳、液压钳、电工刀、电烙铁等。(5分)

22. 答:测电笔在每次使用前,可在带电的相线上预先试一下,确信完好再用。测电笔只能用在对地电压小于250 V以下的电路中。测试时,把测电笔的笔尖金属体与带电体接触,笔尾金属体与人手接触,如笔杆小窗内的氖管发光,证明被测的物体带电,若正确使用氖管不发光,证明被测物体不带电。(5分)

23. 答:(1)单相触电:指人体在地面或其他接地导体上,人体某一部分触及一相带电体的触电事故。大部分触电事故为此类。(1.5分)

(2)两相触电:指人体两处同时触及两相带电体的触电事故。其危险性一般是比较大的。(1.5分)

(3)跨步电压触电:人在接地点周围,两脚之间出现的电压为跨步电压,由此引起的触电事故叫跨步电压触电。(2分)

24. 答:保护接地是将电气设备的金属外壳用导线与接地体连接,用在电源中性点不接地的低压供电系统中。(5分)

25. 答:应立即拉开电源闸刀切断电源,或站在干燥的木板、绝缘垫板上,单手将触电者拉开或用干燥的竹竿、木棒等绝缘杆拨开触电者身上电线或电气用具。总之,应尽快将触电者和导电体隔开,并立即对触电者进行抢救。(5分)

26. 答:穿心螺杆对夹件,穿心螺杆对铁心,铁心对夹件三个方面。(5分)

27. 答:(1)减少摩擦作用(1分);(2)冷却作用(1分);(3)清洗作用(1分);(4)密封作用(1分);(5)防腐作用(1分)。

28. 答:底板、上压板,内外侧板,拉紧螺杆,槽钢及螺母等。(5分)

29. 答:丝锥由工作部分和柄部组成。工作部分包括切削部分和校准部分,切削部分磨出锥角,使切削负荷分布在几个刀齿上,不仅可以省力,不易产生崩刃或折断,而且攻丝时的引导作用较好,也保证了螺孔的光洁度;校准部分具有完整的齿形,用来校准已切出的螺纹,并引导丝锥向轴向前进。柄部有方榫,用来传递切削扭矩。丝锥工作部分沿轴向有几条容屑槽,以容纳切屑,同时形成刀刃和前角γ。(5分)

30. 答:(1)按被测工件的结构特点及所测参数来选择测量器具的种类和结构形式。(1分)

(2)按被测工件的尺寸精度确定测量器具的精度等级。(1分)

(3)按被测工件的尺寸大小选取相适应测量范围的量具。(1分)

(4)按工件的加工方法、批量与数量来选用测量器具。(1分)

(5)选用量具应结构简单、可靠、操作方便、维修容易,测量和辅助时间短,对使用人员的技术水平和熟练程度要求低。(1分)

31. 答:(1)标题栏、明细表和零件编号。(1分)

(2)一组视图,包括视图、剖视图、剖面及其他规定画法和特殊表达方法。(1分)

(3)必要尺寸,即从装配、安装、运输等方面需要标注必要的尺寸。(1分)

(4)技术要求,装配图上的技术要求只是为装配、检验、调试、安装、使用等方面加以说明。

(2分)

32. 答:电路就是电流通过的途径。一般由电源、负载、连接导线及其他控制装置如开关、控制设备、指示设备、保护装置和测量仪表等组成。(5分)

33. 答:兆欧表又称摇表,主要用于测量电气设备的绝缘电阻,以判断电气设备的绝缘是否可靠。(5分)

34. 答:装配连接分为:可拆连接和不可拆连接两大类(2分)。可拆连接有螺纹连接、键连接、销连接等;不可拆连接有焊接、铆接、粘接等(3分)。

35. 答:铁心叠装的搭接式就是铁心柱和铁轭的硅钢片之间部分交错搭接在一起,使接缝交错遮盖。(5分)

36. 答:(1)生产过程的连续性(1分);(2)生产过程的比例性(1分);(3)生产过程的平行性(1分);(4)生产过程的节奏性(1分);(5)生产过程的经济性(1分)。

37. 答:(1)搞好清洁卫生,美化绿化厂区。(1.5分)

(2)改善劳动条件,实现安全生产。(1.5分)

(3)合理布置作业场地,保持正常生产秩序。(2分)

38. 答:为保证和提高产品质量或工作质量所进行的质量调查、计划、组织、协调、控制、信息反馈等各项工作的总称。(5分)

39. 答:(1)自己信得过(1.5分);(2)用户信得过(1.5分);(3)国家信得过(1分);(4)质量稳定(1分)。

40. 答:(1)能可靠地达到产品设计质量要求和生产率要求。(1.5分)

(2)能够达到合理的经济效果。即最经济的一种方案,其中包括使用较少的设备和工时,以及较少的材料、电能等;还应尽早采用成熟、可靠的新技术、新工艺。(2分)

(3)尽可能机械化、自动化,使工人劳动强度降低到最低程度。(1.5分)

41. 答:(1)装配前的准备工作(1.5分);(2)装配工作(1分);(3)调整精度检验(1分);(4)装配后的调整和美化(1.5分)。

42. 答:(1)做好零件的清理和清洗工作。(1分)

(2)装配表面在配合或连接前一般都需加润滑油。(2分)

(3)装配零件的配合尺寸要正确。(1分)

(4)做到边装配边检查。(1分)

43. 答:螺纹连接为了达到紧固而可靠的目的,必须保证螺纹副具有一定的摩擦力矩,摩擦力矩是由于连接时施加拧紧力矩后,螺纹副产生预紧力而获得的,拧紧力矩或预紧力的大小是根据要求确定的,常用控制扭矩法,控制螺纹伸长法,控制扭角法来保证准确的预紧力。(5分)

44. 答:(1)液压系统驱动刚性差(1.5分);(2)液压元件产生故障(1.5分);(3)油液污染(1分);(4)摩擦阻力变化(1分)。

45. 答:一般在液压缸上部设排气装置,开动机床后,正式工作前,应打开排气阀,并使缸带动工件在最大行程范围往复运动几次,排除空气后再关闭排气阀。(5分)

46. 答:铁心叠制后表面刷漆的要求:涂刷均匀,漆膜光滑不宜过厚。(5分)

47. 答:(1)要定期鉴定精度,并附有鉴定证书。(0.5分)

(2)游标卡尺用来测量静的工件,测量前应将工件擦干净,以免擦伤游标卡尺的测量面。(1分)

(3)使用时要掌握好量爪与工作表面的接触压力,以量爪能沿工件自由滑动为宜。有微调装置的游标卡尺要用微调装置调整接触压力。(1.5 分)

(4)游标卡尺不要放在强磁场附近,以免磁化影响使用。(0.5 分)

(5)游标卡尺应平放,使用完毕的游标卡尺,擦干净后放回专用盒内。对不常用的游标卡尺一定要涂防锈油(1 分)。

(6)不得用作其他工具使用。(0.5 分)

48. 答:有风动砂轮机、气动磨光机、气动螺丝刀、气振机、气锯、气动铆钉机、气动除锈机等。(5 分)

49. 答:(1)砂轮机启动后,待砂轮转速达到正常后再磨削。(1 分)

(2)磨削时,工作者应站在砂轮的侧面或斜侧面,避免站在砂轮对面。(1 分)

(3)磨削时,防止刀具、工件对砂轮发生剧烈的撞击或施加过大的压力。发现砂轮表面跳动严重时,应及时用修正器修正。(2 分)

(4)砂轮机的搁架与砂轮间的距离一般应保持在 3 mm 以内,否则容易造成磨削件被轧入的事故。(1 分)

50. 答:(1)用硬纸筒加楔柱夹紧。(1.5 分)

(2)穿心螺杆夹紧。(1.5 分)

(3)采用环氧树脂玻璃粘带绑扎夹紧。(2 分)

51. 答:以设备使用人为主,值班维护工人辅导,按照定保间隔和规定的保养内容及要求进行一次保养。完工后,由生产班(组)长和维修班长共同检查验收,填报完工凭证,以备考核。车间设备员应该参加检查验收。(5 分)

52. 答:将电压表并接在被测电阻两端,同时将电流表串接入电阻回路,然后分别读取电压 U 和电流 I 的数值,根据欧姆定律 $R=U/I$,求出未知电阻的数值。(5 分)

53. 答:因为万用表测电阻所用的电源电压比较低,在低电压下呈现的绝缘电阻不能反映在高电压作用下的绝缘电阻的真正数值,因此用带高压电源的兆欧表测量。(5 分)

54. 答:变压器在运行中,若并绕导线造成短路,在短时间内短路点通过的电流超过正常电流的十几倍以上,产生大量热量,烧毁线圈造成变压器无法正常运行。(5 分)

55. 答:主要由铁心、线圈(绕组)、油箱、绝缘引线、开关、冷却系统和专用套管等组成。(5 分)

56. 答:(1)绑扎(夹紧)的铁心紧固可靠。(1 分)

(2)接地片数量正确,插入深度符合要求。(1 分)

(3)环氧粘带固化后不得松动,光滑整齐、厚度、节距等符合要求。(1 分)

(4)铁心柱倾斜度、总厚度、直径、离缝等合格。(1 分)

(5)夹件对铁心、穿心螺杆对铁心及夹件绝缘合格。(1 分)

57. 答:兆欧表是用来测量电器设备和线路绝缘电阻的专用仪表。(5 分)

58. 答:(1)绕组在绕制中垫块未整形。(2 分)

(2)绕组在存放中垫块有移动。(2 分)

(3)绕组在吊运中磕碰等。(1 分)

59. 答:(1)引线与接线片规格、尺寸、材质正确。(1 分)

(2)清理接头处和焊丝的氧化物、铁锈、油漆、油污及水分等。(2 分)

(3)依据图纸要求确定搭接面积、尺寸、焊料等。(1 分)

(4)选择合适的气焊工具、设备等。(1分)

60. 答:是否需要预热应根据材质的成分、焊件厚度、结构刚性、接头形式、焊接材料、焊接方法及环境因素等综合考虑,并通过焊接性试验来确定。(5分)

61. 答:由于换位导线是由多股小截面缩醛漆包扁导线分叠层两列,采用自始至终小间距、连续循环换位再加包绝缘而成,因此,它具有减小变压器体积,降低变压器成本、降低变压器由于漏磁场所引起的环流附加损耗,提高绕组的机械强度,提高绕组在短路时的机械稳定性。(5分)

62. 答:换位导线按导线材质来分,可分为缩醛漆包铜换位导线、缩醛漆包铝换位导线和缩醛漆包铝合金换位导线三种(2.5分);按匝绝缘材料来分,可分为纸绝缘漆包换位导线、聚酯薄膜漆包换位导线(2.5分)。

63. 答:首先将每根导线焊接部分漆膜去掉,并用砂布把氧化皮擦除干净,然后将换位导线分成一组或两组排列整齐焊在一起,选择合适的焊接温度,焊液要均匀流满焊缝,最后清理干净表面的氧化皮。(5分)

64. 答:焊接后必须可靠牢固,机械强度高,耐腐蚀,接触面物理性能良好,无任何异物。(5分)

65. 答:换位导线是以一定根数的漆包扁导线组合成面较宽且相互接触的两列,并按要求,在两列漆包扁导线的侧面作同一转向的换位,同时用电工绝缘带作多层连续紧密绕包的绕组线。(5分)

66. 答:采用绑扎方式夹紧铁心工艺简单,压力均匀,且由于不冲孔,铁心截面不减小和不增加附加损耗,因此,空载电流和空载损耗较小。(5分)

67. 答:电线电缆按照其产品性能、结构、制造工艺及使用特点可分为:

(1)裸导线和裸导体制品。(1分)

(2)电磁线。(1分)

(3)电气装备用电线电缆。(1分)

(4)电力电缆。(1分)

(5)通用电线电缆。(1分)

68. 答:整理绕组出线头,清理导线漆膜,弯曲形状,剪断,焊接,清理毛刺。(5分)

69. 答:电抗器按铁心的型式可分:空心电抗器、带气隙的铁心电抗器、铁心电抗器。(5分)

70. 答:(1)防止锈蚀和腐蚀(2.5分);(2)提高导电性、减小接触电阻(2.5分)。

71. 答:电镀是电解作用的一种,是一个电化学过程。它是在外界直流电源的作用下,通过两类导体在阳极和阴极两个电极上进行氧化还原反应的过程。(5分)

72. 答:(1)氧气瓶;(2)乙炔发生器或乙炔瓶;(3)减压器;(4)焊炬(焊枪)(5)橡胶管;(6)压力表。(5分)

73. 答:千分尺有内径千分尺、外径千分尺和深度千分尺三种。(5分)

74. 答:(1)使用前首先检查测试胎是否放平稳。(2分)

(2)表面清洁干净、不得有污物。(1分)

(3)各部件完好齐全。(1分)

(4)确认在合格有效期内。(1分)

75. 答:使用电钻钻孔时,首先要检查电钻外壳是否接地,接通电源后外壳不应带电,操作时操作人员要戴安全手套,穿电工鞋或站在绝缘板上,以防触电事故。(5分)

76. 答:(1)既看不见又摸不着的夹渣。(1.5分)

(2)无法使用工具清除的夹渣。(1.5分)

(3)用手能摸得着却看不见的夹渣。(2分)

77. 答:绝缘材料的主要作用是隔离带电或不同电位的导体,使电流按指定的方向流动。同时,绝缘材料还起机械支撑、保护导体及防晕灭弧等作用。(5分)

78. 答:绝缘材料在使用过程中,由于各种因素的长期作用,会发生化学变化和物理变化,使电气性能和机械性能变坏,这种变化称为绝缘材料的老化。(5分)

79. 答:聚酰亚胺薄膜带、皱纹纸带、纸板、白布带、玻璃丝带。(5分)

80. 答:如果焊件表面清理不干净,在焊缝处存在污物、氧化皮等,就会产生焊料填不满或结合不良的缺陷,从而使焊接接头强度下降,焊件接触部位电阻增大,因此,气焊前必须将焊件表面清理干净。(5分)

81. 答:绝缘梁、铜排、皱纹纸带、白布带、聚酰亚胺薄膜带等。(5分)

82. 答:手工除锈、机械除锈、喷砂除锈、酸洗除锈。(5分)

83. 答:在装配高压电流互感器中,环氧树脂填充绝缘子与半法兰之间间隙,固化后形成一个整体,主要作用是起密封、绝缘、固定作用。(5分)

84. 答:引线准备、架线安装、引线焊接、绝缘包扎、整理紧固。(5分)

85. 答:(1)作为导电部分同其他部分的绝缘。(2分)

(2)填充空隙、防止引线受潮和把整个绝缘部分粘在一起。(2分)

(3)提高引线的机械强度。(1分)

86. 答:(1)油箱内部有无铁屑、泥污、油污、纸屑等杂物及脱漆现象。(2分)

(2)密封面有无锈蚀、飞边、毛刺、凹凸不平等。(1.5分)

(3)各部件尺寸、材质、数量是否符合图纸要求。(1.5分)

87. 答:工艺过程:表面处理—涂底漆—局部填刮腻子—打磨—涂面漆。(2分)

质量要求:表面平滑,具有一定光泽,外表美观大方,涂层具有足够的机械强度,无肉眼可见的机械杂质、擦伤、皱纹、气泡及其他可见缺陷,涂层牢固。(3分)

88. 答:密封性好;机械强度高;节省材料;油箱结构简单。(5分)

89. 答:不利于现场拆修;焊接技术水平要求高;焊接时产生的夹渣易进入油箱内部。(5分)

90. 答:盖板、油表玻璃、密封垫、底座、油表反光板、紧固件。(5分)

91. 答:铜板、铝板、PV(C)板。(5分)

92. 答:粘接强度高,固化后收缩率小,耐化学药品腐蚀,绝缘性能好。(5分)

93. 答:(1)字迹清楚、牢固(1.5分);(2)尺寸符合图纸技术要求(2分);(3)数据正确可靠(1.5分)。

94. 答:白坯或浸漆绕组及支持件干燥前,由于存放时间长,绕组或支持件吸收空气中的水分,体积会逐渐膨胀。虽然绕组或支持件已紧固,但干燥处理后,水分蒸发掉,体积会相应减小,因此器身干燥出炉后紧固件会松动。(5分)

95. 答:心式变压器和壳式变压器铁心的主要区别在于磁路,即铁心与线圈的相对位置,

铁心被线圈包围的称心式变压器铁心,线圈被铁心包围的称壳式变压器铁心。(5分)

96. 答:引线准备→安装固定支撑件→引线焊接→绝缘包扎→整理和紧固。(5分)

97. 答:硅钢片毛刺太大,将会使叠片系数降低,即减小了铁心的有效截面积,使磁通密度增大,损耗增加。另外,过大的毛刺会使片间短路,铁心的涡流损耗增加。(5分)

98. 答:钟罩式油箱、筒式油箱、波纹式油箱、壳式变压器油箱。(5分)

99. 答:35 表示硅钢片公称厚度为 0.35 mm,Q 表示取向硅钢片,130 表示铁损为 1.30 W/kg。(5分)

100. 答:气压试漏检验、表面渗透探伤、氨渗漏检验、油压试漏检验。(5分)

六、综 合 题

1. 答:基本尺寸 20 mm,上偏差+0.02 mm,下偏差−0.013 mm。(5分)

最大极限尺寸:20+0.02=20.02(mm);最小极限尺寸:20+(−0.013)=19.987(mm);公差:20.02−19.987=0.033(mm)或 0.02−(−0.013)=0.033(mm)。(5分)

2. 答:如图1所示。(10分)

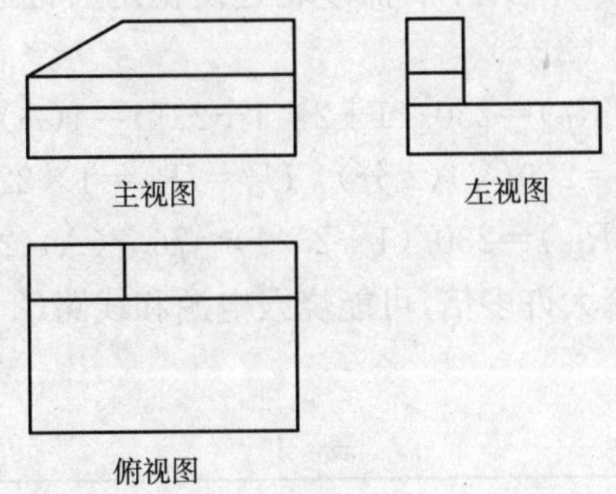

图 1

3. 答:如图2所示。(10分)

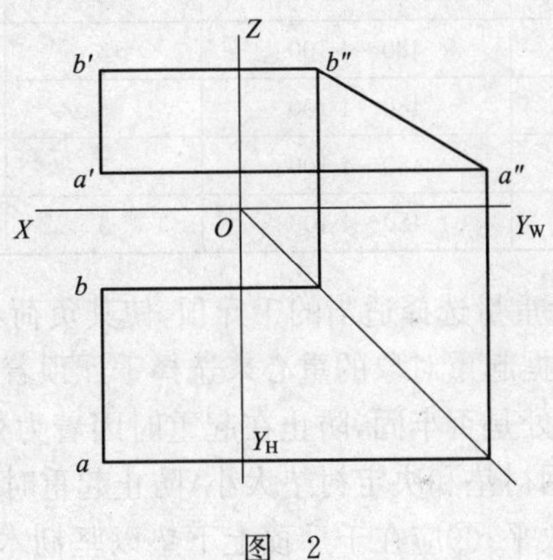

图 2

4. 答:(1)总的要求:场地整洁,不得有杂物;使用的工夹具合格、熟悉;佩戴齐正确的防护用品,女同志应将长发束压在工作帽内。(1分)

(2)使用锤类作业时,禁止戴手套或使用垫布;挥锤前注意周围情况,防止伤人;不得以锤当垫铁使用;锤头不许松动,锤把不得有油,手上不能有汗,锤击姿势正确。(1分)

(3)使用扳手时,先将螺帽和扳子的油垢擦净,禁止将扳子当手锤使用,扳装和松、紧工作物时,动作要正确。(1分)

(4)使用台虎钳时,应安装牢固,安装高度合适,钳口必须有良好的齿纹并互相吻合;虎钳不得当砧子使用,夹虎钳时,不得使用套管或用手锤打钳子把。拆卸工作物时两脚应躲开工作物下方。(1分)

(5)锉削时,锉刀应装有坚实的木质握柄,锉纹中的铁屑应用专用钢丝刷清除,不得用手摸锉刀加工表面,推锉时,不要撞击手把。(1分)

(6)凿削时,应避免对面有人并及时修复打毛的凿顶和松动的锤头。(1分)

(7)使用台钻前,应先试其转动情况,卡头不得甩动,工作者禁止戴手套,清除钻出的金属销时,应先停止运转,将钻头提出钻孔后再进行,过小、过软、过薄的工件应用夹具固定后,再进行钻孔。台钻停转后方可改变工作物位置或调整转速。(1分)

(8)使用砂轮应佩戴防护眼镜,先检查砂轮有无裂损,转向是否正确,禁止两人同时使用一砂轮,严禁磨削过软、过大的工件,开车后需砂轮速度稳定后再进行磨削,砂轮磨出火星应向下,使用完毕,立即断开电源。(2分)

5. 答:$I=E/(R_0+2R_{线}+R_L)=230/(1+2\times1+227)=1(\text{A})$(2分)

$U=E-IR_0=230-1\times1=229(\text{V})$(2分)　$U_L=IR_L=1\times227=227(\text{V})$(2分)

若R_L短路,$I=E/(R_0+2R_{线})=230/(1+2\times1)=76.7(\text{A})$(2分)。

此时短路电流比正常电流大许多倍,可能烧毁电源和线路(2分)。

6. 答:见表1。(10分)

表 1

型　号	最大钻孔直径(mm)	主轴转速		主轴最大行程(mm)	电机容量(kW)
		范围(r/min)	级　数		
Z4002	$\phi2$	3 000～8 700	3	20	0.09
Z406	$\phi6$	1 450～5 800	3	60	0.25
Z512	$\phi12$	480～4 100	5	100	0.60
Z512-1	$\phi12.7$	480～4 100	5	100	0.60
Z4012	$\phi12$	480～4 100	5	100	0.60
ZQ4015	$\phi15$	480～4 100	5	100	0.60

7. 答:(1)使用前:①估计重量选择适当的千斤顶,使其负荷不超过其额定起重能力;②检查千斤顶是否正常良好;③根据起重对象的重心来选择千斤顶着力点位置,使重物在升降时不致倾倒;④检查重物起重重力处是否牢固,防止在起重时因着力处损裂而发生危险;⑤视地面松软程度决定千斤顶是否须用衬垫和决定衬垫大小,防止起重时千斤顶下陷。(5分)

(2)使用时:①将千斤顶放平;②应在千斤顶上下垫以坚韧木料;③扳正撑牙方向;④起重棒动作范围内应无阻碍;⑤先用手直接转动棘轮,使升降筒上升,直至顶盘与重物接触为止,然后插入和扳动起重棒,开始起重;⑥数台千斤顶同时并用时,注意使每台千斤顶负荷平衡不超过额定负荷;各千斤顶动作应同步使重物升降平稳,无倾斜危险;⑦起升时,应注意升降套筒上升高度,在套筒上出现红色警告线时,应立即停止起升;⑧起升工作完毕或欲使重物下降时,先拨出起重棒,将撑牙推向下降方向,再插入和扳动起重棒,千斤顶的升降套筒随即渐渐下降。(5分)

8. 答:如图3所示。(10分)

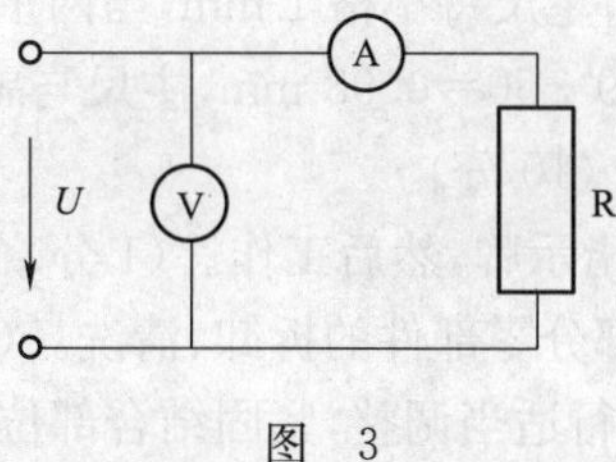

图 3

9. 答:表示公称直径10 mm,螺距为1.5 mm,三支一套,3级精度的手用单支丝锥。(10分)

10. 答:变压器空载运行等效电路图如图4所示。(10分)

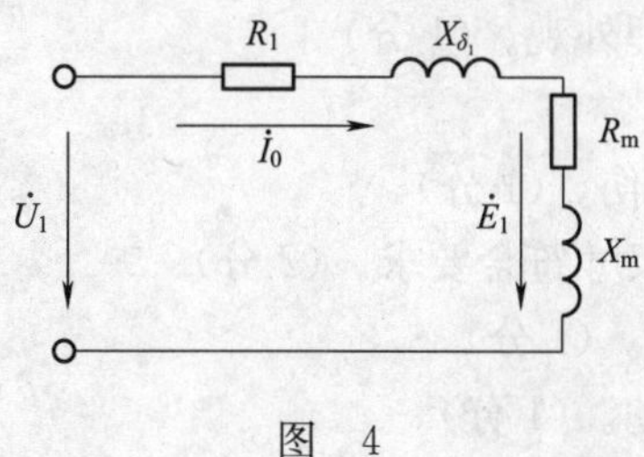

图 4

11. 解:$I_{1N}=\dfrac{S_N}{\sqrt{3}U_{1N}}=\dfrac{90\ 000}{\sqrt{3}\times 220}=236.2(A)$

$I_{2N}=\dfrac{S_N}{\sqrt{3}U_{2N}}=\dfrac{90\ 000}{\sqrt{3}\times 66}=787.3(A)$

答:高压侧额定电流236.2 A,低压侧额定电流787.3 A。(10分)

12. 解:$R_{75}=\dfrac{235+75}{235+20}\times 0.5=0.608\ \Omega$

答:换算到75℃的电阻值为0.608 Ω。(10分)

13. 答:电压表用来测量任意两点间的电压大小,使用时将电压表和测量电路并联接入如图5(a)所示(2分)。若错误的串联接入,往往因电压表内阻很大,使测量电路不通,负载无法工作,同时接入电压表时,应注意电压表的量程要大于被测电路的最大电压值(3分)。

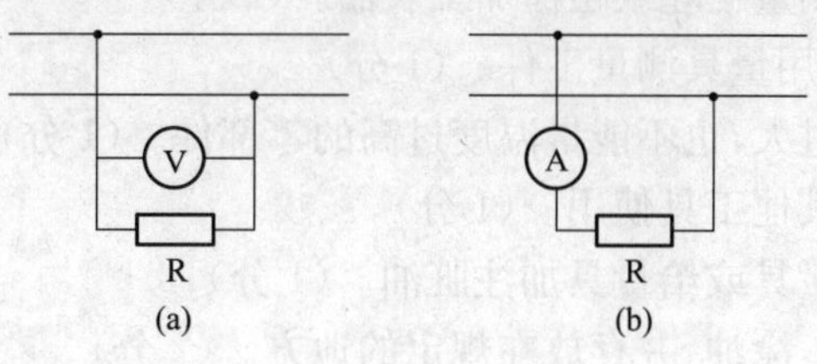

图 5

电流表用来测量电路中通过的电流大小，使用时将电流表串联接入测量电路中，如图 5(b)所示(2 分)。如果错误地并联在负载两端，会因电流表内阻很小，形成短路而烧坏电流表，同时，在接入电流表时，要注意电流表的量程选择。可以先选用大量程进行试测，然后再接入合适的电流量程，以避免电流表因过载而损坏(3 分)。

14. 答:1/50 mm 的游标卡尺，主尺每小格 1 mm，当两爪合并时，主尺上的 49 mm 刚好对正副尺上的 50 格，则副尺每格＝49÷50＝0.98 mm，主尺与副尺每格相差约 0.02 mm，所以它的精度为 1/50 mm，即 0.02 mm。(10 分)

15. 答:(1)先切断电源，挂出指示牌，然后工作。(1 分)

(2)根据设备使用情况，进行部分零部件的拆卸、清洗。(1 分)

(3)对设备的部分配合间隙进行适当调整，紧固结合部位。(2 分)

(4)检查润滑油路，保持清洁完整。(1 分)

(5)检查电器装置固定整齐，安全防护装置齐全牢靠。(2 分)

(6)清洗附件及冷却装置。(1 分)

(7)补充更换油脂、油毡、油线等。(1 分)

(8)清除设备表面污垢，整理外观。(1 分)

16. 答:应检查项目如下：

(1)外绕组的匝绝缘有无损伤。(1 分)

(2)各部件装配位置正确，尺寸符合要求。(2 分)

(3)器身外观及清洁度检查。(1 分)

(4)所有垫块是否整齐、松动。(1 分)

(5)金属紧固件、胶木螺母、引线是否松动。(2 分)

(6)引线绝缘距离是否符合要求。(1 分)

(7)油道是否畅通，有无阻塞现象。(1 分)

(8)箱沿密封面的平整度和平直度应良好。(1 分)

17. 答:环氧树脂配制方法较多，常用方法是按重量比配制，即 610(E—44)环氧树脂 100，聚酰胺树脂 100，加石英粉 35，搅拌均匀即可使用。(10 分)

18. 答:(1)有固定地方存放。(2.5 分)

(2)定期进行表面灰尘擦揩。(2.5 分)

(3)各部件齐全无变形。(2.5 分)

(4)表面及螺纹部位无锈蚀。(2.5 分)

19. 答:(1)量具在使用前必须擦揩干净。(1 分)

(2)不能用精密量具测量毛坯或粗糙加工表面。(2 分)

(3)机床开动时，不能用量具测量工件。(1 分)

(4)测量时不能用力过大，也不能量温度过高的零部件。(1 分)

(5)不能把量具当成其他工具使用。(1 分)

(6)不能用脏油清洗量具或给量具加注脏油。(1 分)

(7)量具使用后，擦净、涂油、并存放在规定的地方。(2 分)

20. 答:传动比是指主动轮转速 n_1 与从动轮转速 n_2 的比值，用符号 i 表示(4 分)。两轮转速之比与其直径成反比，即：$i=n_1/n_2=D_2/D_1$，其中：n_1 为主动轮转速(r/min)；n_2 为从动轮转速(r/min);D_1为主动轮直径(mm);D_2为从动轮直径(mm)(6 分)。

21. 答:(1)看标题栏,了解零件的名称、材料、比例等。(2 分)

(2)分析视图,想象形状。读图时从主视图入手,依据各视图关系,看出各部分的形状,综合想象零件的整体形状。(3 分)

(3)分析尺寸。明确零件各组成部分几何形状的定型尺寸、定位尺寸和零件的总体尺寸,找出零件各方向的尺寸基准,尤其要注意高精度的尺寸,了解其原因。(3 分)

(4)了解技术要求,其中包括零件各表面粗糙度,尺寸精度等要求。(2 分)

22. 答:兆欧表有三个接线柱,一个为"L",一个为"E",还有一个为"G"(屏蔽)。测量电器及电力线路或照明线路的绝缘电阻时,"L"接被测量器件或线路上,"E"接地线或相对测试点;测量电缆的绝缘电阻时,为使测量结果准确,消除线心绝缘层表面漏电所引起的测量误差,还应将"G"接到电缆的绝缘纸上。(10 分)

23. 答:正四棱锥。(10 分)

24. 答:硅钢片的牌号由四部分组成:第一部分是字母,表示硅钢片及其轧制方法,晶粒取向;第二部分是数字,表示最大铁损值(实际值的 100 倍);第三部分为字母,表示检验条件;第四部分是数字,表示硅钢片的厚度(6 分)。如 DW240—35 型硅钢片表示冷轧无取向,厚度 0.35 mm,最大铁损为 2.40 W/kg(4 分)。

25. 答:根据 M12 和 50 这两个主要尺寸,从"GB8—88"便可知该标号对应的螺钉为方头螺栓,螺纹外径 12 mm,螺杆长度为 50 mm。(10 分)

26. 答:应注意以下几点:

(1)清理好焊接部位,尤其是导线端部焊接部分,将每根导线漆膜必须除净。(2.5 分)

(2)将组合导线分成一组或两组焊在一起,焊接温度要合适。(2.5 分)

(3)做好附近绝缘的保护工作。(1 分)

(4)焊后检查焊肉要充分,特别是铜棒接触的地方。(2 分)

(5)最后清理焊接时产生的尖角、毛刺、氧化皮等。(2 分)

27. 答:(1)氧气瓶应安放稳固。(1 分)

(2)取氧气瓶帽时,只能用手或扳手旋取,禁止用铁锤等铁器敲击。(2 分)

(3)装减压器时,应拧开瓶阀吹掉出气口内杂质。(1.5 分)

(4)存放要远离热源防止氧气受热膨胀引起爆炸。(1.5 分)

(5)氧气瓶内氧气不能全部用完,应留 0.1~0.2 MPa 的氧气。(2 分)

(6)运输中必须戴上瓶帽避免互相碰撞。(1 分)

(7)定期检查合格后,才能继续使用。(1 分)

28. 答:(1)各部件清洁度达到要求。(2 分)

(2)各紧固件无松动、脱扣现象。(2 分)

(3)安装尺寸符合图纸要求。(2 分)

(4)各绕组绝缘性能符合要求。(2 分)

(5)各引线绝缘距离符合图纸要求。(2 分)

29. 答:电焊条由焊芯和药皮(或涂料)两部分组成,焊接时,焊芯起两种作用:一是作为电极,产生电弧;二是作为填充金属与熔化的母材一起形成焊缝(5 分)。药皮的作用:①使电弧容易引燃和保持电弧燃烧的稳定性;②在电弧的高温作用下,产生大量气体并形成焊渣,以保护熔化金属不被氧化(5 分)。

30. 答:剪切时应注意:

(1)正确用料、分类存放、不得混用。(2 分)

(2)注意区分硅钢片的轧制方向。(2 分)

(3)操作时轻拿、轻放,不可敲打、弯折。(2 分)

(4)随时消除毛刺,及时修整更换模具。(2 分)

(5)保持片料表面光滑、平整,切勿磕碰、划伤。(2 分)

31. 答:变压器铁心叠片时必须满足如下要求:

(1)硅钢片尺寸公差应符合图纸要求。(2 分)

(2)硅钢片边缘毛刺应不大于 0.03 mm。(2 分)

(3)硅钢片漆膜厚度不大于 0.015 mm。(2 分)

(4)冷轧硅钢片必须沿硅钢片碾压方向使用。(2 分)

(5)硅钢片绝缘有老化、变质、脱漆现象,影响特性及安全运行时,必须重新涂漆。(2 分)

32. 答:一方面是为了将残存在绝缘材料当中的气体抽净,另一方面是为了将总装配过程中器身表面受潮的水分,在常温高真空度下进行蒸发,以恢复器身原来的干燥度。因此,抽真空时间要保证,不可随意缩短。遇上天气潮湿,维持抽真空时间要延长。(10 分)

33. 答:油箱内部有污染物体对变压器极为有害,因此,必须保证变压器油箱内部清洁度,提高油箱清洁度的方法有三个方面:一是喷漆前彻底清理;二是零件结构设计要便于清洁性;三是油箱运输保管要防止灰尘、杂物进入。(10 分)

34. 答:根据不同规格的铜铰线,在端部首先用铜丝紧密缠绕一段,约为铜铰线直径的 2~3 倍,加热缠绕部分,在平台上将端部打成扁平,一般为铜铰线直径的 2/3~1/2,再加热,用规定的焊丝将端部焊平,最后用铁刷将氧化皮清理干净。(10 分)

35. 答:气焊丝的选用原则:(1)考虑母材的机械性能;(2)考虑焊接结构特点;(3)考虑焊件的特殊要求(5 分)。

保存方法:应按类别、牌号和性能分开放在干燥的地方,防止焊丝表面生锈和腐蚀(5 分)。

变压器、互感器装配工(中级工)习题

一、填 空 题

1. 工艺基准是在(　　)过程中所采用的基准。

2. 电阻焊使用铜焊夹上的(　　)应经常维修,使之与引线接触面平整。

3. 以额定频率的额定电压施加于变压器一个绕组的端子上,其余绕组开路,所吸取的有功功率称为(　　)损耗。

4. 额定电压高的变压器必须进行(　　)干燥处理。

5. 变压器的附加铜损主要包括导线涡流损耗、(　　)损耗和引线损耗。

6. 变压器的主绝缘结构都是由纯油间隙、屏障和(　　)三部分组成。

7. 变压器绕组中通过交变电流时,由于电流与(　　)漏磁通的作用,绕组将受轴向力的作用。

8. 当磁力线的方向沿着冷轧硅钢片的碾轧方向时,硅钢片的导磁性能(　　)。

9. 装配基准是装配时用来确定零件或部件在产品中相对(　　)所采用的基准。

10. 电阻焊使用铜焊夹的夹持焊件部位装有(　　),以便通过大电流,产生焊接需要的热量。

11. 变压器的一次绕组接在交流电源上,二次绕组开路时的运行叫做变压器的(　　)运行。

12. 变压器电压变化率 ΔU 的大小与变压器本身的(　　)有关。

13. 变压器的基本铜损是电流在绕组导线内产生的(　　)损耗。

14. 变压器的主绝缘通常指(　　)之间、线圈对铁心和油箱等接地部分、引线对铁心和油箱的绝缘。

15. 用冷轧取向硅钢片制造的变压器铁心,可以改善变压器(　　)、激磁伏安及噪声等性能。

16. 测量基准是(　　)时所采用的基准。

17. 电阻焊使用铜焊夹上的(　　)与引线只有个别点接触,引线焊接时,会因局部过热而将引线烧坏。

18. 以额定频率的额定电压施加于变压器一个绕组的端子上,其余绕组开路,流经该绕组的电流为(　　)电流。

19. 变压器的基本铁损主要是(　　)损耗和涡流损耗。

20. 变压器的纵绝缘包括绕组的匝绝缘(　　)绝缘和段间绝缘。

21. 冷轧取向硅钢片的磁性是各向异性的,磁化方向与轧制方向成不同角度时磁感应强度及(　　)是变化的。

22. (　　)指用以传递信息供给测量仪器、仪表和保护、控制装置的变换器。

23.（　　）互感器指在正常使用情况下，其二次电压与一次电压实质上成正比，而其相位差在连接方法正确时接近零的互感器。

24.（　　）互感器指在正常使用情况下，其二次电流与一次电流实质上成正比，而其相位差在连接方法正确时接近零的互感器。

25. 电压互感器在测量电压时所出现的（　　）叫电压比误差，简称比值差。

26. 电压互感器一次电压与二次电压相量的（　　）叫相位误差。简称相位差。

27. 确定电压互感器准确度等级所依据的（　　）称为额定负荷。

28. 电流互感器一次绕组的额定电流与二次绕组（　　）之比称为额定变流比。

29. 电流互感器在测量电流时所出现的（　　）叫电流比误差，简称比值差。

30. 油浸变压器电压等级 35 kV，工频试验电压 85 kV，引线最小直径 4.1 mm，每边绝缘厚度 3 mm，则引线间的最小绝缘距离为（　　）mm。

31. 目前世界上最新的高导磁材料是（　　）。

32. 空载电流是由励磁电流和（　　）电流组成的。

33. 变压器的容量越大，空载电流（　　）。

34. 变压器铁心的涡流损耗与硅钢片的厚度成（　　）。

35. 饼式绕组为外绕组时，在不影响主绝缘的前提下，允许换位处高出（　　）导线。

36. 两根导线并绕的连续式绕组，换位是（　　）的，并绕导线间无环流。

37. 单螺旋式绕组线饼间的油隙，既供冷却散热，又是绕组的（　　）绝缘。

38. 单螺旋式绕组在两个分组换位之间要垫纸板条，防止组间（　　）。

39. 单螺旋式绕组的特殊换位是把两组导线的位置互换，而每组导线的相互位置（　　）。

40. 影响变压器油老化的主要因素是（　　）。

41. 引线与引线的连接方式有焊接（　　）连接和机械压接。

42. 引线与其他导电零部件的绝缘距离不够，最好是在此路径内增设绝缘（　　）。

43. 进行铁心半成品的空载电流试验时，应施加由变压器额定电压换算的临时线匝的（　　）电压。

44. 充油式套管是以变压器油和（　　）作为主绝缘结构。

45. 低压套管的隔磁是直接在箱盖上的套管孔间开槽，并嵌焊（　　）材料进行隔磁。

46. 油箱渗漏包括结构性渗漏和（　　）性渗漏。

47. 变压器空载损耗较以往高，说明有绕组或（　　）方面的缺陷。

48. 影响变压器运行时温度高低的因素是变压器的（　　）、散热能力和环境温度。

49. 机车变压器运行中受到的过电压有雷击过电压和（　　）过电压。

50. 变压器导向冷却就是要加速线圈和（　　）主要发热部位的冷却。

51. 绝缘材料的基本性能包括电气性能、耐热性能、（　　）性能、化学性能。

52. 在交变电场的作用下，绝缘材料所发生的（　　），称为介质损失。

53. 影响绝缘材料介电系数的因素有温度、（　　）和外施电压的频率。

54. 变压器不仅可以用于变换电压，而且可以变换电流和变换（　　）。

55. 磁通也可以表示为穿过某一截面的（　　）总数。

56. 磁场强度表示磁场中与介质无关的（　　）大小和方向。

57. 磁感应强度是表示空间某点磁场强弱与（　　）的物理量。

58. 变压器是根据电磁感应原理由(　　)和磁路组合成的。

59. 变压器一次侧空载电流 I_0 与一次侧匝数 N_1 的乘积是空载时原边的(　　)。

60. 变压器中不按铁心路线闭合的磁通称为(　　)。

61. 用手工或机械的方法消除原材料不直、不平和翘曲等缺陷和消除零件变形的操作叫做(　　)。

62. (　　)的方法一般有扭转法、伸张法、弯曲法和延展法。

63. 弯曲工件时,要使弯曲线与材料辗压纹方向(　　)或成一定角度。

64. 在工件上划线时,正确选择(　　)是划好线的关键。

65. 选定划线基准的原则之一是以图纸的尺寸标注(　　)作为划线基准。

66. 在工件毛坯上划线时,如果毛坯上有孔,一般应以孔的(　　)作为划线基准。

67. 装配是按规定的技术要求,将零件或部件进行配合和(　　),使之成为半成品或成品的工艺过程。

68. 工艺过程是改变生产对象的(　　)、尺寸、相对位置和性质等,使其成为成品或半成品的过程。

69. 工艺装备是产品制造过程中所用的各种(　　)的总称。

70. (　　)工艺装备是专为某一产品所用的工艺装备。

71. (　　)工艺装备是能为几种产品所共用的工艺装备。

72. 变压器电压比试验常用方法有双电压表法和(　　)法。

73. 变压器的(　　)试验中,一般采用双电压表法做电压比试验。

74. (　　)是利用交流电位差计原理,试验中,当指零仪平衡时,即可测出被试变压器的电压比。

75. 变压器绕组直流电阻测试方法有电桥法和(　　)法。

76. 测量电阻的电桥有两种,测量变压器绕组直流电阻时使用(　　)电桥。

77. 电抗器铁心气隙的作用是使铁心的(　　)系数基本保持不变。

78. 电抗器铁心气隙的作用是使电抗器的(　　)及电抗基本保持不变。

79. 壳式变压器铁心的磁路一般为(　　)分支磁路。

80. 壳式变压器铁心的夹紧一般采用衬板(　　)的结构。

81. 心式变压器铁轭采用穿心螺杆夹紧结构时,必须保证穿心螺杆与铁轭可靠绝缘,避免发生铁轭的片间(　　)。

82. 心式变压器铁轭采用两边方铁夹紧结构时,必须在夹件和铁轭、铁轭和方铁之间进行(　　)。

83. 心式变压器铁轭采用穿心螺杆夹紧结构时,会引起磁通局部(　　)增加损耗。

84. 心式变压器铁轭采用两边方铁夹紧结构时,会引起磁路分布(　　)。

85. 心式变压器铁轭采用拉板夹紧结构时,磁路分布(　　)。

86. 测量角度、锥度的方法有直接测量法和(　　)法。

87. 测量角度、锥度的直接测量法又分为绝对量法和(　　)量法。

88. 用万能角度尺或测角仪等测量角度的方法是直接测量法中的(　　)量法。

89. 测量一个或几个尺寸,然后用三角函数计算出被测量角度的测量方法叫(　　)测量法。

90. 平台测量(手工测量)是利用一般的万能量具和必要的(　　)量具进行测量的一种方法。

91. (　　)量具包括块规、百分尺、游标卡尺、千分表等。

92. (　　)量具主要指平台、小方铁、圆柱角尺、双斜面平尺、平直尺等。

93. 变压器的额定容量是变压器额定电压和(　　)电流的乘积。单位为千伏安(kVA)。

94. 变压器的(　　)电流是变压器绕组能长期承受不超过规定温升限值的电流有效值。单位为安(A)。

95. 引线绝缘尺寸和绝缘距离的选择是按工频(　　)电压决定的。

96. 油浸变压器电压等级 35 kV,工频试验电压 85 kV,引线最小直径 4.1 mm,每边绝缘厚度 3 mm,则引线到金属件平面的最小绝缘距离为(　　)mm。

97. 油浸变压器电压等级 35 kV,工频试验电压 85 kV,引线最小直径 4.1 mm,每边绝缘厚度 3 mm,则引线到金属件尖角的最小绝缘距离为(　　)mm。

98. 油浸变压器电压等级 35 kV,工频试验电压 85 kV,引线最小直径 4.1 mm,每边绝缘厚度 3 mm,则引线到线圈的最小绝缘距离为(　　)mm。

99. 零件的工艺结构是零件上的一些为满足(　　)而设计的结构。

100. 装配图是用来表达零件间的装配关系和机器、部件的(　　)特征的图样。

101. 装配图中的规格性能尺寸集中地反映机器或部件的(　　)特点,是了解和选用机器或部件的依据。

102. 纯电容电路(　　)消耗电能。

103. 零件图的绘制一般包括零件草图的绘制和零件(　　)的绘制。

104. 三视图的补绘,其基本方法为线面分析法和(　　)分析法。

105. 所谓线面分析法,就是运用线面的投影规律和(　　),分析图中线条、线框的含义及它们在空间的位置,从而把视图看懂。

106. 电流表内阻越小,电压表内阻越大,测量越(　　)。

107. 钳形表可以在不断开电路的情况下测电流,但其测量准确度(　　)。

108. 晶体管毫伏表(　　)测量直流电压。

109. 直流单臂电桥是一种用来测量电阻或与电阻(　　)关系的量的比较仪器。

110. 0.1 和 0.2 级标准仪表按规定每年检定不得少于(　　)。

111. 0.1 和 0.2 级标准仪表按规定的正常工作位置向任一方向倾斜 5°时,其示值不应超过本身等级的(　　)。

112. 直流电桥在检定前必须进行清洗,清洗好以后将电桥在检定环境中停放(　　)h,稳定后再接线进行测量。

113. 用自粘性漆包线绕制的线圈不需要浸漆处理,只需适当(　　)即可粘合成牢固的整体。

114. BCu94P 含磷量较低,熔点升高,但(　　)性略差一些,塑性稍有改善。

115. HL302 是一种含银量较低的材料,(　　)性较好,熔点较高。适用于铜及铜合金,铜和不锈钢等的钎焊。

116. 锡铅钎料的(　　)性能很好,可加工成所需各种规格的钎料。

117. 超高压变压器匝间绝缘用纸要求有较高的介电强度和(　　)强度。

118. 螺纹连接装配方法有定力矩扳手法、扭断螺母法、液力拉伸法和(　　)法。

119. 任何复杂零件都可以看作由若干个基本几何体组成的,由两个或两个以上的基本几何体构成的物体叫(　　)。

120. 把机件向不平行于任何基本投影面的平面投影所得的视图叫(　　)。

121. 在公差与配合图解中,确定偏差的一条基准线为(　　)。

122. ϕ10k8 代号的含义是表示基本尺寸直径为 10 mm,基本偏差为 k,公差等级为(　　)的轴。

123. 孔轴公差带由公差带大小和公差带(　　)两个独立的要素组成。

124. 形位公差研究对象就是零件几何要素本身的形状精度和有关要素之间的(　　)精度问题。

125. 根据各种磁性材料(　　)的基本特征,通常把磁性材料分为软磁材料和硬磁材料两大类。

126. 电磁线是一种在导电金属线外被覆一薄层绝缘(　　)绝缘电线。

127. 硬度是金属材料抵抗另一种更硬物体压入其表面引起(　　)变形的抵抗能力。

128. 铸钢的含碳量越高,强度越(　　)。

129. 绝缘材料按(　　)的不同,分为有机类和无机类绝缘材料。

130. 聚酯薄膜在变压器中主要用于线圈(　　)。

131. 机攻时,丝锥与螺孔要保持(　　)。

132. 所谓立体划线是指在工件上(　　)角度的表面上都划线。

133. 电功率是电流在(　　)所做的功。

134. 在 RC 串联电路中,时间常数越大,充放电速度越(　　)。

135. 使用双臂电桥时,被测电阻的电位接头应与电桥的(　　)接柱相连。

136. 在测量高压线圈的直流电阻时,要选用精度较高的(　　)。

137. 主变压器器身采用(　　)干燥方式效果好。

138. 现场应用的主要触电急救方法是(　　)和胸外心脏挤压法。

139. 电气间隙是指两导电部件间的(　　)距离。

140. 爬电距离是指两导电部件之间的沿绝缘材料表面(　　)距离。

141. 凸轮机构主要由凸轮、机架和(　　)三个基本构件所组成。

142. 蜗杆传动由(　　)和蜗杆组成。

143. 劳动定额的两种基本表现形式为(　　)定额和产量定额。

144. PDCA 循环是计划—执行—(　　)—总结循环的简称。

145. 电容的容抗与频率成(　　)比。

146. 凸轮机构在一个运动循环中,从动件至少包括(　　)两个过程。

147. 电压互感器的初、次级线圈均不允许(　　)。

148. 以额定频率的额定电压施加于互感器一个绕组的端子上,其余绕组开路,所吸取的有功功率称为(　　)损耗。

149. 额定电压高的互感器必须进行(　　)干燥处理。

150. 互感器的附加铜损主要包括导线涡流损耗、(　　)损耗和引线损耗。

151. 互感器绕组中通过交变电流时,由于电流与(　　)漏磁通的作用,绕组将受轴向力的作用。

152. 互感器的一次绕组接在交流电源上，二次绕组开路时的运行叫做互感器的（　　）运行。

153. 互感器的基本铜损是电流在绕组导线内产生的（　　）损耗。

154. 用冷轧取向硅钢片制造的互感器铁心，可以改善互感器的（　　）、激磁伏安及噪声等性能。

155. 以额定频率的额定电压施加于互感器一个绕组的端子上，其余绕组开路，流经该绕组的电流为（　　）电流。

156. 互感器的基本铁损主要是（　　）损耗和涡流损耗。

157. 互感器的纵绝缘包括绕组的匝绝缘、（　　）绝缘和段间绝缘。

158. 互感器空载损耗较以往高，说明有绕组或（　　）方面的缺陷。

159. 影响互感器运行时温度高低的因素是互感器的（　　）、散热能力和环境温度。

二、单项选择题

1. 多级铁心叠装时，一般宽度较大的主级块厚度尺寸偏差多采用（　　）。

(A)正偏差　　(B)负偏差

(C)正负偏差　　(D)未注轴类尺寸公差

2. 变压器引线焊接为铜－铜焊接时，一般情况下焊接类别都采用（　　）。

(A)熔化焊　　(B)压力焊　　(C)钎焊　　(D)摩擦焊

3. 测量用国产电流互感器，二次侧额定电流一般为（　　）。

(A)5 A　　(B)10 A　　(C)2 A　　(D)1 A

4. 当变压器突发短路时，产生的短路电磁力为正常运行时的（　　）。

(A)数百倍　　(B)数千倍　　(C)十多倍　　(D)数十倍

5. 心式变压器铁心用衬板楔紧的方式一般用于（　　）变压器。

(A)小型　　(B)中型　　(C)大型　　(D)三相

6. 绕组多根并绕导线间进行换位，是为了使每根导线在漏磁场中的（　　）尽可能相同。

(A)长度　　(B)所处位置

(C)长度和所处位置　　(D)电阻

7. 变压器绝缘的使用寿命和长期运行的温度有关，温度每升高（　　），绝缘老化的寿命约降低一半。

(A)8℃　　(B)6℃　　(C)10℃　　(D)4℃

8. 变压器铁心的主磁通 Φ_m 及绕组匝数一定的情况下，空载电流 I_0 的大小是由（　　）决定的。

(A)磁路材料、性质、尺寸　　(B)磁路材料、性质

(C)磁路材料、尺寸　　(D)磁路尺寸

9. 当磁通密度 B_m 一定，铁心截面积 A_t 增大时，绕组每匝电压（　　）。

(A)增大　　(B)减小　　(C)不变　　(D)基本不变

10. 连续式绕组为偶数段，始端为反段时，绕组始末端的出头（　　）。

(A)始端在绕组外侧，末端在绕组内侧　　(B)都在绕组内侧

(C)始端在绕组内侧,末端在绕组外侧　(D)都在绕组外侧

11. 单螺旋绕组的“424”换位,当并联导线根数超过(　　)根时,换位是不完全的。

(A)4　(B)8　(C)12　(D)16

12. 用工频耐压试验可考核变压器的(　　)。

(A)层间绝缘　(B)主绝缘　(C)纵绝缘　(D)匝间绝缘

13. 变压器的纵绝缘是以冲击电压作用下绕组(　　)发生的过电压为设计依据的。

(A)对铁心及地间　(B)之间

(C)匝间、层间及线段之间　(D)地间

14. 电缆纸的绝缘强度为(　　)V/mm。

(A)2 000～3 000　(B)3 000～4 000　(C)1 000～2 000　(D)4 000～5 000

15. 变压器油箱上部渗漏油的补焊,一般(　　)处理。

(A)不需放油即可　(B)只需排出少量的油即可

(C)需要将油全部排出才能　(D)需要排出大量的油才能

16. 密封橡胶垫压紧后,一般要求压缩后的厚度为原厚度的(　　)左右。

(A)1/3　(B)1/2　(C)2/3　(D)1/4

17. 可以通过变压器的(　　)数据求变压器的阻抗电压。

(A)空载试验　(B)短路试验

(C)电压比试验　(D)绕组直流电阻测试

18. 外形尺寸和重量大的变压器铁心叠装时,必须在(　　)。

(A)平坦地面　(B)专用滚转台　(C)平坦工作台　(D)平台

19. 变压器引线焊接使用的磷铜焊料的熔化温度约为(　　)。

(A)800℃　(B)600℃　(C)400℃　(D)900℃

20. 测量用国产电压互感器,二次侧额定电压一般为(　　)。

(A)50 V　(B)100 V　(C)20 V　(D)10 V

21. 当变压器绕组中通过电流时,绕组受电磁力的作用,电磁力的大小决定于(　　)。

(A)电压　(B)漏磁通密度

(C)主磁通　(D)漏磁通密度与电流的乘积

22. 心式变压器铁心用夹紧螺杆夹紧的方式,一般(　　)采用。

(A)很少　(B)较少　(C)普遍　(D)大量

23. 绕组多根并绕导线间进行换位,是为了减小绕组的(　　)损耗。

(A)涡流　(B)基本铜损　(C)环流　(D)电阻

24. 油浸变压器使用的纸、棉纱、木材等绝缘材料都属于(　　)绝缘材料。

(A)B 级　(B)Y 级　(C)E 级　(D)A 级

25. 变压器一次侧绕组匝数一定时,铁心内的主磁通 Φ_m 大小是由(　　)决定的。

(A)磁路材料、性质、尺寸　(B)外加电源电压

(C)外加电源电压和频率　(D)外加电源的频率

26. 多级铁心叠装时,要经常靠打使铁心叠片的接缝(　　)。

(A)较小　(B)较大　(C)最小　(D)均匀

27. 变压器引线焊接采用电阻焊时,一般由(　　)供电。

(A)电力变压器　(B)试验变压器
(C)铜焊变压器　(D)整流变压器

28. 国产电工仪表是以(　　)误差作为仪表的准确度等级。
(A)绝对　(B)相对　(C)最大　(D)最大引用

29. 变压器绕组通过电流时,绕组将产生电磁力,电磁力的大小与(　　)成正比。
(A)电流　(B)漏磁通密度　(C)主通密度　(D)电流的平方

30. 心式变压器铁心心柱用玻璃纤维粘带绑扎的方式是(　　)的方法。
(A)常用　(B)不常用　(C)很少用　(D)不推广使用

31. 低压大电流绕组采用多根导线并绕是为了减少绕组的(　　)损耗。
(A)基本铜损　(B)涡流　(C)环流　(D)电阻

32. 变压器绕组匝数及外施电源频率一定,主磁通 Φ_m 的大小是由(　　)决定的。
(A)外施电源电压　(B)负载　(C)空载电流　(D)铁心

33. 绕组换位的"S"弯处要加垫纸板槽,所有外部换位的纸板槽要放在导线(　　)。
(A)下面,槽口向下　(B)下面,槽口向上
(C)上面,槽口向下　(D)无特别要求

34. 绕组换位的"S"弯处要加垫纸板槽,所有内部换位的纸板槽要放在导线(　　)。
(A)下面,槽口向下　(B)下面,槽口向上
(C)上面,槽口向下　(D)无特别要求

35. 引线绝缘包扎在连接处的锥形长度,一般为(　　)倍的绝缘厚度。
(A)2～3　(B)4～6　(C)5～7　(D)11～15

36. 油浸变压器电压等级 35 kV,工频试验电压 85 kV,引线最小直径 4.1 mm,每边绝缘厚度 3 mm,引线用木夹件固定,木夹件用金属螺栓夹紧,螺栓与其他金属件平面的距离为 25 mm,则引线与金属螺栓间的木夹件最小爬电距离为(　　)mm。
(A)60　(B)40　(C)80　(D)120

37. 油浸变压器电压等级 35 kV,工频试验电压 85 kV,引线最小直径 4.1 mm,每边绝缘厚度 3 mm,引线用木夹件固定,则引线与金属件尖角间的木夹件最小爬电距离为(　　)mm。
(A)90　(B)70　(C)110　(D)150

38. 油浸变压器电压等级 35 kV,工频试验电压 85 kV,引线最小直径 4.1 mm,每边绝缘厚度 3 mm,则引线间的木夹件最小爬电距离为(　　)mm。
(A)120　(B)90　(C)70　(D)50

39. 电力机车牵引变压器线圈的直流电阻,允许误差(　　)。
(A)±0.2%　(B)±0.5%　(C)±0.8%　(D)±1%

40. 我国油耐压试验的标准油杯中,采用电极的间隙是(　　)mm。
(A)2　(B)1.5　(C)1　(D)2.5

41. 变压器油耐压试验中,共做(　　)油的击穿电压试验。
(A)3 次　(B)4 次　(C)5 次　(D)6 次

42. 绝缘皱纹纸有良好的伸缩性,其延伸率可达(　　)左右。
(A)40%　(B)50%　(C)70%　(D)90%

43. 环氧浇注干式变压器的绝缘耐热等级为(　　)。

(A)E级　(B)B级　(C)F级或H级　(D)C级

44. 变压器外施电源电压不变,频率增加一倍,绕组的感应电动势(　　)。

(A)增加一倍　(B)基本不变　(C)是原来1/2　(D)略有增加

45. 变压器外施电源电压不变,频率增加一倍,铁心内的主磁通 Φ_m(　　)。

(A)增加一倍　(B)基本不变　(C)是原来1/2　(D)略有增加

46. 多层圆筒式绕组层间设置油道,主要是为了(　　)。

(A)绝缘　(B)散热　(C)绝缘和散热　(D)结构需要

47. 连续式绕组段间的油道起(　　)作用。

(A)绝缘　(B)散热　(C)绝缘和散热　(D)增加爬电距离

48. 变压器温度升高时,绝缘电阻测量值(　　)。

(A)增长　(B)降低　(C)不变　(D)成比例增长

49. 变压器温度升高时,绕组直流电阻测量值(　　)。

(A)增大　(B)降低　(C)不变　(D)成比例降低

50. 全面考验变压器主绝缘水平的试验项目是(　　)。

(A)工频耐压试验　(B)感应耐压试验　(C)变压比试验　(D)短路试验

51. 可以通过变压器的(　　)试验数据求出变压器的负载损耗。

(A)空载试验　(B)感应耐压试验　(C)电压比试验　(D)短路试验

52. 油浸变压器的绝缘电阻与温度有关,温度每变化(　　),绝缘电阻变化约1.5倍。

(A)10℃　(B)8℃　(C)4℃　(D)15℃

53. 变压器有负载时,产生主磁通的合成磁动势(　　)空载时产生主磁通的磁动势。

(A)大于　(B)小于　(C)等于　(D)远远大于

54. 在纯铜零件上钻孔时钻头顶角应选择(　　)。

(A)80°~90°　(B)90°~100°　(C)125°　(D)140°

55. 在中等硬度的钢、铁等材料上钻孔时,钻头顶角应选择(　　)。

(A)116°~118°　(B)90°~100°　(C)125°　(D)140°

56. 在硬铝合金零件上钻孔时钻头顶角应选择(　　)。

(A)116°~118°　(B)90°~100°　(C)125°　(D)140°

57. 手锯粗齿锯条适用于(　　)的锯割。

(A)软材料或较大锯割面　(B)软材料或窄锯割面

(C)硬材料或较大锯割面　(D)硬材料或窄锯割面

58. 手锯细齿锯条适用于(　　)的锯割。

(A)软材料或较大锯割面　(B)软材料或窄锯割面

(C)硬材料或较大锯割面　(D)硬材料或窄锯割面

59. 手锯的锯路有多种,钳工常用的为(　　)。

(A)交叉锯路　(B)波浪锯路　(C)薄背锯路　(D)任意锯路

60. (　　)锉刀用于大余量锉削或锉软金属。

(A)粗齿　(B)粗齿　(C)细齿　(D)油光锉

61. 一般在平面没锉平时,多采用(　　)法来修整。

(A)普通锉削　(B)交叉锉　(C)顺向锉　(D)推锉

62.（　　）法是用来顺直锉纹，减小表面粗糙度，修平平面。

(A)普通锉削　(B)交叉锉　(C)顺向锉　(D)推锉

63.（　　）装配法是在装配时用改变产品中可调整零件的相对位置或选用合适的调整件以达到装配精度的方法。

(A)调整　(B)修配　(C)互换　(D)分组

64.（　　）装配法是在装配时修去指定零件上预留修配量以达到装配精度的方法。

(A)调整　(B)修配　(C)互换　(D)分组

65.（　　）装配法是在装配时各配合零件不经修理、选择或调整即可达到装配精度的方法。

(A)调整　(B)修配　(C)互换　(D)分组

66. 变压器一次侧绕组匝数 N_1，二次侧绕组匝数 N_2，引线焊接前电压比试验的结果是电压比大，说明（　　）。

(A) N_1 缺匝或 N_2 多匝　(B) N_1 多匝

(C) N_1 多匝或 N_2 缺匝　(D) N_2 缺匝

67. 变压器一次侧绕组匝数 N_1，二次侧绕组匝数 N_2，引线焊接前电压比试验的结果是电压比小，说明（　　）。

(A) N_1 缺匝或 N_2 多匝　(B) N_2 多匝

(C) N_1 多匝或 N_2 缺匝　(D) N_1 缺匝

68. 变压器电压比试验通常是在较低的电压下进行，从半成品到成品一般要进行（　　）试验。

(A)1 次　(B)2 次　(C)3 次　(D)4 次

69. 电抗器气隙与电感的关系是（　　）。

(A)气增隙大，电感减小　(B)气隙增大，电感增大

(C)气隙减小，电感减小　(D)气隙增大，电感不变

70. 壳式变压器铁心一般是（　　）。

(A)水平放置，铁心截面为分级圆矩形　(B)水平放置，铁心截面为矩形

(C)垂直放置，铁心截面为分级圆矩形　(D)垂直放置，铁心截面为矩形

71. 壳式变压器铁心漏磁通（　　）。

(A)有闭合回路，附加损耗小　(B)无闭合回路，附加损耗小

(C)有闭合回路，附加损耗大　(D)无闭合回路，附加损耗大

72. 壳式变压器铁心心柱（　　）。

(A)截面积大，长度长　(B)截面积小，长度短

(C)截面积大，长度短　(D)截面积小，长度长

73. 壳式变压器（　　）。

(A)线圈制造困难，绝缘结构较简单　(B)线圈制造困难，绝缘结构较复杂

(C)线圈制造简单，绝缘结构较复杂　(D)线圈制造简单，绝缘结构较简单

74. 壳式变压器铁心（　　）。

(A)紧固较复杂，铁心片规格多　(B)紧固方便，铁心片规格多

(C)紧固较复杂，铁心片规格少　(D)紧固方便，铁心片规格少

75. 心式变压器铁心一般是(　　)。

(A)水平放置,铁心截面为分级圆矩形　(B)水平放置,铁心截面为矩形

(C)垂直放置,铁心截面为分级圆矩形　(D)垂直放置,铁心截面为矩形

76. 心式变压器铁心漏磁通(　　)。

(A)有闭合回路,附加损耗小　(B)无闭合回路,附加损耗小

(C)有闭合回路,附加损耗大　(D)无闭合回路,附加损耗大

77. 心式变压器(　　)。

(A)线圈制造困难,绝缘结构较简单　(B)线圈制造简单,绝缘结构较简单

(C)线圈制造简单,绝缘结构较复杂　(D)线圈制造困难,绝缘结构较复杂

78. 心式变压器铁心(　　)。

(A)紧固较复杂,铁心片规格多　(B)紧固方便,铁心片规格多

(C)紧固较复杂,铁心片规格少　(D)紧固方便,铁心片规格少

79. 多根导线并绕的绕组,用(　　)的兆欧表检侧并绕导线间的绝缘。

(A)500 V　(B)1 000 V　(C)2 500 V　(D)1 000～2 500 V

80. 检测铁心接地情况,用(　　)的兆欧表。

(A)500 V　(B)1 000 V　(C)2 500 V　(D)1 000～2 500 V

81. 检测绕组对地绝缘,用(　　)的兆欧表。

(A)500 V　(B)1 000 V　(C)2 500 V　(D)1 000～2 500 V

82. 检测穿心螺杆对地绝缘,用(　　)的兆欧表。

(A)500 V　(B)1 000 V　(C)2 500 V　(D)1 000～2 500 V

83. 被测零件尺寸精度较高时,选用计量器具的测量极限误差应为被侧零件尺寸公差的(　　)。

(A)1/3　(B)1/5　(C)1/10　(D)1/2

84. 被测零件尺寸精度较低时,选用计量器具的测量极限误差应为被侧零件尺寸公差的(　　)。

(A)1/3　(B)1/5　(C)1/10　(D)1/2

85. 一般情况下,选用计量器具的测量极限误差应为被测零件尺寸公差的(　　)。

(A)1/3　(B)1/5　(C)1/10　(D)1/2

86. 变压器注油时的油温以(　　)℃为宜。

(A)20～30　(B)30～40　(C)50～70　(D)80～90

87. 引线绝缘包扎,一般以正常绝缘段伸出端绝缘(　　)后为锥度段。

(A)1～10 mm　(B)10～20 mm　(C)20～30 mm　(D)30～44 mm

88. 变压器油净化处理的目的在于清除油中的(　　)。

(A)固体杂质和水分　(B)固体杂质和气体

(C)水分和气体　(D)固体杂质、水分和气体

89. 采用压力滤油法除去油中的(　　)效果好。

(A)固体杂质和水分　(B)固体杂质

(C)水分　(D)大量固体杂质和水分

90. 采用真空喷雾干燥法除去油中的(　　)效果好。

(A)固体杂质和水分 (B)固体杂质
(C)水分和气体 (D)固体杂质和气体

91. 采用成套设备(压力滤油机-真空喷雾联合系统)除去油中的( )效果好。
(A)固体杂质和水分 (B)固体杂质
(C)固体杂质、水分和气体 (D)固体杂质和气体

92. 受潮的变色硅胶在温度 140℃下烘焙( ),干燥变成蓝色。
(A)8 h (B)6 h (C)4 h (D)2 h

93. 通常凸轮作( ),驱使从动杆作移动或摆动。
(A)匀速直线运动 (B)匀速转动 (C)匀速摆动 (D)变速移动

94. 受潮的变色硅胶在温度 300℃下烘焙( ),干燥变成蓝色。
(A)0.5 h (B)1 h (C)1.5 h (D)2 h

95. 已交付的电力机车变压器,当吸湿器玻璃管内的变色硅胶的( )呈粉红色时,则已受潮,应更换或倒出进行干燥处理。
(A)1/3 (B)2/3 (C)1/2 (D)全部

96. 用 E44 环氧树脂和 650 聚酰氨树脂配制粘结剂时,650 聚酰氨树脂与环氧树脂的重量比约为( )。
(A)1/3 (B)1/2 (C)1/1 (D)2/1

97. 用 E44 环氧树脂和 651 聚酰氨树脂配制粘结剂时,651 聚酰氨树脂与环氧树脂的重量比约为( )。
(A)1/3 (B)1/2 (C)1/1 (D)2/1

98. 用环氧树脂作为浇注和绝缘填充材料时,一般要加入石英粉,加入石英粉的目的是( )。
(A)增加强度,节省材料费用 (B)增加强度
(C)节省材料费用 (D)为了美观

99. 电力机车牵引变压器铁心要求叠片最大缝隙≤( )mm。
(A)1 (B)1.5 (C)2 (D)3

100. 电力机车牵引变压器铁心要求叠积后,要求叠片缝隙≤( )mm。
(A)1 (B)1.5 (C)2 (D)3

101. 电力机车牵引变压器铁心要求叠片接缝搭头( )。
(A)≤1 mm (B)≤1.5 mm (C)≤2 mm (D)不允许重叠

102. 变压器铁心片一般要求毛刺<( )mm。
(A)0.03 (B)0.05 (C)0.08 (D)0.1

103. 变压器铁心片一般要求:宽度方向尺寸偏差( )mm。
(A)±0.5 (B)±0.3 (C)±0.2 (D)±0.1

104. 变压器铁心片一般要求:长度方向上尺寸偏差≤( )mm。
(A)±0.2 (B)±0.5 (C)+0.8 (D)±1

105. 变压器铁心片一般要求:宽度偏差≤( )。
(A)±0.1 (B)±0.2 (C)±0.25 (D)±0.3

106. 某小型工厂的 10 kV 变电所,用电设备均为低压,则其主变压器低压侧电压

为(　　)。

(A)380 V　(B)220 V　(C)220/38 V　(D)230/400 V

107. 韶山 7 型电力机车牵引变压器型号为 JDFP2—7700/25 型,其中 7700 是指变压器的(　　)。

(A)额定电压　(B)额定电流　(C)额定容量　(D)额定有功功率

108. 韶山 7 型电力机车牵引变压器型号为 JDFP2—7700/25 型,其中 FP 是指(　　)。

(A)强迫油循环风冷　(B)强迫油循环水冷

(C)强迫水循环风冷　(D)强迫水循环水冷

109. 以下叙述哪个是错误的:两相邻零件的剖面线应该(　　)。

(A)倾斜方向相反或方向相同,但必须间隔不同

(B)倾斜方向相同,间隔相同

(C)倾斜方向相反,间隔不同

(D)倾斜方向不同,间隔相同

110. 在正弦纯电容电路中,正确的公式是(　　)。

(A)$I=U/C$　(B)$I=U\omega c$　(C)$I=U/\omega c$　(D)$U=I\omega c$

111. 两个容量相同的电容器,其并联的等效电容量和串联的等效电容量之比为(　　)。

(A)1/4　(B)2　(C)4　(D)1

112. 电磁式电流表采用(　　)方法改变量程。

(A)并联分流电阻　(B)串联附加电阻

(C)分段线圈的串并联换接　(D)线圈抽头

113. 用 MF47 型万用表测电平时,转换开关应置于(　　)位置。

(A)交流 10 V 挡　(B)直流 10 V 挡

(C)R×10 Ω 挡　(D)h_{FE}位置

114. 用 MF47 型万用表测直流电压,属于正确测量方式的是(　　)。

(A)红表笔接被测电压正极　(B)红表笔接被测电压负极

(C)选择开关拨置交流电压挡　(D)随意连接

115. 用 DT930G 数字万用表测信号频率,其可测率范围为(　　)。

(A)10～20 kHz　(B)40～400 Hz　(C)40～100 Hz　(D)45～1 000 Hz

116. 准确测量 1 Ω 以下的小电阻,应选用(　　)。

(A)双臂电桥　(B)单臂电桥

(C)毫伏表和电流表　(D)万用表 R×1 Ω 挡

117. 单臂电桥的一般测量范围是(　　)。

(A)<1 Ω　(B)1～10^5 Ω　(C)>10^6 Ω　(D)所有电阻值均可

118. 以下哪种说法是正确的(　　)。

(A)绝缘纸板在油中不老化,对油也没有坏影响

(B)绝缘纸板在油中不老化,但可加速油的老化

(C)绝缘纸板在油中不断老化,但对油没有坏的影响

(D)绝缘纸板在油中不断老化,对油也有坏的影响

119. 双头螺栓装配时,要达到配合的紧固性,(　　)。

(A)中径应有一定的过盈量　(B)不应有过盈量
(C)应有充足的过盈量　(D)螺纹部分不应加润滑油

120. 装配图上的技术要求是对(　　)的要求。
(A)每个零件　(B)所有装配零件
(C)所有装配零件装成一体　(D)零件明细

121. 为了清晰地表达零件的内部结构,常常采用(　　)。
(A)主视图　(B)俯视图　(C)剖视图　(D)左视图

122. 电气图中的母线应采用(　　)。
(A)粗实线　(B)中实线　(C)细实线　(D)虚线

123. 间隙配合孔的公差带在轴的公差带之(　　)。
(A)上　(B)下　(C)中间　(D)不确定

124. (　　)是基本偏差为一定的孔的公差带,与不同基本偏差的轴的公差带形成各种配合的一种制度。
(A)基轴制　(B)基孔制　(C)无基准制　(D)基本公差

125. 形位公差代号相应的公差数值后面加注(▷)表示若被测要素有误差,则只许(　　)。
(A)中间向材料外凸起　(B)中间向材料内凹进
(C)按符号的小端方向减小　(D)以上三种都不对

126. 最大实体状态是指孔、轴具有允许的材料量为(　　)的状态。
(A)最少　(B)最　(C)孔为最少　(D)轴为最少

127. 不同的磁性材料具有(　　)。
(A)不同的磁化曲线和相同的磁滞回线　(B)相同的磁化曲线和磁滞回线
(C)不同的磁化曲线和磁滞回线　(D)相同的磁化曲线和不同的磁滞回线

128. 硬度反映了金属材料的(　　)性能。
(A)强度　(B)塑性　(C)伸缩率　(D)综合力学

129. A 级耐热等级对应于电器的极限工作温度为(　　)。
(A)105℃　(B)130℃　(C)155℃　(D)160℃

130. 攻丝时,每攻进 1/2～1 圈,就应(　　),使切屑碎断易排除,并减少丝锥轧住现象。
(A)倒转 1/4～1/2 圈　(B)不允许倒转
(C)再进攻 3 圈倒转 1 圈　(D)清除碎屑

131. 机用丝锥攻丝时,攻不通孔时应(　　)。
(A)用头锥一次攻出　(B)用二锥一次攻出
(C)先用头锥攻,再用二锥攻一次　(D)以上三种都对

132. 立体划线时,须确定(　　)个基准。
(A)1 个　(B)2 个　(C)3 个　(D)不确定

133. 一个 100 Ω、1 W 的电阻允许通过的最大电流是(　　)。
(A)100 mA　(B)0.1 mA　(C)1 A　(D)10 mA

134. 电容并联时,等效电容(　　)其中容量最小的电容。
(A)大于　(B)小于　(C)等于　(D)不确定

135. 电流方向相同的两根平行载流导线(　　)。

(A)互相排斥　(B)互相吸引

(C)无相互作用　(D)无法确定其相互作用

136. 线圈中产生的自感电动势总是(　　)。

(A)与线圈内原电流方向相同　(B)与线圈内原电流方向相反

(C)阻碍线圈内原电流的变化　(D)上面三种说法都不正确

137. 电流互感器在运行时,不允许(　　)。

(A)二次侧接地　(B)二次侧开路　(C)二次侧短路　(D)以上三种都不行

138. 在同一电流下,检流器指示器在标度尺零线左右两边偏转的对称性,其偏差不应超过平均偏转的(　　)%。

(A)5　(B)10　(C)15　(D)20

139. 净油器将变压器油连续再生处理,能去除油中的(　　)。

(A)杂质和水分　(B)杂质和气体

(C)水分和气体　(D)杂质、水分和气体

140. 以下关于变压器阻抗电压的叙述,(　　)是正确的。

(A)变压器阻抗电压越大越好

(B)变压器阻抗电压越小越好

(C)变压器阻抗电压一般以伏特为单位来表示

(D)变压器阻抗电压以额定电压的百分数表示

141. 电流互感器在运行中(　　)二次侧开路。

(A)允许　(B)不允许　(C)没有具体要求　(D)以上都不对

142. 导体中流过电流时发生的热能 Q 与电流 I、导体电阻 R、电流流过的时间 t 的关系为(　　)。

(A)$Q=I^2Rt$　(B)$Q=0.24I^2Rt$　(C)$Q=IRt$　(D)$Q=0.24I^2R/t$

143. 形位公差带的形状决定于(　　)。

(A)公差项目　(B)图样标注方法

(C)被测要素形状　(D)公差项目和图样标注方法

144. 螺纹连接属于(　　)。

(A)可拆的活动连接　(B)不可拆的固定连接

(C)可拆的固定连接　(D)不可拆的活动连接

145. 低温环境应选择(　　)的润滑油。

(A)粘度小、凝点低　(B)粘度大、凝点高

(C)粘度大、凝点低　(D)粘度小、凝点高

146. 液压传动装置实质上是一种(　　)装置。

(A)运动装置　(B)力的传递　(C)液体变换　(D)能量转换

147. 在测量过程中,由一些无法控制的因素造成的误差称为(　　)。

(A)随机误差　(B)系统误差　(C)粗大误差　(D)偶然误差

148. 两孔的中心距一般都用(　　)法测量。

(A)直接测量　(B)间接测量　(C)随机测量　(D)系统测量

149. 弹簧垫圈上开出斜口目的是(　　)。

(A)增大预紧力　(B)产生弹力　(C)防止螺母回转　(D)增大摩擦力

150. 部件装配是从(　　)开始的。

(A)零件　(B)基准零件　(C)装配单元　(D)基准部件

151. 人对下列振动中的(　　)最敏感。

(A)左右横向振动　(B)前后纵向振动

(C)铅垂方向的振动　(D)都一样

152. 允许尺寸的变动量即为(　　)。

(A)公差　(B)偏差　(C)误差　(D)上偏差

153. 下列电力机车中,牵引力最小的是(　　)。

(A)SS8　(B)SS7　(C)SS5　(D)SS3

154. 刀具对工件的同一表面每一次切削称为(　　)。

(A)工步　(B)工序　(C)加工次数　(D)走刀

155. 当互感器绕组中通过电流时,绕组受电磁力的作用,电磁力的大小决定于(　　)。

(A)电压　(B)漏磁通密度

(C)主磁通　(D)漏磁通密度与电流的乘积

156. 互感器绕组通过电流时,绕组将产生电磁力,电磁力的大小与(　　)成正比。

(A)电流　(B)漏磁通密度　(C)主通密度　(D)电流的平方

157. 互感器绕组匝数及外施电源频率一定,主磁通 Φ_m 的大小是由(　　)决定的。

(A)外施电源电压　(B)负载　(C)空载电流　(D)铁心

158. 互感器外施电源电压不变,频率增加一倍,绕组的感应电动势(　　)。

(A)增加一倍　(B)基本不变　(C)是原来 1/2　(D)略有增加

159. 互感器外施电源电压不变,频率增加一倍,铁心内的主磁通 Φ_m(　　)。

(A)增加一倍　(B)基本不变　(C)是原来 1/2　(D)略有增加

160. 互感器温度升高时,绕组直流电阻测量值(　　)。

(A)增大　(B)降低　(C)不变　(D)成比例降低

161. 全面考验互感器主绝缘水平的试验项目是(　　)。

(A)工频耐压试验　(B)感应耐压试验　(C)变压比试验　(D)短路试验

162. 可以通过互感器的(　　)试验数据求出变压器的负载损耗。

(A)空载试验　(B)感应耐压试验　(C)电压比试验　(D)短路试验

163. 互感器有负载时,产生主磁通的合成磁动势(　　)空载时产生主磁通的磁动势。

(A)大于　(B)小于　(C)等于　(D)远远大于

164. 互感器一次侧绕组匝数 N_1,二次侧绕组匝数 N_2,引线焊接前电压比试验的结果是电压比小,说明(　　)。

(A)N_1缺匝或 N_2多匝　(B)N_2多匝

(C)N_1多匝或 N_2缺匝　(D)N_1缺匝

165. 互感器电压比试验通常是在较低的电压下进行,从半成品到成品一般要进行(　　)试验。

(A)1 次　(B)2 次　(C)3 次　(D)4 次

三、多项选择题

1. 三相变压器绕组为 Y 联结时,以下说法正确的有(　　)。

(A)绕组相电流就等于绕组的最大电流　(B)绕组线电压等于相电压乘以$\sqrt{3}$

(C)绕组相电流就等于线电流　(D)绕组相电流就等于绕组的最小电流

2. 将(　　)的一次侧和二次侧绕组分别接于公共母线上,同时向负载供电的变压器的连接方式称为变压器的并列运行。

(A)一台变压器　(B)两台变压器

(C)三台或多台变压器　(D)三相变压器组中的三台变压器

3. 电力变压器中的变压器油作用为(　　)。

(A)熄灭电弧　(B)绝缘　(C)冷却　(D)导电

4. 加速开关电器中灭弧的措施和方法主要有(　　)。

(A)狭缝灭弧　(B)气体吹动电弧

(C)拉长电弧　(D)电弧与固体介质接触

5. 变电所一般常见的事故类别及其起因包括(　　)。

(A)断路　(B)短路　(C)错误接线　(D)错误操作

6. 安全牌分为(　　)。

(A)禁止类安全牌　(B)警告类安全牌　(C)指令类安全牌　(D)允许类安全牌

7. 如果忽略变压器的内部损耗,则以下说法正确的有(　　)

(A)变压器二次绕组的输出功率等于一次绕组输入功率

(B)变压器二次绕组的输出功率大于一次绕组输入功率

(C)变压器一次测电压有效值等于一次测感应电势有效值

(D)变压器二次测电压有效值等于二次测感应电势有效值

8. 下列(　　)属于金属杆。

(A)铁塔　(B)钢管杆　(C)钢筋混凝土杆　(D)型钢杆

9. 执行工作票制度有如下方式(　　)。

(A)执行口头或电话命令　(B)认真执行安全规程

(C)穿工作服、戴安全帽　(D)填用工作票

10. 真空干燥炉运行过程中,应全程关注计算机控制曲线和设备的运行情况,每隔 1 h 检查和记录(　　)数据。

(A)绝缘电阻　(B)线圈温度　(C)铁心温度　(D)真空度

11. 在远距离输送电能的过程中,需要(　　)才能将发电厂发电机发出的电能输送到负荷区,并适合于用电设备的使用,实现电能的传输和分配。

(A)升压变压器　(B)降压变压器　(C)仪用互感器　(D)所有变压器

12. 选择环网柜高压母线的截面时,需要以下列的(　　)之和为根据。

(A)本配电所负荷电流　(B)本配电所的 1.1 倍过负荷电流

(C)本配电所短路电流　(D)环网穿越电流

13. 二次接线图包括(　　)。

(A)原理接线图　(B)展开接线图　(C)安装接线图　(D)电气主接线图

14. 真空断路器具有(　　)的优点。

(A)体积小　(B)噪声低　(C)触头开距小　(D)开断容量大

15. 与双柱式隔离开关相比,仰角式(V形)隔离开关的优点是(　　)。

(A)占用空间小　(B)操动机构简单　(C)重量轻　(D)价格较低

16. 造成高压电容器组渗漏油的主要原因之一是(　　)。

(A)运行中温度剧烈变化　(B)内部发生局部放电

(C)内部发生相间短路　(D)搬运方法不当

17. 在应用于住宅小区的环网柜中,通常采用(　　)控制高压电路。

(A)真空断路器　(B)真空接触器　(C)负荷开关　(D)SF_6断路器

18. 混凝土电杆基础一般采用(　　)基础。

(A)底盘　(B)水泥　(C)卡盘　(D)拉盘

19. 下列的(　　)是架空配电线路常用的绝缘子。

(A)针式绝缘子　(B)柱式绝缘子　(C)瓷横担绝缘子　(D)棒式绝缘子

20. 架空导线截面选择条件有(　　)。

(A)满足发热条件　(B)满足电压损失条件

(C)满足机械强度条件　(D)满足保护条件

21. 架空电力线路的巡视可分为(　　)。

(A)定期巡视　(B)特殊巡视　(C)故障巡视　(D)夜间巡视

22. 架空线路反事故措施有(　　)。

(A)防雷　(B)防暑　(C)防寒　(D)防风

23. 雷电侵入波前行时,如来到(　　)处,会发生行波的全反射而产生过电压。

(A)变压器线圈尾端中性点　(B)断开状态的线路开关

(C)线圈三角形接线引出线　(D)闭合的变压器进线总开关

24. 开断(　　)时,如果开关设备的灭弧能力特别强,有可能出现截流过电压。

(A)空载变压器　(B)高压空载长线路

(C)电力电容器　(D)高压电动机

25. 高压电动机可能采用的电流保护有(　　)。

(A)过负荷保护　(B)电流速断保护　(C)纵联差动保护　(D)气体保护

26. 人体电阻由(　　)组成。

(A)接触电阻　(B)表皮电阻　(C)体内电阻　(D)接地电阻

27. 供配电系统中,下列的(　　)需要采用接地保护。

(A)变压器的金属外壳　(B)电压互感器的二次绕组

(C)交流电力电缆的金属外皮　(D)架空导线

28. 下列(　　)是绝缘安全用具。

(A)验电器　(B)绝缘鞋　(C)绝缘手套　(D)临时遮栏

(E)携带型接地线　(F)绝缘垫

29. 绝缘夹钳的结构由(　　)组成。

(A)握手部分　(B)钳绝缘部分　(C)工作钳口　(D)带电部分

30. 禁止类标示牌制作时背景用白色,文字用红色,尺寸采用(　　)。

(A)200 mm×250 mm　　(B)200 mm×100 mm
(C)100 mm×250 mm　　(D)80 mm×50 mm

31. 以下(　　)属于指令类安全牌。
(A)必须戴防护手套　　(B)必须戴护目镜
(C)注意安全　　(D)必须戴安全帽

32. 变电所工作许可制度中,工作许可应完成(　　)。
(A)审查工作票　　(B)布置安全措施　　(C)检查安全措施　　(D)签发许可工作

33. 架空电力线路验电时应注意(　　)。
(A)先验低压,后验高压　　(B)先验高压,后验低压
(C)先验远侧,再验近侧　　(D)先验近侧,再验远侧

34. 保证变电所运行安全的"两票三制"指的是(　　)。
(A)工作票制度　　(B)操作票制度
(C)交接班制度　　(D)设备巡回检查制度

35. 防止人身电击的接地保护包括(　　)。
(A)保护接地　　(B)零序保护　　(C)工作接地　　(D)过电流

36. 变压器铁心结构一般分为(　　)
(A)芯式　　(B)壳式　　(C)混合式　　(D)结构式

37. 变压器油的作用有(　　)。
(A)润换　　(B)冷却　　(C)绝缘　　(D)散热

38. 目前架空绝缘导线按电压等级可分为(　　)。
(A)超高压绝缘线　　(B)高压绝缘线
(C)中压(10 kV)绝缘线　　(D)低压绝缘线

39. 变压器保护中(　　)属于主要保护。
(A)电流速断保护　　(B)过电流保护　　(C)电流差动保护　　(D)气体保护

40. 电压互感器工作时相当于一台(　　)的变压器。
(A)短路运行　　(B)降压　　(C)升压　　(D)空载运行

41. 在电气设备上工作,保证安全的电气作业组织措施有(　　)
(A)工作许可制度　　(B)工作监护制度　　(C)工作票制度
(D)安全保卫制度　　(E)操作票制度　　(F)工作间断、转移和终结制度

42. (　　)可以作为电气设备的内过电压保护。
(A)FS 阀型避雷器　　(B)FZ 阀型避雷器
(C)磁吹阀型避雷器　　(D)金属氧化物避雷器

43. 加速开关电器中灭弧的措施和方法主要有(　　)。
(A)狭缝灭弧　　(B)气体吹动电弧
(C)拉长电弧　　(D)电弧与固体介质接触

44. 电压互感器工作时,其绕组连接正确的是(　　)。
(A)低压绕组与测量仪表的电压线圈并联
(B)高压绕组与被测电路串联
(C)高压绕组与被测电路并联

(D)低压绕组与测量仪表的电压线圈串联

45. 变压器螺栓常用的防松方式有(　　)。

(A)摩擦防松　　(B)机械防松　　(C)铆冲防松　　(D)焊接防松

46. 关于螺栓的紧固连接以下描述正确的是(　　)。

(A)同一零件由多个螺栓紧固时,各螺栓需按顺时针、对称交错的方式拧紧

(B)螺栓紧固后,一般应露出螺母 2～3 个螺距

(C)螺栓紧固后,其支承面应与被紧固零件贴合

(D)沉头螺钉拧紧后,钉头不得高出沉孔端面

47. 变压器电气部件装配时应注意以下事项(　　)。

(A)电气部件在装配前应进行测试、检查

(B)根据电气部件接线图进行接线连接

(C)在满足绝缘的条件下高低压电缆可以布置在同一个连接器上

(D)电缆与接头的焊接应牢固、压接应紧实

48. 以下螺纹中主要用于传动的是(　　)。

(A)普通螺纹　　(B)米制锥螺纹　　(C)管螺纹　　(D)梯形螺纹

(E)矩形螺纹　　(F)锯齿形螺纹

49. 变压器空载试验应在(　　)阶段进行。

(A)铁心叠装后　　(B)铁心总成后

(C)感应耐压试验前　　(D)感应耐压试验后

50. 在 0～200 V 的量程下测得的线路电压为 185 V,选择的电压表量程为 0.2 级,则可能的电压为(　　)V。

(A)184.8　　(B)185.2　　(C)185.4　　(D)185.6

51. 以下属于变压器出厂试验项目的有(　　)。

(A)感应耐压试验　　(B)工频耐压试验　　(C)空载试验　　(D)雷电冲击试验

52. 变压器绕组直流电阻测量的目的包括(　　)。

(A)引线连接焊接良好　　(B)引线与套管的连接是否良好

(C)导线的规格,电阻率是否符合要求　　(D)变压器绕组的温升计算

53. 以下对感应耐压试验描述正确的是(　　)。

(A)电源频率为 60 Hz,持续时间为 30 s　　(B)原边感应出 60 kV 的电压

(C)原边末端接地　　(D)次边绕组作为输入端,其他绕组开路

54. 变压器油温升试验时应把握的要点有(　　)。

(A)试验时必须施加变压器的总损耗

(B)冷却设备工作在额定状态下

(C)油温升变化率小于 1 K/h 并维持 1 h 认为热稳定形成

(D)油温升的变化率小于 1 K/h 并维持 3 h 认为热稳定形成

55. 与电镀锌比较,螺栓热浸锌工艺的特点有(　　)。

(A)工艺复杂　　(B)镀层厚　　(C)耐腐蚀性强　　(D)成本低

56. 按照变压器生产先后顺序,以下工序排序为(　　)。

(A)线圈组装　　(B)铁心装配　　(C)引线焊接

(D)总装配　　(E)试验

57. 关于变压器引线焊接,以下描述正确的是(　　)。

(A)焊工只需具备足够的经验　　(B)使用正确的焊材

(C)注意搭接面积足够　　(D)焊接符合图纸

58. 焊接质量缺陷会导致以下哪些故障(　　)。

(A)绝缘老化　　(B)局部过热　　(C)温升高　　(D)直流电阻偏小

59. 电缆布置、接线时应注意(　　)。

(A)高低压电缆分开布置,避免之间的干扰

(B)固定扎杆上的尖角毛刺应清理

(C)有屏蔽外层的电缆其屏蔽层不可接地

(D)电缆压接尽可能保证不断股

60. 判断油泵正反转的方法可以是(　　)。

(A)听声音,声音大的为反转　　(B)检测油流继电器,动作的为正转

(C)检测油泵功率,功率大的是反转　　(D)使用相序指示器检测

61. 变压器噪声来源于(　　)。

(A)冷却风机运转　　(B)油泵运转　　(C)铁心磁滞噪声　　(D)电磁噪声

62. 变压器绕组使用换位导线,出于经济及安全考虑,以下描述正确的是(　　)。

(A)由于股间电位相同,股间短路不影响使用

(B)绕制之前测量股间短路

(C)绕制结束后测量股间短路

(D)绕制过程中随时测量股间短路

63. 对于动力分散型动车组的技术特点包括(　　)。

(A)轴重大　　(B)动力性能好

(C)编组方便　　(D)启动性能及制动性能好

64. 下列可以作为绕组导线的材料是(　　)。

(A)金　　(B)铜　　(C)铝　　(D)铁

65. 下列属于绝缘材料的是(　　)。

(A)不锈钢　　(B)层压木　　(C)环氧树脂　　(D)Nomex 纸

66. 在绘图中,剖视图可分为(　　)。

(A)全剖视图　　(B)半剖视图　　(C)局部剖视图　　(D)正面视图

67. 公差配合包括(　　)。

(A)过盈配合　　(B)过渡配合　　(C)间隙配合　　(D)以上都不对

68. 变压器电缆上使用热缩套管的用途是(　　)

(A)标识用　　(B)电气保护用　　(C)机械保护用　　(D)没有实际用途

69. 变压器绕组的电阻与导线的(　　)有关。

(A)长度　　(B)截面积　　(C)电阻率　　(D)外加电压

70. 下列说法错误的是(　　)。

(A)用万用表的电流挡测量电路的电流时,万用表应串联在电路中

(B)用万用表的电流挡测量电路的电流时,万用表应并联在电路中

(C)用万用表的电流挡测量电路的电流时,万用表应单点接在电路中

(D)以上说法都不对

71. 下列说法错误的是(　　)。

(A)用万用表的电压挡测量电路的电压时,万用表应串联在电路中

(B)用万用表的电压挡测量电路的电压时,万用表应并联在电路中

(C)用万用表的电压挡测量电路的电压时,万用表应单点接在电路中

(D)以上说法都不对

72. 配合的三种方式是(　　)。

(A)过盈配合　(B)过渡配合　(C)间隙配合　(D)误差配合

73. 变压器维修前操作人员应注意的事项包括(　　)。

(A)遵守安全操作规程　(B)变压器应断电

(C)按照使用说明书　(D)电网断电

74. 变压器油泵、风机等附件使用的电缆按线芯分为(　　)。

(A)单芯电缆　(B)双芯电缆　(C)三芯电缆　(D)多芯电缆

75. 下列属于生产现场违章操作的是(　　)。

(A)用手替代工具操作

(B)高空作业时,任意抛掷物品

(C)任意拆除设备(设施)的安全装置、仪器、仪表、警示装置

(D)检修电气设备(设施)时未停电、验电、接地及挂牌操作

76. 电缆切口时截面应(　　)或在电缆外面不应有线芯毛刺。

(A)无不规则　(B)无变形　(C)无要求　(D)有多余的绝缘皮

77. 变压器各部件按电压等级可分为(　　)。

(A)原边 25 kV 高压　(B)次边中压

(C)油泵 380 V 中压　(D)控制回路低压

78. 变压器上各种电气附件按其功能和作用,在机车电路分类中属于(　　)部分。

(A)主电路　(B)辅助电路　(C)控制电路　(D)照明电路

79. 屏蔽层接线方式可以采用(　　)。

(A)冷压接端子　(B)屏蔽夹　(C)压接屏蔽环　(D)屏蔽线压线框

80. 以下电抗器可以实现的作用是(　　)

(A)限流　(B)稳流　(C)变频　(D)无功补偿

81. 变压器的主绝缘通常是指(　　)

(A)线圈之间　(B)线圈对地　(C)引线之间　(D)绕组匝间

82. 多根并绕导线间进行换位,是为了使每根导线在漏磁场中的(　　)尽可能相同。

(A)电阻　(B)电感　(C)长度　(D)空间位置

83. 一张完整的零件图应包括一组图形、(　)。

(A)尺寸标注　(B)技术要求　(C)绕线说明　(D)标题栏

84. 一般万用表可以用来测量(　　)。

(A)直流电压　(B)交流电压　(C)直流电流　(D)电阻

85. 金属材料的工艺性能包括(　　)等。

(A)可铸性　(B)可锻性　(C)可焊性　(D)可切削性

86. 常用材料可分为(　　)。

(A)金属材料　(B)高分子材料　(C)复合材料　(D)无机非金属

87. 弹簧垫圈装配后垫圈压平,其反弹力能使螺纹间保持(　　)。

(A)压紧力　(B)摩擦力　(C)重力　(D)拉力

88. 三面体系中三个投影面分别为(　　)。

(A)正面　(B)侧面　(C)底面　(D)水平面

89. 在三相交流电路中,负载的联接方法有(　　)方式。

(A)三角形　(B)菱形　(C)方形　(D)星形

90. 现场应用的主要触电急救方法是(　　)。

(A)胸外心脏挤压法　(B)叫救护车

(C)掐人中　(D)人工呼吸

91. 线圈绕制常用工装是(　　)。

(A)绕线模　(B)放线架　(C)换位搬手

(D)滴漆架　(E)剪板机

92. 投入运行前,下列哪项不需要进行退火(　　)。

(A)变压器铁心　(B)电抗器铁心

(C)高压电流互感器铁心　(D)铁心夹件

93. 变压法干燥的特点有(　　)。

(A)缩短干燥时间　(B)提高干燥质量

(C)实现自动化控制　(D)芯式、壳式变压器同炉烘干

94. 考虑器身进模具位准确,应对底脚孔距进行(　　)方向检查。

(A)长度　(B)宽度　(C)孔径　(D)对角线

95. 铁心全绑扎目的是(　　)。

(A)防止渗液　(B)为了降低铁损耗

(C)提高铁心机械强度　(D)为了缓解应力

96. 互感器绕组是一个电感线圈,具有(　　)。

(A)电感　(B)电阻　(C)电容　(D)电压

97. 电流互感器的电流与匝数(　　)。

(A)成正比　(B)成反比　(C)有关　(D)都不对

98. 退火工艺过程包括(　　)。

(A)升温　(B)保温　(C)二次升温　(D)降温

99. 保护用电流互感器的准确级有(　　)。

(A)5P　(B)10P　(C)15P　(D)20P

100. 导致电流互感器发热的主要原因有(　　)。

(A)铁心损耗　(B)绝缘的介质损耗

(C)金属结构件的涡流损耗　(D)电阻损耗

101. 铁心的有效截面积与几何截面积之比叫做叠片系数。它与硅钢片的(　　)有关。

(A)平整度　(B)叠厚　(C)片间绝缘厚度

(D)压紧力　　(E)摩擦力

102. 下列对有取向硅钢片的特点描述正确的有(　　)。

(A)表面平整度高　　(B)厚度均匀　　(C)叠装系数高

(D)磁感应强度高　　(E)铁损低

103. 电流互感器二次绕组常用的漆包线规格有(　　)。

(A)ϕ0.15　　(B)ϕ0.75　　(C)ϕ1.8

(D)ϕ2.0　　(E)ϕ2.8

104. 电流比为 150/5 A 的电流互感器,其一次安匝可以选取(　　)。

(A)300 AW　　(B)400 AW　　(C)500 AW　　(D)600 AW

105. 关于电流方向相同的两根平行载流导线,下列叙述错误的有(　　)。

(A)互相排斥　　(B)互相吸引

(C)无相互作用　　(D)无法确定其相互作用

106. 用环氧树脂作为浇注和绝缘填充材料时,一般要加入石英粉,加入石英粉的目的是(　　)。

(A)增加强度　　(B)增加韧性　　(C)节省材料费用　　(D)为了美观

107. 减小电压互感器一次电阻的方法有(　　)。

(A)提高每匝电势　　(B)减小绕组导线线规

(C)增大绕组导线线规　　(D)并联绕组

108. 过电压保护器的正确连接方式(　　)。

(A)并联在补偿电抗器两端　　(B)并联在中压电路两端

(C)串联在中压电路中　　(D)以上都不对

109. 铁心退火炉按结构分为(　　)。

(A)箱式　　(B)钟罩式　　(C)筒式　　(D)井式

110. 铁心退火炉方法有(　　)。

(A)气氛退火　　(B)真空退火　　(C)高温退火　　(D)保护气体退火

111. 电流互感器二次绕组的绕制方法正确的有(　　)。

(A)手工绕制　　(B)环形绕线机绕制

(C)环形包纸机绕制　　(D)以上都不对

112. 下列属于不饱和树脂混合胶配料的有(　　)。

(A)307-2 不饱和聚酯树脂　　(B)硅微粉

(C)邻苯二甲酸酐　　(D)环烷酸钴

113. 影响绝缘干燥的效果有(　　)。

(A)绝缘材料内的温度及其分布　　(B)干燥处理的最终真空度

(C)干燥处理时间　　(D)温度最好保持在 180℃以上

114. 下列不属于电磁式电压互感器型式试验的是(　　)。

(A)温升试验　　(B)励磁特性测量　　(C)瞬变响应试验　　(D)铁磁谐振试验

115. 纵绝缘都包括绝缘(　　)。

(A)匝间绝缘　　(B)层间绝缘　　(C)段间绝缘　　(D)主绝缘

116. 器身外屏蔽包扎半导体绉纹纸的工艺有(　　)。

(A)半叠 (B)光滑 (C)平整 (D)平铺

117. 以下是环氧树脂特点的有( )。

(A)粘接强度高 (B)固化后收缩率小

(C)耐化学药品腐蚀 (D)绝缘性能好

118. 以下属于电流互感器计算依据的有( )。

(A)设备最高电压 (B)额定一次电压 (C)额定短时热电流

(D)额定频率 (E)额定绝缘水平 (F)准确限值系数

119. 瓦斯继电器的主要作用是( )。

(A)低油位报警 (B)轻瓦斯报警 (C)重瓦斯报警 (D)油流故障报警

120. 电流互感器二次开路会造成( )。

(A)电压幅值很高 (B)铁心过热 (C)一次绕组熔化 (D)误差增大

121. 下列操作可能造成铁磁谐振的有( )。

(A)开、合闸 (B)瞬间短路

(C)电感的线性相当的大 (D)振荡回路中的损耗太大

122. 电流互感器二次绕组导线截面需要考虑( )。

(A)保证误差性能 (B)长期工作时绕组温升

(C)便于绕制 (D)导线有足够的机械强度

(E)短时热电流流过互感器时绕组的温度不得高过允许值

123. 切口铁心浸渍处理是为了( )。

(A)增加铁心的刚性

(B)避免机械加工时的冷却液进入铁心内

(C)避免机械加工时的切削粉末进入铁心内

(D)防止切开后铁心片散开

124. 干式互感器的二次绕组需经干燥浸漆处理的作用，下列叙述正确的有( )。

(A)防止受潮 (B)增加线匝的机械强度

(C)提高电气强度 (D)增加散热效果

125. 铜排除锈常用( )方法。

(A)机械除锈 (B)酸洗除锈 (C)喷塑除锈 (D)气焊除锈

126. 下列满足铁心封闭材料材质的要求有( )。

(A)密度大 (B)透气好 (C)不透气 (D)表面光滑

127. 互感器缓冲材料有的要求( )。

(A)柔软 (B)蓬松 (C)有弹性 (D)耐火

128. 下列可以作为缓冲材料的有( )。

(A)软橡胶带 (B)聚酯薄膜 (C)毛毡 (D)聚氯乙烯粘带

129. 在额定磁通密度已经确定的情况下，下列叙述正确的有( )。

(A)e_t值越大铁心截面越大 (B)e_t值越大硅钢片用量多

(C)e_t值越大空载误差大 (D)e_t值越大绕组匝数多

130. 变压器铁心装配后，为避免多点接地和产生环流，以下正确的操作是( )。

(A)所有穿心螺杆要使用绝缘套管与铁心绝缘

(B)与铁质夹件组装时螺杆一侧使用绝缘垫圈即可
(C)螺杆两侧都要可靠接地
(D)硅钢片也要接地

四、判 断 题

1. 变压器内不进行绝缘包扎的铜排和导线,其表面必须涂绝缘漆。( )

2. 韶山7型系列电力机车壳式牵引变压器线圈总组装和总整形,应在各绕组分组整形及焊接引线后进行。( )

3. 使用油压机进行线圈整形时,在达到工艺规定的最大压力后,可以不拧紧整形工艺装备上的拉螺杆就操纵油压机复位。( )

4. 采用电压降法测量变压器绕组的直流电阻时,必须等电流稳定后,再接入电压表进行读数。( )

5. 变压器在额定负载的情况下运行时效率最高。( )

6. 变压器铁心叠片间绝缘电阻较小,一片叠片接地,就可以认为所有叠片接地。( )

7. 变压器油的闪点应尽量高一些,以减少油的挥发。( )

8. 变压器铁心温升对铁心本身没有多大危害。( )

9. 变压器铁心截面尺寸减小,将造成变压器空载损耗增加。( )

10. 变压器铁心叠片接缝大,将造成变压器空载电流增大。( )

11. 硅钢片是以轧制方向、晶格方向、含硅量和厚度分成各种品种,硅钢片主要分为热轧、冷轧两种。( )

12. 国产冷轧硅钢带(片)表面应光滑,不得有锈蚀、裂纹、孔洞和重皮等有害缺陷。( )

13. 绕组的耐热等级决定于绝缘材料的品种,比(A)B级更好的绝缘可用H级,如聚酰亚胺薄膜或合成纤维耐热绝缘纸。( )

14. 局部放电是指绝缘介质在高电场强度作用下,发生在电极之间但并未贯通的放电。( )

15. 电流互感器是一种专门用作变换电流的特种变压器。( )

16. 电压互感器是一种专门用作变换电压的特种变压器。( )

17. 电流互感器的误差是由于励磁电流的存在,于是造成了电流误差和相位误差。( )

18. 电抗器在电路中是用作限流、稳流、无功补偿、移相等的一种电感元件。( )

19. 三根导线并绕的连续式绕组,经换位后,导线长度相等,所以换位是完全的。( )

20. 当连续式绕组的出头在外径上引出时,绕组的奇数段为反段,偶数段为正段。( )

21. 绕组的导线由一个线段过渡到另一个线段时,必须用"S"弯改变它们沿径向排列的位置。( )

22. 连续式绕组采用分数匝是为了防止增加绕组的幅向尺寸。( )

23. 油介质绝缘纸板、酚醛纸板、环氧酚醛玻璃布板、油性玻璃漆布等绝缘材料都属A级绝缘。( )

24. 变压器油老化后粘度增大。( )

25. 变压器绕组间的绝缘采用油-屏障绝缘结构,可以显著提高油隙的绝缘强度。( )

26. 绕组匝间绝缘厚度、饼式绕组段间油道宽度的选择,主要是以在全波或截波试验电压下,绕组各点间梯度电压为依据。( )

27. 绕组导线绝缘不仅与每匝电压有关,而且还取决于绕组结构形式。( )

28. 引线绝缘不是一次包完,采用锥形绝缘连接,是为了下次包扎方便。( )

29. 控制绕组间套装间隙时,如果纸筒层数较少,则套装裕度应稍大些,如果纸筒层数较多,则套装裕度应稍小些。( )

30. 磁屏蔽应布置在变压器绕组周围漏磁通电场较高的部位。( )

31. 电力机车牵引变压器使用的新油,耐压强度在 40 kV 以上。( )

32. 当连续式绕组的出头在内径引出时,绕组的奇数段为正段,偶数段为反段。( )

33. 在变压器油中加抗氧化剂,可以延长油的使用时间。( )

34. 青壳纸不宜用于油浸变压器的绝缘。( )

35. 绝缘材料的电阻系数越大,绝缘性能越好。( )

36. 在交变电场的作用下,绝缘介质本身不会产生热量。( )

37. 在交-直传动电力机车上安装平波电抗器是为了增加牵引电机回路的感抗。( )

38. 引线通过木支架时,因木材绝缘性能良好,可以不包电缆纸或纸板槽等绝缘。( )

39. 韶山 7 型系列电力机车壳式牵引变压器线圈总整形时,可以在线圈总组装后,直接进行总整形。( )

40. 使用油压机进行线圈整形时,施加压力前要整理线圈的撑条、垫块,使其上下对齐,沿线圈圆周等距分布。( )

41. 采用电压降法测量变压器绕组的直流电阻时,在电压表读数后,应先断开电压表,再断开直流电源。( )

42. 变压器的效率与变压器内部的铁损、铜损有关,与变压器的负载系数无关。( )

43. 变压器铁心叠片间有绝缘涂层,为保证铁心可靠接地,应将铁心叠片多点接地。( )

44. 变压器油老化主要取决于与氧的接触,油的工作温度和铜、铁的催化作用。( )

45. 变压器铁心温升限值是根据铁心温升对变压器油和与之相邻的绝缘材料的危害作用确定的。( )

46. 变压器木夹件的木材有良好的绝缘性能和机械强度,不需要经过干燥定型处理。( )

47. 韶山 7 型系列电力机车壳式牵引变压器线圈总整形后,应保证各绕组的内腔尺寸、外形尺寸和高度尺寸均符合图纸要求。( )

48. 使用油压机进行线圈整形时,线圈应放置在油压机移动工作台的中心位置。( )

49. 用电桥测量变压器绕组的直流电阻时,必须等电流稳定后,再合上检流计开关。( )

50. 为防止变压器铁心和金属附件对地放电,变压器铁心和金属附件及穿心螺杆必须可靠接地。( )

51. 变压器油的凝固点与使用地区的气温有关,不同气温的地区应使用不同油号的变压器油。( )

52. 变压器铁心的温升限值是使相邻绝缘材料不致损伤的温度。（ ）

53. 布置绕组导线时，应将导线宽面与主磁通方向平行。（ ）

54. 变压器绕组是一个电感线圈，具有电感和电阻，同时还存在电容。（ ）

55. 铰完孔，退出铰刀时候，铰刀可以倒转。（ ）

56. 铰孔的加工余量太大或太小都能造成铰孔时的粗糙度达不到要求。（ ）

57. 手工铰孔时，两手用力不均匀，容易造成孔径扩大。（ ）

58. 在韧性材料上攻丝的底孔内径应比在硬性材料上攻丝的底孔内径小。（ ）

59. 在低碳钢零件上攻丝时，要经常反方向转动丝锥约 1/4 圈左右。（ ）

60. 不通孔攻丝时，要经常取出丝锥，倒出切屑。（ ）

61. 在脆性材料上套扣的圆杆外径应比在韧性材料上套扣的圆杆外径小。（ ）

62. 在圆钢上手工套扣时，不需要倒转板牙。（ ）

63. 錾切铜、铝等软材料时，应选用较小的錾子楔角。（ ）

64. 錾切钢、铸铁等硬材料时，应选用较大的錾子楔角。（ ）

65. 采用铆钉连接时，铆钉孔应尽量采用钻孔加工。（ ）

66. 采用铆钉连接时，铆钉材料一般应与被铆件的材料相同。（ ）

67. 采用铆钉连接时，铆钉的铆杆直径 d 应比铆钉孔直径 d_0 大。（ ）

68. 对低碳钢（碳含量＜0.25％）进行焊接时，环境温度一般不得低于 0℃。（ ）

69. 焊接装配定位焊（点焊）时，使用的焊条应与正式焊接时相同，其他工艺参数也必须与正式焊接相同。（ ）

70. 对中碳钢（碳含量 0.35％～0.45％）进行焊接时，一般情况下焊前不预热，焊后应进行消除应力热处理。（ ）

71. 双电压表法测电压比的原理是在变压器高压侧送入一励磁电压，用电压表直接测量各绕组的电压。（ ）

72. 双电压表法测电压比的方法简单，但要求仪表精度高，测量的准确度高。（ ）

73. 电压比电桥测电压比的方法复杂，测量准确度高。（ ）

74. 引线焊接前电压比试验的目的是保证在引线焊接前发现和消除绕组可能的错匝。（ ）

75. 引线焊接后电压比试验的目的是检查线圈匝数是否有误。（ ）

76. 变压器总装后的电压比试验可以检查引线与套管之间的连接是否正确。（ ）

77. 变压器绕组并联支路的等匝试验可以不在电压比试验前进行。（ ）

78. 采用电压降法测量变压器绕组的小电阻时，电压表应接在电流表之后，即应直接接在被测绕组端子上。（ ）

79. 如果电抗器的电感量大于规定值，调整气隙时，应当减小气隙垫块的厚度。（ ）

80. 如果电抗器的电感量小于规定值，调整气隙时，应当减小气隙垫块的厚度。（ ）

81. 兆欧表使用前，应首先检查、校正，空试兆欧表，表的指针应指向∞。（ ）

82. 在使用兆欧表测量时，应以约每分钟 120 转的均匀速度摇动手柄。（ ）

83. 在潮湿的环境中使用兆欧表测量时，不需要采取屏蔽措施。（ ）

84. 通常选用计量器具的测量极限误差应为被测零件尺寸公差的 1/10～1/3。（ ）

85. 用 90°角尺测量零件垂直度的测量方法是直接比较法。（ ）

86. 零件外表面之间的垂直度一般可用标准的90°角尺来检验。( )

87. 平台测量的方法可以用来测量零部件表面之间的垂直度、平行度和对称度。( )

88. 新造变压器注油时,可以从油箱顶部注油。( )

89. 变压器总装完成后,应在尽量短的时间内注油。( )

90. 变压器绕组本身的绝缘及绕组首、尾端对地绝缘水平一样,叫全绝缘变压器。( )

91. 通过换位把并联导线的位置完全对称互换的换位称标准换位。( )

92. 变压器油在温度增高时粘度降低,便于用滤纸过滤,因此,过滤时油温越高越好。( )

93. 采用离心过滤法净化变压器油,油的净化效果好。( )

94. 采用成套设备(压力滤油机-真空喷雾联合系统)滤油,油的净化效果好。( )

95. 采用压力滤油法净化变压器油,油的净化效果好。( )

96. 采用真空喷雾干燥法净化变压器油,油的净化效果好。( )

97. 热虹吸式净油器能凭借温差自动地对变压器油进行循环过滤、净化。( )

98. 与变压器散热器并联的净油器参加强迫油循环,净油器出口处应安装过滤网。( )

99. 净油器中的硅胶可以不进行干燥处理。( )

100. 引线焊接采用高频感应加热比电阻焊耗能高。( )

101. 引线焊接采用高频感应加热比电阻焊加热效率高。( )

102. 引线焊接采用高频感应加热比电阻焊加热热量集中。( )

103. 在画物体三视图时,必须标明主、俯和右视图的名称。( )

104. 装配图上零件序号的编写应以主视图周围为主,以顺时针或逆时针方向水平或竖直依次整齐排列。( )

105. 识读装配图时,首先要看标题栏和明细表,对装配体有一个大致的了解。( )

106. 在装配图中,零件的某些工艺结构如退刀槽、倒角等必须画出。( )

107. 电容在电路中起到通直流隔交流的作用。( )

108. 在选用测量仪表时,准确度和灵敏度都是越高越好。( )

109. 磁电式仪表只能测量直流电,电磁式仪表只能测交流电。( )

110. 交流电桥的平衡条件:相邻桥臂阻抗乘积相等。( )

111. 对于长期闲置不用的用电仪器,应当定期给其通电。( )

112. 晶体管毫伏表测量前应将量程置于最小处。( )

113. 晶体管毫伏表只能测量毫伏级的小信号。( )

114. 漆包线的漆膜厚度薄而且光滑,有一定的附着力和弹性,适于自动绕制线圈绕组。( )

115. 铜磷焊料非常脆,目前国内市场该类焊料一直以条状、丝状、环状为主。( )

116. 锡铅钎料常用来钎焊较高温度环境中工作的电子和机电产品。( )

117. 电绝缘纸板根据原料配比和使用要求不同,可分为50/50(木/棉)纸板和100%木浆纸板。( )

118. 电工用橡胶要求橡胶材料应有优良的电气性能,并具有耐热、耐油、耐高温、不延燃的特点。( )

119. 螺纹连接的防松方法有:加弹簧垫圈、加锁紧螺母、加开口销子、加止动垫片、用钢丝串联等。( )

120. 在拧紧圆形或方形布置的成组螺母时,应拧紧一组再拧下一组。( )

121. 箱体类零件表达方法复杂,一般视图数量应在三个基本视图以上。( )

122. 在装配图上有尺寸公差、形位公差和文字技术要求及表面粗糙度的要求。( )

123. 把机件的某一部分向基本投影面投影所得的视图叫局部视图。( )

124. 绘制同一零件图时,采用不同的比例,图上尺寸的大小标注不同。( )

125. 由于公差是表示公差带的大小,所以公差只能是正值,不能为零或负值。( )

126. 所谓公差带是在公差带图中,由代表上、下偏差的两条直线所限定的一个区域。( )

127. 形位公差代号相应的公差数值后面加注(−)表示若被测要素有误差,则只许中间向材料内凹进。( )

128. 对于孔:最大实体尺寸＝最大极限尺寸;对于轴:最大实体尺寸＝最小极限尺寸。( )

129. 磁性材料具有方向性,选用时要十分注意。( )

130. 班组管理的职能在于对班组中的人、财、物合理组织,有效利用,以达到企业和车间所规定的目标和要求。( )

131. 电磁线的规格用导体部分的尺寸来表示,其中,圆线用导体直径表示,扁线用导体的厚度乘以宽度表示,单位为毫米。( )

132. 常用的硬度有三种:布氏硬度 H(B)、洛氏硬度 HR(C)、维氏硬度 HV。( )

133. 钢的含碳量低,塑性、韧性和焊接性好,但相对来说强度低、切削性差。( )

134. 同一品种的电工绝缘材料产品,其主要组成成分和基本工艺是相同的。( )

135. 在一般电机、电器技术规定中,有时直接在铭牌中规定耐热等级,有时则规定最高允许温升。( )

136. 覆铜箔层压板系由铜箔和绝缘层压板组成,主要用来制成印刷电路板。( )

137. 聚酯薄膜在很宽的温度范围内,能保持良好的机械性能。( )

138. 1032 三聚氰胺醇酸浸渍漆是耐热等级为 B 级的绝缘材料。( )

139. 螺纹攻斜的原因是由于丝锥位置不正或机攻时丝锥与螺孔不同心。( )

140. 工作时,台虎钳必须牢固地固定在钳工台上,否则容易损坏虎钳或影响加工质量。( )

141. 电阻的混联是指在一段电路中既有电阻的串联,又有电阻的并联。( )

142. 电功是电流所做的功。( )

143. 220 V、100 W 的灯泡比 220 V、25 W 的灯泡功率大。因此,220 V、100 W 灯泡的钨丝电阻比 220 V、25 W 的大。( )

144. 110 V、100 W 的灯泡和 110 V、25 W 的灯泡不可以串联在 220 V 的电源上使用。( )

145. 班组生产作业计划的编制,不仅要规定班组全月的总生产任务,而且要规定班组在计划期的生产进度。( )

146. 一个线圈中的电流的变化,在邻近另一个线圈中产生感应电动势的现象,叫互感现

象。(　　)

147. 变压器连接在电路中用来改变交流电路的电压或实现电路间的隔离。(　　)

148. 使用双臂电桥时,由于工作电流较小,因此使用中等容量的电源即可。(　　)

149. 使用万用表时,不要带电拨动转换开关。(　　)

150. 变压器高压测量要用直读式的静电电压表校核。(　　)

151. 线圈绕好后,需要整形,调整高度,出头包扎,然后就可以套装了。(　　)

152. 变压器线圈焊接引线要采用电阻焊,避免烧伤绝缘。(　　)

153. 在电力机车上工作时禁止在带电情况下,接触未绝缘的导线及各种电机、电器的导电部分。(　　)

154. 人体触电受伤程度与人体电流的频率、大小、途径、持续时间的长短及触电本身情况有关。(　　)

155. 所谓文明生产原则就是企业必须建立合理的生产管理制度和良好的生产秩序,使各生产环节的工作有条不紊地协调进行。(　　)

156. 蜗杆传动是用来传递空间互相垂直而不相交的两轴间的运动和动力的传动机构。(　　)

157. 互感器内不进行绝缘包扎的铜排和导线,其表面必须涂绝缘漆。(　　)

158. 采用电压降法测量变压器绕组的直流电阻时,必须等电流稳定后,再接入电压表进行读数。(　　)

159. 互感器在额定负载的情况下运行时效率最高。(　　)

160. 互感器铁心叠片间绝缘电阻较小,一片叠片接地,就可以认为所有叠片接地。(　　)

161. 互感器铁心温升对铁心本身没有多大危害。(　　)

162. 互感器铁心截面尺寸减小,将造成互感器空载损耗增加。(　　)

163. 互感器铁心叠片接缝大,将造成互感器空载电流增大。(　　)

五、简 答 题

1. 电力机车变压器采取了哪些设计和工艺措施来缩小体积和减轻重量?
2. 3240 环氧酚醛层压玻璃布板是什么耐热等级的绝缘材料?参考工作温度是多少?
3. 为什么变压器铁心片接缝趋向采用全斜接缝?
4. 为什么大型变压器要设置铁心油道?
5. 简述变压器铁心只有拉螺杆时的铁心接地结构。
6. 简述圆筒式(层式)线圈的结构特点。
7. 为什么变压器铁心只允许一点接地?
8. 什么是电流互感器的复合误差 ε_{Δ}?
9. 什么是电流互感器的额定容量?
10. 什么是保护用电流互感器的 10%倍数?
11. 什么是连续式绕组?
12. 什么是单列螺旋式(单螺旋)绕组?

13. 氩弧焊接的优点是什么?
14. 什么是导向冷却?
15. 什么是分级绝缘变压器?
16. 怎样从建立磁通的关系方面来判定同一铁心上的两线圈的同极性端?
17. 简述线圈之间绕向与电势极性的关系。如果线圈绕向错误,会造成什么后果?
18. 电力机车变压器从哪些方面来提高耐机械振动和冲击?
19. 变压器有哪些保护装置?
20. 为什么变压器铁心叠片绝缘膜的电阻不能非常大?
21. 铁心油道分几种,是怎样区分的?
22. 简述变压器铁心有拉板时的铁心接地结构。
23. 简述螺旋式线圈的结构特点及适用性。
24. 什么是同一铁心上的两线圈的同极性端?
25. 变压器信号温度计的作用是什么?
26. 铁心硅钢片涂层的作用是什么?
27. 为什么铁心的铁轭截面最好与心柱截面形状相同?
28. 简述变压器铁心有拉螺杆和吊螺杆时的铁心接地结构。
29. 为什么连续式线圈在变压器中应用很广泛?
30. 为什么变压器的冷却很重要?
31. 线圈套装时,起吊线圈应满足什么要求?
32. 线圈套装时,在一般情况下怎样调整线圈的高度?
33. 线圈套装时,在一般情况下怎样调整高压线圈的端绝缘?
34. 简述器身干燥后,下油箱前的整理程序。
35. 简述吸湿器的作用及构造原理。
36. BF—1/1000 型套管的 BF—1/1000 各表示什么?
37. BF—6/3000 型套管是由哪些零件组成的?
38. 为什么干燥后的器身要防止受潮?
39. 为什么变压器总组装前要冲洗器身?
40. 为什么变压器器身必须进行干燥处理?
41. 变压器采用真空干燥的优点是什么?
42. 变压器油都有哪些性能指标?
43. 影响变压器油击穿电压的因素有哪些,什么影响最大?
44. 为什么电流互感器在运行中不允许二次侧开路?
45. 压力释放阀的作用是什么?
46. 线圈套装前要做哪些准备工作?
47. 线圈套装前,拆片中值得注意的问题是什么?
48. 什么是变压器的阻抗电压?
49. 简述电力机车牵引变压器潜油泵轴承烧损的原因和处置措施。
50. 造成变压器装配后渗漏油的装配质量原因有哪些?

51. 选择主视图时,通常应考虑哪三个原则?
52. 零件图上的技术要求主要包括哪些内容?
53. 看装配图都有哪些要求?
54. 简述根据零件草图绘制零件工作图的步骤。
55. 简述三视图补画视图的方法。
56. 简述数字电压表的工作原理。
57. 仪表的保养通常应注意哪几个方面的问题?
58. 银基焊料有哪些特点?
59. 简述锡铅钎料的特点。
60. 简述硅橡胶的性能特点。
61. 装配双头螺栓时,应掌握的工作要点有哪些?
62. 简述锈死螺钉的拆卸方法。
63. 在零件图中的配合表面,应如何标注公差配合要求?
64. 简述绘图比例的选择原则。
65. 在公差带代号中,怎样识别基准制?
66. 在孔、轴配合时,各自的公差等级大小有什么关系?
67. 形位公差带的形状主要有哪些?
68. 什么叫配合代号?
69. 什么是金属材料的塑性?
70. 什么是电工材料的耐热等级?
71. 简述层压板 PFCP5 型号的含义。
72. 简述丝锥的等级与选择。
73. 简述蜗杆传动的特点。

六、综 合 题

1. 一台单相变压器,已知原边电压U_1=220 V,匝数N_1为1 000匝,副边空载下有两个电压,分别是U_2=127 V和U_3=36 V,问副边绕组匝数N_2、N_3各为多少匝?

2. 一台单相变压器,已知原边电压U_1=220 V,匝数N_1为1 000匝,副边电压有两组,分别是U_2=127 V,匝数N_2为577匝;U_3=36 V,匝数N_3为164匝。带纯电阻负载后,副边分别输出电流I_2=0.5 A和I_3=1 A,求原边电流I_1及原边和副边功率P_1、P_2、P_3。(略去空载电流)

3. 有一单相变压器,原边电压U_1=380 V,匝数N_1为1 900匝,副边空载电压U_2=110 V,求副边绕组匝数N_2。若在副边接如一盏110 V、100 W的灯泡,问原、副边电流各是多少?(略去空载电流及不计内阻抗压降)

4. 有一台额定容量S_n=50 kVA,额定电压为3 300/220 V的单相变压器,高压绕组匝数N_1=6 000匝。试求:(1)低压绕组的匝数;(2)高压边和低压边的额定电流;(3)当原边保持额定电压不变,副边达到额定电流,输出有功功率为39 kW,功率因数$\cos\phi$=0.8时副边端电压U_2。

5. 一台额定容量 $S_n=2$ kVA，电压为 380/110 V 的单相变压器，试求：(1)原、副边的额定电流；(2)若负载为 110 V、15 W 的灯泡，问在满载情况下可并联接入这样的灯泡多少盏？(3)若负载改为 110 V、15 W，$\cos\phi=0.8$ 的小型电机，问满载运行可接多少台小型电机？

6. 一台单相变压器，额定容量 315 kVA，一次侧额定电压 380 V，二次侧额定电流 926.5 A，求一次侧额定电流和二次侧额定电压。

7. 一台单相变压器，额定容量 315 kVA，一次侧额定电压 380 V，二次侧额定电压 860 V，求一次、二次侧额定电流。

8. 将三个 10 Ω 电阻接成星形后，接到线电压为 220 V 的三相电源上，另外再将三个阻值相同的电阻接成三角形，也接到该电源上。如果两组负荷的线电流相同，求接成三角形的电阻阻值及每个电阻中流过的电流。

9. 有一台单相变压器，额定电压为 10/0.4 kV，铁心有效截面为 500 cm^2，最大磁通密度 B_m 为 1.4 T。电源频率 f 为 50 Hz，求一、二次绕组的匝数。

10. 如图 1 所示，一台单相自耦变压器的数据是 $U_1=220$ V，$U_2=180$ V，$\cos\phi=1$，$I_2=400$ A，求自耦变压器的电流 I_1、I。

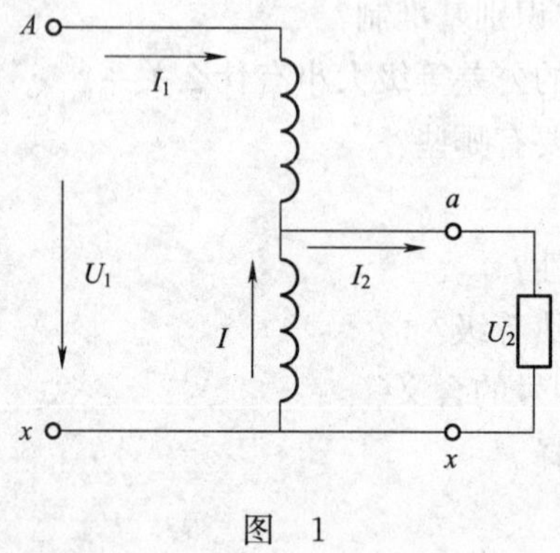

图 1

11. 试述电工固体绝缘材料型号的组成。

12. 一台机车平波电抗器，在线圈两端施加频率为 50 Hz 的交流电压 1 160 V，测得线圈通过的电流为 300 A，求该电抗器的交流电感值。(忽略线圈的直流电阻，电感值以 mH 表示，保留小数点后一位。)

13. 为什么说线圈套装是变压器装配中的重要工序？

14. 简述电力机车心式牵引变压器铁心装配程序。

15. 简述铁心叠片的工艺过程。

16. 线圈的左右绕向是怎样定义的？

17. 引线采用磷铜电阻焊时，应注意什么？

18. 引线包扎应注意什么？

19. 简述油流继电器的作用及鼓膜式油流继电器构造原理。

20. 线圈套装后，插片中值得注意的问题是什么？

21. 简述电力机车平波电抗器总装程序。

22. 如图 2 所示的电路中元件参数已知，求：(1)开关 S_1 两端电压；(2)开关 S_1 接通时 $U_{AB}=$？(3)S_1 和 S_2 都接通时 $U_{AB}=$？

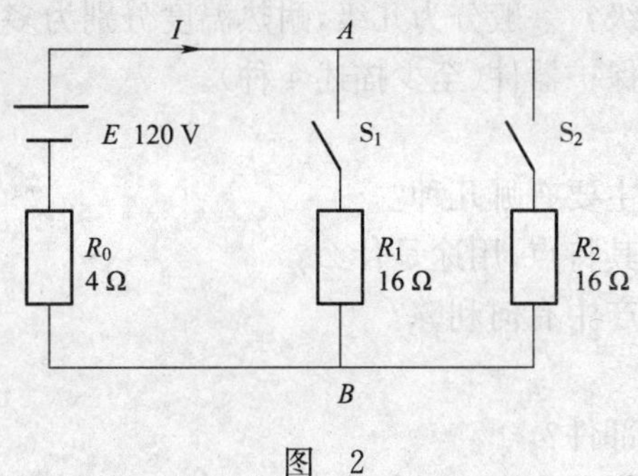

图 2

23. 叙述零件草图的绘制步骤。

24. 交流电桥与直流电桥相比有什么不同?

25. 如何正确画出组合体的三视图?

26. 分别以孔径 $\phi50$,基本偏差 H,公差等级 IT8 和轴径 $\phi50$,基本偏差 f,公差等级 IT7 为例说明公差带代号是怎样表示的。

27. 以孔的内径尺寸 $\phi50^{+0.025}_{0}$,轴的外径尺寸 $\phi50^{-0.050}_{-0.066}$ 为例,求出它们的基本尺寸,最大最小极限尺寸,上偏差、下偏差及公差的值。

28. 形状公差有哪些项目? 各项的符号是如何表示的?

29. 位置公差有哪些项目? 各项的符号是如何表示的?

30. 以 QZB—2/155/Ⅱ为例说明电磁线型号表示方法。

31. 如图 3 所示,已知:$E=12$ V,$r=1$ Ω,$R=4$ Ω,$W=5$ Ω,当 S_A 断开时,$U=8$ V,求滑动变阻器 AC 和 CB 的阻值比? 保持 C 端不变,求 S_A 闭合时,电压表读数又是多少? 求 W 的功率(S_A 闭合时)。

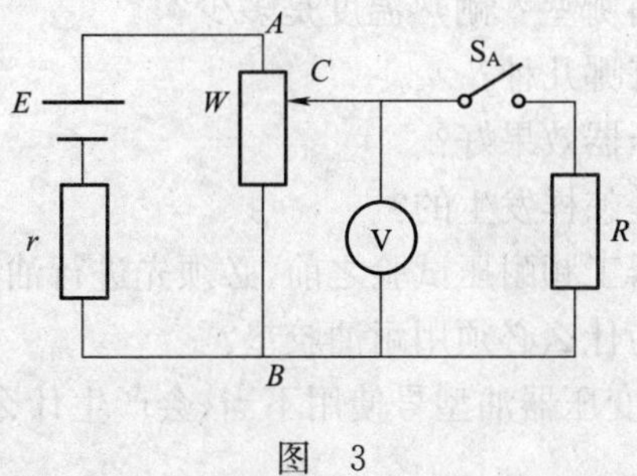

图 3

32. 写出变压器空载时主磁通 Φ_m 与一次侧感应电动势有效值 E_1 和外加电源电压 U_1 的关系式。(一次绕组匝数用 N_1 表示)。

33. 电力机车牵引变压器潜油泵运转时尾部呈雾状是什么原因造成的,怎样处置?

34. 形位公差代号内容有哪些? 举例在形位公差框格中填写相对于基准 A 的位置度公差 $\phi0.1$。

35. 试述立体划线的步骤。

36. 什么是绝缘的击穿?

37. 什么是闪络?

38. 什么是绝缘耐热等级？一般分为几级，耐热温度分别为多少？
39. 简述变压器有哪些保护器件(至少描述 4 种)。
40. 什么是磁场？
41. 什么是绝缘材料？主要有哪几种？
42. 什么是软磁材料？其特点、用途是什么？
43. 什么是涡流？在生产中有何利弊？
44. 什么是同极性端？
45. 变压器有哪些主要部件？
46. 变压器的油箱和冷却装置有什么作用？
47. 变压器油的作用是什么？
48. 在变压器油中添加抗氧化剂的作用是什么？
49. 变压器油为什么要进行过滤？
50. 呼吸器(吸湿器)的作用是什么？
51. 油枕(储油柜)的作用是什么？
52. 变压器套管的作用是什么？有哪些要求？
53. 用磁动势平衡原理说明变压器一次电流随二次负荷电流变化而变化。
54. 变压器并联运行应满足哪些要求？若不满足会出现什么后果？
55. 运行中的变压器油在什么情况下会氧化、分解而析出固体游离碳？
56. 变压器进行直流电阻试验的目的是什么？
57. 变压器空载试验的目的是什么？
58. 为什么变压器短路试验所测得的损耗可以认为就是绕组的电阻损耗？
59. 常用的 A 级绝缘材料有哪些？耐热温度是多少？
60. 常用 B 级绝缘材料有哪些？耐热温度是多少？
61. 变压器的干燥方法有哪几种？
62. 为什么真空干燥变压器效果好？
63. 绝缘材料的热击穿是怎样发生的？
64. 为什么在进行变压器工频耐压试验之前，必须先进行油的击穿电压试验？
65. 变压器油密封胶垫为什么必须用耐油胶垫？
66. 在低温度的环境中，变压器油型号使用不当，会产生什么后果？

变压器、互感器装配工(中级工)答案

一、填 空 题

1. 工艺　2. 碳精块　3. 空载　4. 真空
5. 环流　6. 绝缘层　7. 幅向　8. 最好
9. 位置　10. 碳精块　11. 空载　12. 漏阻抗
13. 电阻　14. 线圈　15. 铁损　16. 测量
17. 碳精块　18. 空载　19. 磁滞　20. 层间
21. 铁损　22. 互感器　23. 电压　24. 电流
25. 数值误差　26. 相位之差　27. 负荷值　28. 额定电流
29. 数值误差　30. 25　31. 非晶合金　32. 铁损
33. 越小　34. 正比　35. 1 根　36. 完全
37. 匝间　38. 短路　39. 不变　40. 温度
41. 螺栓　42. 屏障　43. 额定　44. 绝缘筒
45. 非导磁　46. 密封　47. 铁心　48. 总损耗
49. 操作　50. 铁心　51. 机械　52. 电能损耗
53. 湿度　54. 阻抗　55. 磁力线　56. 磁力
57. 方向　58. 电路　59. 磁动势　60. 漏磁通
61. 校正　62. 校正　63. 垂直　64. 基准
65. 基准　66. 中心　67. 连接　68. 形状
69. 工具　70. 专用　71. 通用　72. 电压比电桥
73. 半成品　74. 电压比电桥　75. 电压降　76. 双臂
77. 导磁　78. 电感　79. 对称　80. 楔紧
81. 短路　82. 绝缘　83. 畸变　84. 不均匀
85. 均匀　86. 间接　87. 比较　88. 绝对
89. 间接　90. 辅助　91. 万能　92. 辅助
93. 额定　94. 额定　95. 试验　96. 30
97. 35　98. 35　99. 工艺需要　100. 结构
101. 性能　102. 不能　103. 工作图　104. 形体
105. 投影特性　106. 准确　107. 不高　108. 不能用来
109. 有一定　110. 一次　111. 允许值　112. 4
113. 加热　114. 湿润　115. 流布　116. 加工
117. 绝缘　118. 加热拉伸　119. 组合体　120. 斜视图
121. 零线　122. 8 级　123. 位置　124. 位置

125. 磁滞回线　126. 高导电率　127. 塑性　128. 高
129. 化学组成　130. 层间绝缘　131. 同轴性　132. 不同角度
133. 单位时间内　134. 慢　135. 电位　136. 双臂电桥
137. 真空　138. 人工呼吸　139. 最短直线　140. 最短
141. 从动杆　142. 蜗轮　143. 工时　144. 检查
145. 反　146. 升和降　147. 短路　148. 空载
149. 真空　150. 环流　151. 幅向　152. 空载
153. 电阻　154. 铁损　155. 空载　156. 磁滞
157. 层间　158. 铁心　159. 总损耗

二、单项选择题

1. A　2. C　3. A　4. A　5. A　6. C　7. B　8. A　9. A
10. D　11. B　12. B　13. C　14. B　15. B　16. C　17. B　18. B
19. A　20. B　21. D　22. A　23. C　24. D　25. C　26. C　27. C
28. D　29. D　30. A　31. B　32. A　33. B　34. C　35. C　36. A
37. A　38. C　39. B　40. D　41. D　42. C　43. C　44. B　45. C
46. B　47. C　48. B　49. A　50. B　51. D　52. A　53. C　54. C
55. A　56. B　57. A　58. D　59. B　60. A　61. B　62. D　63. A
64. B　65. C　66. C　67. A　68. C　69. A　60. B　71. A　72. C
73. B　74. D　75. C　76. D　77. B　78. A　79. A　80. A　81. C
82. B　83. A　84. C　85. B　86. C　87. B　88. D　89. B　90. C
91. C　92. A　93. B　94. D　95. B　96. C　97. B　98. A　99. A
100. A　101. D　102. B　103. C　104. B　105. C　106. D　107. C　108. A
109. B　110. B　111. C　112. C　113. A　114. A　115. A　116. A　117. B
118. A　119. A　120. C　121. C　122. A　123. A　124. B　125. C　126. B
127. C　128. D　129. A　130. A　131. C　132. C　133. A　134. A　135. B
136. C　137. B　138. A　139. D　140. D　141. B　142. B　143. D　144. C
145. A　146. D　147. A　148. B　149. C　150. B　151. A　152. C　153. A
154. C　155. D　156. D　157. A　158. B　159. C　160. A　161. B　162. D
163. C　164. A　165. C

三、多项选择题

1. BC　2. BCD　3. BC　4. BCD　5. ABCD　6. ABC　7. ACD
8. ABD　9. BC　10. ABCD　11. BC　12. AB　13. AD　14. ABC
15. AB　16. AC　17. AD　18. BC　19. ACD　20. ABCD　21. ABCD
22. ABCD　23. ABCD　24. AB　25. AD　26. ABC　27. BC　28. ABC
29. ABC　30. ABC　31. BC　32. ABD　33. ABCD　34. AD　35. ABD
36. AB　37. BCD　38. ABC　39. ABC　40. ABD　41. BD　42. ABC
43. ABC　44. AC　45. ABC　46. ABCD　47. ABD　48. DEF　49. ACD

50. ABC 51. ABC 52. ABCD 53. BCD 54. ABD 55. ABC 56. BACDE
57. BCD 58. ABC 59. ABD 60. ACD 61. ABCD 62. BC 63. BCD
64. BC 65. BCD 66. ABC 67. ABC 68. ABC 69. ABC 70. AD
71. BD 72. ABC 73. ABCD 74. ACD 75. ABCD 76. AB 77. ABCD
78. ABC 79. ABCD 80. ABD 81. AB 82. CD 83. ABD 84. ABCD
85. ABCD 86. ABCD 87. AB 88. ABD 89. AD 90. AD 91. ABC
92. ABD 93. ABC 94. ABD 95. BC 96. ABC 97. BC 98. ABD
99. AB 100. ABCD 101. ABCD 102. ABCDE 103. BCD 104. AD 105. ACD
106. AC 107. AC 108. AB 119. ABD 110. ABD 111. AB 112. ABD
113. ABC 114. CD 115. ABC 116. ABC 117. ABCD 118. ACDEF 119. ABC
120. ABD 121. AB 122. ABCDE 123. ABCD 124. ABCD 125. AB 126. ACD
127. ABC 128. AC 129. ABC 130. ABD

四、判 断 题

1. √ 2. √ 3. × 4. √ 5. × 6. √ 7. √ 8. √ 9. √
10. √ 11. √ 12. √ 13. √ 14. √ 15. √ 16. √ 17. √ 18. √
19. × 20. √ 21. √ 22. √ 23. × 24. √ 25. √ 26. √ 27. √
28. × 29. √ 30. √ 31. √ 32. √ 33. √ 34. √ 35. √ 36. ×
37. √ 38. × 39. × 40. √ 41. √ 42. × 43. × 44. √ 45. √
46. × 47. √ 48. √ 49. √ 50. × 51. √ 52. √ 53. √ 54. √
55. × 56. √ 57. √ 58. × 59. √ 60. √ 61. × 62. × 63. √
64. √ 65. √ 66. √ 67. × 68. √ 69. √ 70. × 71. √ 72. ×
73. √ 74. √ 75. × 76. √ 77. × 78. √ 79. × 80. √ 81. √
82. √ 83. × 84. √ 85. √ 86. √ 87. √ 88. × 89. √ 90. √
91. √ 92. × 93. × 94. √ 95. × 96. × 97. √ 98. √ 99. ×
100. × 101. √ 102. √ 103. × 104. √ 105. √ 106. × 107. × 108. ×
109. × 110. × 111. √ 112. × 113. × 114. √ 115. √ 116. √ 117. √
118. √ 119. √ 120. × 121. √ 122. × 123. √ 124. × 125. √ 126. √
127. √ 128. × 129. √ 130. √ 131. √ 132. √ 133. √ 134. √ 135. √
136. √ 137. √ 138. √ 139. √ 140. √ 141. √ 142. √ 143. × 144. √
145. √ 146. √ 147. √ 148. × 149. √ 150. √ 151. × 152. √ 153. √
154. √ 155. √ 156. √ 157. √ 158. √ 159. × 160. × 161. √ 162. √
163. √

五、简 答 题

1. 答:电力机车变压器在设计方面采取使用铜导线、高导磁率的硅钢片、强迫油循环风冷(2.5 分),在工艺方面采用真空干燥、真空注油等措施来缩小体积和减轻重量(2.5 分)。

2. 答:3240 环氧酚醛层压玻璃布板是 F 级绝缘材料,参考工作温度是 155℃(5 分)。

3. 答:磁通通过全斜接缝的叠片形式时,磁力线方向最接近叠片晶粒的特定方向,铁损最小;全斜接缝便于铁心片套裁(3 分)。所以变压器铁心片接缝趋向采用全斜接缝(2 分)。

4. 答:大型变压器铁心的截面积大,总铁损大,发热严重,为了满足铁心温升的散热要求,所以要设置铁心油道(5 分)。

5. 答:变压器铁心只有拉螺杆时,上、下夹件各自相接,其间又通过拉螺杆相接,只用一接地片将铁心和上夹件相接,铁心经上夹件、拉螺杆、下夹件,通过垫脚和箱底接地(5 分)。

6. 答:圆筒式(层式)线圈的每个线匝紧靠着上一圈线匝,成螺旋形沿线圈轴向排列。可以用单根导线绕制,也可以用多根导线并联绕制,可以制成单层、双层或多层,但层间必须垫绝缘或设置油道(5 分)。

7. 答:如果铁心有两点或两点以上接地,则接地点间形成闭合回路,主磁通穿过此闭合回路时,就会产生很大的感应电流,使铁心局部过热,邻近的绝缘件碳化,油被分解,造成变压器的严重故障(5 分)。

8. 答:电流互感器一次电流和二次电流的正负号与端子标志相一致时,在稳态情况下,下列两个值之差的有效值称为复合误差 ε_{Δ}(5 分)。

9. 答:电流互感器的额定容量是指电流互感器在二次侧额定电流和额定阻抗下运行时,电流互感器的误差在其准确度等级所允许的误差限值范围内,二次侧绕组输出的容量(5 分)。

10. 答:保护用电流互感器的 10%倍数是指一次电流倍数(一次电流和一次额定电流比)增加到 n 倍时,电流误差达到 10%,此时的一次电流倍数 n 称为 10%倍数(5 分)。

11. 答:由沿轴向分布的若干连续绕制的线段(线饼)组成,每个线段又是由一些线匝按顺序连续绕制的绕组称为连续式绕组(5 分)。

12. 答:由若干根扁导线沿径向叠在一起成一个单列,再沿轴向绕成螺旋型的绕组称为单列螺旋式绕组(5 分)。

13. 答:(1)焊接质量好,焊缝细密,表面光滑,机械性能较高,抗腐蚀性能好(2 分)。(2)热量集中,温度较高,熔透均匀,焊件变形小(1 分)。(3)电弧的热能利用率高,电弧燃烧稳定性好,飞溅小(1 分)。(4)适用于焊接易氧化金属(1 分)。

14. 答:在大型变压器内部,利用主绝缘及附加零部件构成一些特定的油路,使循环的油能够在这些特定的油路中定向流动,以提高器身内部及绕组内部的冷却效率,这种方式就是导向冷却(5 分)。

15. 答:分级绝缘变压器也称半绝缘变压器,就是变压器绕组首、尾两端的绝缘水平不一样,即绕组靠近中性点部分的主绝缘的绝缘水平比绕组端部的绝缘水平低,以降低造价(5 分)。

16. 答:从建立磁通的关系方面,同一铁心上的两线圈的同极性端的判定如下:当分别由两个线圈的某端流入(或流出)电流 i_1 和 i_2 时,根据右手螺旋定则判别,如果两线圈建立的磁通相互增加,则该两端为同极性端(5 分)。

17. 答:线圈之间绕向的关系也就是线圈之间的极性关系,由线圈的极性可以确定线圈之间电势的极性关系(2.5 分)。如果线圈绕向错误,则线圈之间的电势极性关系必然也错误,会造成变压器线圈短路烧毁的严重后果(2.5 分)。

18. 答:电力机车变压器从以下方面来提高耐机械振动和冲击:各零部件具有足够的强度和刚度,所有连接紧固件有防松装置和措施(5 分)。

19. 答:变压器的保护装置有:储油柜、吸湿器、信号温度计、净油器、油流继电器、安全气道(压力释放阀)(5分)。

20. 答:为了使铁心接地可靠及简化铁心接地工艺,一片铁心叠片接地就能保证整个铁心接地,铁心叠片绝缘膜的电阻不能非常大(5分)。

21. 答:铁心油道分两种:一种是油道方向与硅钢片平行,称纵向油道;另一种是油道方向与硅钢片垂直,称横向油道(5分)。

22. 答:变压器铁心有拉板时,上、下夹件由拉板连接,而垫脚与箱底一般是绝缘的,用一接地片将铁心和上夹件连接,再连接套管,由套管引出接地(5分)。

23. 答:线圈的匝与匝之间留出空隙,在空隙中加入垫块构成径向油道(1分)。可以用多根导线并联绕制,多根导线并联绕制时必须进行换位(2分)。分单列螺旋、双列螺旋等(1分)。适用于低压大电流线圈(1分)。

24. 答:同一铁心上的两线圈的同极性端是:当铁心中通过交变磁通时,两个线圈都产生感应电势,并且都有正负方向之分,两个线圈的两个正电位端子称为两线圈的同极性端(5分)。

25. 答:信号温度计的作用是测量变压器的上层油温,并且监视上层油温,当油温达到限值时,接点接通电路发出信号(5分)。

26. 答:铁心硅钢片涂层的作用是:涂层具有一定的绝缘电阻,可以减少铁心的涡流损耗;涂层耐热耐油,可以避免铁心硅钢片表面氧化或腐蚀而影响铁心的电磁性能(5分)。

27. 答:铁轭截面与心柱截面形状相同可以使磁通在铁轭中分布均匀,减小铁心的空载损耗和空载电流;有利于硅钢片套裁,简化制造工艺和节省材料(5分)。

28. 答:变压器铁心有拉螺杆和吊螺杆时,上、下夹件各自相接,其间又通过拉螺杆相接,只用一接地片将铁心和上夹件相接,除垫脚另与箱底接地外,其余部分经吊螺杆接地(5分)。

29. 答:连续式线圈段间加垫块形成油道,散热性好;端部支撑表面大,短路时的轴向力变化不大,机械强度高;可以用多根导线并联绕制,能在很大范围内适应容量和电压的要求,因此应用很广泛(5分)。

30. 答:变压器运行中所有的损耗将转变成热能,使变压器温度升高,如果变压器散热能力差,冷却器功率小,变压器温升就要超过规定限值,损坏绝缘影响变压器寿命,或不得不降低额定电流,影响变压器容量的发挥(5分)。

31. 答:线圈套装时,起吊线圈应满足以下要求:

(1)起吊后不允许线圈有明显的轴向和径向变形(2分)。

(2)确保起吊过程中的安全(1分)。

(3)起吊后不允许线圈有明显的偏斜(2分)。

32. 答:一般应以较高的线圈为准,适当增加较低线圈的高度,在保证各线圈高度对应的前提下,上下两端平均增加垫块或纸圈(5分)。

33. 答:一般在保持高、低压导线高度平衡的前提下应以低压下端绝缘厚度为准,根据高、低线圈高度差的一半,适当增加高压线圈两端的绝缘厚度,轻易不能采用减少端绝缘的方法(5分)。

34. 答:器身干燥后,下油箱前的整理程序是:(1)器身出炉后,应进行一次全面检查(1分);(2)紧固上、下夹件的所有紧固件(1分);(3)整理撑条、垫块(0.5分);(4)调整同一压圈下各线圈的高度(1分);(5)压紧线圈(0.5分);(6)紧固引线夹件(0.5分);(7)最后做好全面清洁工作(0.5分)。

35. 答:吸湿器的作用是过滤空气,使进入储油柜的空气清洁、干燥(2分)。构造原理为:吸湿器内装变色硅胶,作为吸湿剂,可以吸附空气中的水分;吸湿器的罩中盛有变压器油,作为油封,可以阻挡被吸入空气中的固体杂质(3分)。

36. 答:BF—1/1000型套管:B表示变压器用;F表示复合瓷绝缘式;分子1表示额定电压1 kV;分母1000表示额定电流1 000 A(5分)。

37. 答:BF—6/3000型套管是由接线头、圆螺母、衬垫、瓷盖、橡胶封环、上瓷套、橡胶密封垫圈、纸垫圈、下瓷套和导电杆等零件组成的(5分)。

38. 答:受潮后,水分增加,绝缘材料中的水分,不仅使绝缘材料膨胀,影响几何尺寸,更重要的是,绝缘内的水分,严重地影响着介质的电气强度,导致变压器的耐压强度急剧降低(4分)。所以要防止干燥后的器身受潮(1分)。

39. 答:提高器身的清洁度(1分)。如果器身的清洁度差,在变压器组装注油后,会使杂质和灰尘混入油中,油中杂质含量的增加会降低油的耐压强度,导致变压器的耐压强度降低(3分)。所以变压器总组装前要冲洗器身(1分)。

40. 答:变压器器身的绝缘材料通常都含有一定的水分,在器身装配过程中,绝缘材料还会进一步受潮或浸湿,为了除去绝缘材料中的水分,充分发挥绝缘介质的性能,变压器器身必须进行干燥处理(5分)。

41. 答:变压器采用真空干燥的优点是可以有效地促进绝缘材料中水分的蒸发、扩散和迁移,提高干燥的效率,保证干燥质量(5分)。

42. 答:变压器油有以下性能指标:(1)颜色、透明度(1分);(2)比重(0.5分);(3)运动粘度(0.5分);(4)闪点(0.5分);(5)凝点(0.5分);(6)酸值(0.5分);(7)灰分及机械杂质(1分);(8)击穿电压(0.5分)。

43. 答:影响变压器油击穿电压的因素较多,如油中的水分含量、杂质含量、含气量,温度、压力,升压速度、电极形状及绝缘距离等(3分)。就油本身的性质来说,水分和杂质含量对油的耐压强度影响最大(2分)。

44. 答:如果电流互感器二次侧开路,二次绕组没有电流,一次侧安匝全部用来励磁,铁心将高度饱和,磁通变为平顶波,二次感应电势变成峰值很高的尖顶波,高峰值的电势对人体和设备都将造成危害(4分)。所以电流互感器在运行中绝不允许二次侧开路(1分)。

45. 答:压力释放阀的作用是:当变压器内部发生故障时,将变压器油分解出来的气体迅速排出,以防止变压器内部压力聚增,破坏油箱(5分)。

46. 答:线圈套装前要做的准备工作有:(1)清理工作场地(1分);(2)认真熟悉图纸和工艺规程(1分);(3)准备好套装所用的工具和工装(1分);(4)检查线圈、铁心及绝缘件质量和数量应符合图纸要求(1分);(5)线圈整理及包出线头绝缘(1分)。

47. 答:线圈套装前,拆片中值得注意的问题是:(1)从上铁轭的两边,由外向里依次拆下硅钢片,并分级整齐地将硅钢片按顺序放在料架上(2.5分);(2)拆完片后,用布带把心柱上端扎紧,以免心柱上端的硅钢片散开(2.5分)。

48. 答:变压器的阻抗电压是:当一侧绕组的端子短路,以额定频率的电压施加于另一侧绕组的端子上,并使其中流过额定电流时所施加的电压(4分)。一般以额定电压的百分数来表示(1分)。

49. 答:电力机车牵引变压器潜油泵轴承烧损的大多数原因是潜油泵后端滤筒堵塞未及时清理,内部无循环油润滑、冷却轴承,使轴承磨损加大或过热烧损(2分)。另外,轴承本身质量也可能是原因之一(1分)。处置措施是:及时清洗后端滤筒;选用有质量保证的轴承(2分)。

50. 答:零件位置偏斜;密封件移位;螺纹紧固件拧紧程度过松过紧不均匀;不检查零部件质量盲目装配;法兰等严重变形而采取简单的用加厚密封垫的方法来解决等(5分)。

51. 答:(1)确定主视图的投影方向,通常应考虑"形状特征原则"(2分)。(2)确定零件在投影系中的安装位置,通常应考虑以下两原则:"符合加工位置原则"和"符合工作位置的原则"(3分)。

52. 答:零件图上的技术要求主要包括尺寸公差与配合,形状和位置公差、表面粗糙度,热处理及表面修饰,零件特殊加工要求以及有关检验、试验的说明(5分)。

53. 答:(1)了解部件的名称、结构、性能、用途和工作原理(2分)。(2)了解各零件之间的装配、连接关系及运动情况(2分)。(3)了解零件的主要结构形状和作用(1分)。

54. 答:(1)分析、检查、整理零件草图(1分);(2)确定图样比例及图纸幅面(1分);(3)绘制底稿(1分);(4)检查底稿(1分);(5)填写标题栏(1分)。

55. 答:根据每一封闭线框的对应投影,按照基本几何体的投影特性,想出已知线框的空间形体,从而补画出第三投影(3分)。对于一时搞不清的问题,可以运用线面分析方法,补出其中的线条或线框,从而达到正确补出第三视图的要求(2分)。

56. 答:通过模一数转换器,把被测模拟电压直接或间接地转换成与之成正比的数字量(5分)。

57. 答:防尘、防潮、防热、防振、防腐蚀(5分)。

58. 答:具有非常好的综合性能,如良好的钎焊工艺性能,较低的熔化温度,较高的强度,满意的耐热性和理想的导电性、热导性和优良的抗蚀性等(5分)。

59. 答:以锡铅二元合金为主的锡基钎料,由于其熔点低、润湿性好、耐腐蚀性优良,所以是应用最广泛的软钎料(5分)。

60. 答:(1)具有很高的耐热性和优异的耐寒性,长期工作温度范围为-100~+200℃(1分)。

(2)具有优良的电绝缘性能(1分)。

(3)具有优异的耐臭氧老化、热氧老化、光老化和大气老化性能(1分)。

(4)具有较小的吸水性和良好的防霉性(1分)。

(5)无臭、无味、无生理毒害(1分)。

61. 答:(1)应保证让双头螺体与机体螺纹的配合有足够坚固性(2分)。

(2)双头螺栓的轴心线与机体表面必须保持垂直(2分)。

(3)拧入双头螺栓前必须在螺纹部分加油润滑(1分)。

62. 答:(1)可将锈死或断头螺钉往紧拧$\frac{1}{4}$转,再退出来,反复地紧松逐步拧出(2分)。

(2)用手锤振击螺帽,借以振散锈层(1分)。

(3)在煤油中浸泡20~30 min后拧出(1分)。

(4)用喷灯将螺帽加热,迅速拧下(1分)。

63. 答:应在基本尺寸后面标注公差代号或偏差值,也可将代号和偏差值同时标注,这时偏差值加括号(5分)。

64. 答:(1)尽量采用1∶1的比例,有助于想象物体的形状和空间状态(2分)。

(2)对于庞大的零件,采用缩小的比例画图,以使图纸能够容纳(2分)。

(3)特别小的零件采用放大的比例,以便绘制和看图(1分)。

65. 答:基准制可以根据基准孔和基准轴来识别。凡配合代号中,分子有"H"的均为基孔制;凡分母中有"h"的均为基轴制;分子有"H",分母中有"h"即为基孔制,也是基轴制,分子无"H",分母无"h"为无基准件配合(5分)。

66. 答:(1)公差等级小于7级时,考虑到孔比轴难加工,采用孔的公差等级比轴的低一级(2分)。

(2)8级的孔可与同级、也可同高一级的轴配合(1分)。

(3)公差等级大于8级时,孔、轴采用同级配合(1分)。

(4)尺寸为500～3 150 mm时采用孔、轴同级配合(1分)。

67. 答:两平行直线、两等距曲线、两同心圆、一个圆、一个球、一个圆柱、一个四棱柱、两同轴圆柱、两平行平面、两等距曲面(5分)。

68. 答:在装配图上表示相互结合的孔和轴配合关系的代号,称为配合代号(2分)。配合代号由孔和轴的公差带代号组合而成,写成分数形式,分子为孔,分母为轴(3分)。

69. 答:金属材料在载荷作用下,产生显著的变形而不致破坏,并在载荷取消后,仍能保持变形后形状的能力称为金属材料的塑性(4分)。用伸长率δ和断面收缩率ψ来表示(1分)。

70. 答:耐热等级是为了保证电工材料安全、长久、可靠地工作而规定的最高允许工作温度的级别(5分)。

71. 答:PF表示树脂代号为酚醛,CP表示增强材料代号为纤维素纸,5表示特性或用途(5分)。

72. 答:(1)手用丝锥有3和3b级两种精度,前者用来加工3级内螺纹,后者用来加工需要镀覆层的内螺纹(2.5分)。(2)机用丝锥有1、2、2a、3a四种精度等级,分别加工1、2、2a内螺纹和3级需要有镀覆层的内螺纹(2.5分)。

73. 答:(1)传动比大,一般蜗杆传动的传动比$i=7\sim80$(1分)。(2)结构紧凑,传动平稳,噪声低(1分)。(3)有自锁性能(1分)。(4)传动效率低,发热量大,成本高,蜗轮齿圈一般需由较贵重的减磨材料制造(2分)。

六、综 合 题

1. 答:由$\dfrac{N_1}{N_2}=\dfrac{U_1}{U_2}$得 $N_2=\dfrac{N_1U_2}{U_1}=\dfrac{1\,000\times127}{220}=577$ 匝(5分)

由$\dfrac{N_1}{N_3}=\dfrac{U_1}{U_3}$得 $N_3=\dfrac{N_1U_3}{U_1}=\dfrac{1\,000\times36}{220}=164$ 匝(4分)

所以,副边绕组匝数N_2为577匝,N_3为164匝(1分)。

2. 答:略去空载磁动势后,磁动势方程为:$\dot{I}_1N_1+\dot{I}_2N_2+\dot{I}_3N_3\approx0$(1分)

有效值之间有 $I_1=\dfrac{I_2N_2+I_3N_3}{N_1}=\dfrac{0.5\times577+1\times164}{1\,000}=0.453$ A(2分)

原边功率 $P_1=U_1I_1=220\times0.453=99.6$ W(2 分)

副边功率 $P_2=U_2I_2=127\times0.5=63.5$ W(2 分)

$P_3=U_3I_3=36\times1=36$ W(2 分)

原边电流 I_1 为 0.453 A,原边功率 P_1 为 99.6 W,副边功率 P_2 为 63.5 W,P_3 为 36 W(1 分)。

3. 答:变压比 $K=\frac{U_1}{U_2}=\frac{380}{110}=3.45$(2 分)

副边匝数 $N_2=\frac{N_1}{K}=\frac{1\ 900}{3.45}=551$ 匝(2 分)

副边电流 $I_2=\frac{P_2}{U_2}=\frac{100}{110}=0.909$ A(2 分)

原边电流 $I_1=\frac{I_2}{K}=\frac{0.909}{3.45}=0.263$ A(2 分)

副边匝数 551 匝,原边电流 0.263 A,副边电流 0.909 A(2 分)。

4. 答:(1)变压比 $K=\frac{U_1}{U_2}=\frac{3\ 300}{220}=15$(2 分)

低压绕组匝数 $N_2=\frac{N_1}{K}=\frac{6\ 000}{15}=400$ 匝(1 分)

(2)低压边额定电流 $I_{2n}=\frac{S_n}{U_{2n}}=\frac{50\times10^3}{220}=227$ A(2 分)

高压边额定电流 $I_{1n}=\frac{I_{2n}}{K}=\frac{227}{15}=15.1$ A(2 分)

(3)由 $P_2=U_2I_2\cos\phi$ 求得 $U_2=\frac{P_2}{I_2\cos\phi}=\frac{39\times1\ 000}{227\times0.8}=215$ V(3 分)

5. 答:(1)原边额定电流 $I_{1n}=\frac{S_n}{U_{1n}}=\frac{2\times10^3}{380}=5.26$ A(2 分)

副边额定电流 $I_{2n}=\frac{S_n}{U_{2n}}=\frac{2\times10^3}{110}=18.18$ A(2 分)

(2)每盏灯泡额定电流 $I_n=\frac{15}{110}=0.136$ A(2 分)

可接灯泡数 $\frac{I_{2n}}{I_n}=\frac{18.18}{0.136}=133$ 盏(1 分)

(或 $\frac{S_n}{15}=\frac{2\times10^3}{15}=133$ 盏)

(3)每台电机额定电流 $I_2=\frac{P_2}{U_2\cos\phi}=\frac{15}{110\times0.8}=0.17$ A(2 分)

可接台数 $\frac{18.18}{0.17}=107$ 台(1 分)

6. 答:$I_{1N}=\frac{P_N}{U_{1N}}=\frac{315\times10^3}{380}=829$ A(5 分)

$U_{2N}=\frac{P_N}{I_{2N}}=\frac{315\times10^3}{926.5}=340$ V(4 分)

一次侧额定电流 829 A,二次侧额定电压 340 V(1 分)。

7. 答：$I_{1N}=\frac{P_N}{U_{1N}}=\frac{315\times10^3}{380}=829$ A(5 分)

$I_{2N}=\frac{P_N}{U_{2N}}=\frac{315\times10^3}{860}=366$ A(4 分)

一次侧额定电流 829 A，二次侧额定电流 366 A(1 分)。

8. 答：三个 10 Ω 电阻接成星形时 $U_\phi=\frac{220}{\sqrt{3}}=127$ V(2 分)

$I_1=I_\phi=\frac{127}{10}=12.7$ A(2 分)

另外三个阻值相同的电阻接成三角形时 $I_\phi=\frac{220}{R}$(2 分)

$I_1=\sqrt{3}I_\phi=\frac{\sqrt{3}\times220}{R}=12.7$ A　$R=\frac{\sqrt{3}\times220}{12.7}=30$ Ω(3 分)

接成三角的每个电阻阻值为 30 Ω，流过的电流为 12.7 A(1 分)。

9. 答：$N_1=\frac{10\ 000}{4.44\times50\times500\times1.4\times10^{-4}}=644$ 匝(3 分)

$\frac{U_1}{U_2}=\frac{N_1}{N_2}=\frac{10\ 000}{400}=25$(2 分)

$N_2=\frac{644}{25}=25.7$ 匝，取整匝数 26 匝。(2 分)

由 $N_1=N_2\times25=650$ 匝，取 $N_1=650$ 匝。(2 分)

一次绕组匝数为 650 匝，二次绕组匝数为 26 匝(1 分)。

10. 答：$I_1=\frac{180\times400}{220}=327.3$ A(5 分)

$I=400-327.3=72.7$ A(4 分)

电流 I_1 为 327.3 A，电流 I 为 72.7 A(1 分)。

11. 答：电工绝缘材料产品型号一般用 4 位或 5 位阿拉伯数字表示，举例如下：(2 分)

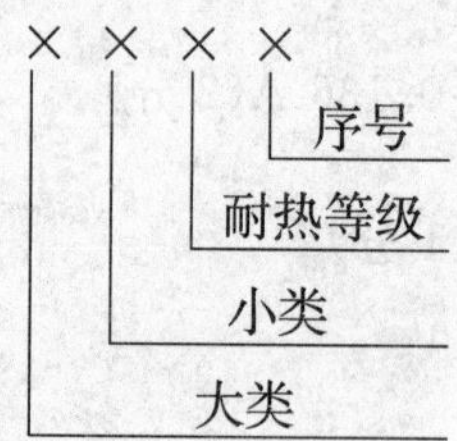

其中，第一位数字表示材料产品按应用或工艺特征归属的大类(2 分)；第二位数字表示产品在各大类中按使用范围及形态归属的小类(2 分)；第三位数字表示产品耐热等级(2 分)；第四、五位表示电工绝缘材料产品顺序号(2 分)。

12. 答：$L=\frac{1\ 160}{314\times300}\times10^3=12.3$ mH(9 分)

交流电感值为 12.3 mH(1 分)。

13. 答：线圈套装工序是完成变压器器身的成型工序，不仅要将线圈套进铁心柱，还要完成绝大部分主绝缘的装配(3 分)。因此，变压器主绝缘性能与套装质量有着直接关系(1 分)。

套装也是对线圈纵绝缘质量进行再检查的过程，同时还必须保证各线圈的同轴度、安匝平衡及出头位置的正确，保证各线圈引线包扎及对地绝缘距离符合要求，提高插片质量保证铁心性能等(5 分)。所以说线圈套装工序是变压器装配中的重要工序(1 分)。

14. 答：电力机车心式牵引变压器铁心装配程序为：

(1)叠装准备(0.5 分)；(2)放置同一侧的上下夹件(0.5 分)；(3)放置同一侧的夹件绝缘(油道)(0.5 分)；(4)叠片(0.5 分)；(5)整形(0.5 分)；(6)放夹件另一侧的夹件绝缘(0.5 分)；(7)放置另一侧的上下夹件，并予紧夹件(1 分)；(8)装接地片(0.5 分)；(9)夹紧心柱(0.5 分)；(10)夹紧上下铁轭(1 分)；(11)安装垫脚(1 分)；(12)涂漆(0.5 分)；(13)立起(0.5 分)；(14)测量(1 分)；(15)心柱绑扎(1 分)。

15. 答：铁心叠片的工艺过程为：以下铁轭为准，两片一叠，从下往上逐层逐级叠积(2 分)。叠装第一级时要测量好对角线，并敲打对齐(2 分)。逐级叠积时，每叠 15 mm 打齐一次，也可以一级一靠打(2 分)。叠完一级测一次厚度。叠积到最后四级左右，要夹紧心柱测量叠积总厚度，以便调节最后几级叠厚(2 分)。叠完最后一级，全面修整打齐铁心，并测量叠积总厚度及铁心直径(2 分)。

16. 答：线圈的绕向是按起绕头定义的(2 分)。左绕向：由起绕头开始，线匝沿左螺旋前进(层式、螺旋式)或面对线圈起绕头的端部观察，线匝按逆时针方向前进(连续式)(4 分)。右绕向：由起绕头开始，线匝沿右螺旋前进(层式、螺旋式)或面对线圈起绕头的端部观察，线匝按顺时针方向前进(连续式)(4 分)。

17. 答：引线采用磷铜电阻焊时，应注意以下几点：(1)焊前必须清理好焊接部分，将导线漆膜除净，修整碳精块，保证碳精块与待焊引线接触良好，接触电阻最小(2 分)。(2)焊接时要掌握好最佳焊接温度，及时加磷铜焊料至焊缝渗透饱满为止。停止加热后，不可立即卸去焊钳，也不要松缓或抖动，防止因焊料尚未完全凝固造成焊缝开裂(2 分)。(3)焊前应做好对附近绝缘的保护工作，用湿的石棉绳将出线包扎好，为保证出线绝缘不烧焦，焊接过程中必要时应对石棉绳浇水(2 分)。(4)保证搭接面积是导线截面的 2 倍以上(2 分)。(5)焊后应先检查焊接质量，再进行清理，锉掉尖角、毛刺及氧化皮等(2 分)。

18. 答：引线包扎应注意以下几点：(1)需要绝缘包扎的引线，焊前应进行包扎，事先包扎时要留出焊接位置(包括石棉绳缠绕位置)(1 分)。(2)引线绝缘包扎一律采用半叠包，搭接长度应均匀一致，保证一根引线各部位的绝缘厚度一致，不允许有薄弱处存在(2 分)。(3)需要接包绝缘的连接部位预先包成锥形，锥形长度为 5～7 倍的绝缘厚度，以便焊接完后在锥形部位接着包扎，接包处的绝缘必须可靠(2 分)。(4)当线圈出头伸出端绝缘部分的绝缘包扎较长影响引线弯形时，允许将引线多余部分剥去，但必须保持绝缘为锥形，最好用刀削成锥形，以保证接包部分的绝缘包扎质量(2 分)。(5)绝缘包扎应紧实，根部尽量包足，遇有突起部分不得少包，收头要粘牢(1 分)。(6)根据不同绝缘包扎厚度允许有 0.5～1.5 mm 的正偏差，但不允许有负偏差(2 分)。

19. 答：油流继电器的作用是监视变压器油的循环状态，油的流量是否符合要求，油泵转向是否正确，管路阀门是否都打开(4 分)。鼓膜式油流继电器的构造原理是：其探头上的孔对准油流方向，当油流正常时，变压器油进入探头，靠油的流动压力作用于薄膜，推动动触头脱离静触头，使常闭触头打开，给出一个油流正常的信号(6 分)。

20. 答：线圈套装后，插片中值得注意的问题是：(1)插片前应检查铁心有无变形，确定无误后方可进行插片(2 分);(2)一般先从中间主级开始插片,主级全部插完后,进行打齐和整形,使主级平直,接缝最小;以后的插片可以在主级的两边同时进行(2 分);(3)插片时要防止出现局部凸起(1 分);(4)插下的片子应做到位置正确,两边气隙一样(1 分);(5)插片遇到较紧的情况时,应每插 2～3 片,打一次,使插片到位;切忌插几十片后,一起敲打找正(2 分);(6)插片用的硅钢片应有更好的平整度,边缘、尖角无损伤,无毛刺(2 分)。

21. 答:电力机车平波电抗器总装程序是:(1)检查上下铁轭和铁心饼穿心螺杆的夹紧状况,应紧固无松动(1 分);(2)松开铁心拉紧螺杆的螺母,取下上铁轭(1 分);(3)装好下铁轭绝缘或垫脚绝缘和油道隔板(1 分);(4)将准备好的线圈按图纸位置套入铁心柱(1 分);(5)将铁心与线圈间的撑板插入并打紧(1 分);(6)装好上铁轭绝缘或上油道隔板和压板(1 分);(7)装好上铁轭、压梁绝缘和压梁(1 分);(8)将拉紧螺杆的螺母均匀拧紧(1 分);(9)对好压钉绝缘和垫圈,拧紧压钉螺栓,压紧线圈,拧紧锁紧螺母(2 分)。

22. 答:(1)S_1两端电压为 120 V(2 分)。(2)S_1接通时,$I=120/(4+16)=6$ A,$U_{AB}=6\times16=96$ V(3 分)。(3)S_1和 S_2都接通时,$R'=(16\times16)/(16+16)=8\ \Omega$,$R=R_0+R'=4+8=12\ \Omega$(2 分)。

$I=120/12=10$ A,$U_{AB}=120-10\times4=80$ V(3 分)。

23. 答:(1)了解零件功用,进行形体结构分析(2 分)。(2)确定零件的表达方案(2 分)。(3)徒手画图样:①布置视图;②画各视图的主要部分投影;③取剖视、剖面、画剖面线,画出全部细节;④画出全部尺寸界线,尺寸线及箭头;⑤标注量得尺寸,确定技术要求(6 分)。

24. 答:(1)电源不同:直流电桥的电源是直流电源,交流电桥的电源是交流电源(2 分)。

(2)组成不同:直流电桥的 4 个桥臂由纯电阻组成,交流电桥的 4 个桥臂是用阻抗元件组成的(2 分)。

(3)指零性不同:一个是直流式,一个是交流式(2 分)。

(4)测量对象不同:直流电桥只测电阻,交流电桥可测电阻、电容和电感(2 分)。

(5)误差来源不同(2 分)。

25. 答:(1)首先进行结构分析:可用形体分析法和面形分析法,弄清楚组合体的结构形状、组合形式(3 分)。

(2)选择视图:主要确定主视图投影方向,确定原则是主视图应能够较多地表达物体的形状结构和特征。然后根据需要,再配置必要的其他视图(3 分)。

(3)作图:选择适当的比例和图幅,合理布置图形,按基准线→可见轮廓线→不可见轮廓线的步骤画图(3 分)。

(4)检查、校对、标注尺寸(1 分)。

26. 答:孔、轴公差带代号由基本偏差代号与公差等级代号组成(2 分)。

如:孔公差带代号

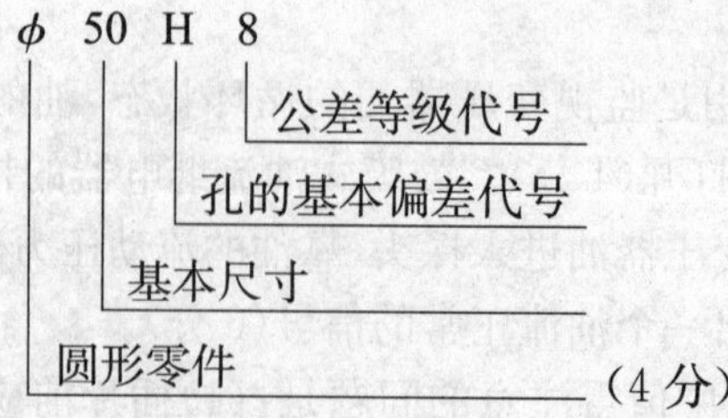

轴公差带代号

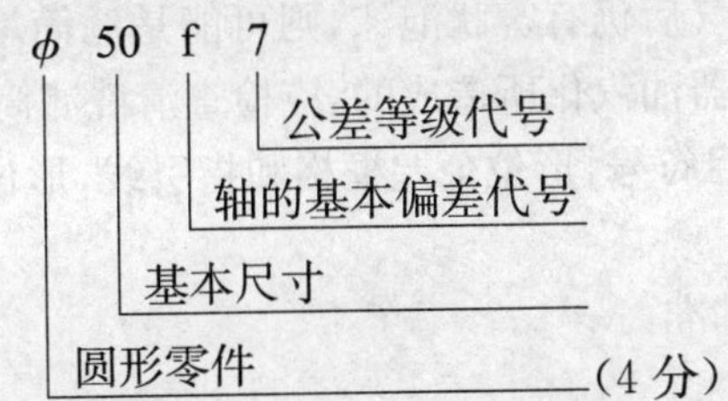

27. 答:基本尺寸:孔:$L=50$(单位 mm,以下均同),轴:$l=50$。(1 分)

最大极限尺寸:孔:$L_{max}=50.025$,轴:$l_{max}=49.95$。(2 分)

最小极限尺寸:孔:$L_{min}=50$,轴:$l_{min}=49.934$。(1 分)

上偏差:孔:$ES=L_{max}-L=+0.025$,轴:$es=l_{max}-l=-0.05$。(2 分)

下偏差:孔:$EI=L_{min}-L=0$,轴:$ei=l_{min}-l=-0.066$。(2 分)

公差:孔:$Th=|ES-EI|=0.025$,轴:$Ts=|es-ei|=0.016$。(2 分)

28. 答:见表 1。(10 分)

表 1

项目	直线度	平面度	圆度	圆柱度	线轮廓度	面轮廓度
符号	—	▱	○	⌭	⌒	⌓

29. 答:见表 2。(10 分)

表 2

项目	定向			定位			跳动	
	平行度	垂直度	倾斜度	同轴度	对称度	位置度	圆跳动	全跳动
符号	∥	⊥	∠	◎	⌯	⌖	↗	⌰

30. 答:电磁线型号分为基本型号和补充型号,其型号表达式为—×/×××/×。(5 分)

如:Q Z B—2 /155 / Ⅱ

第 Ⅱ 型产品

温度指数

2级漆膜厚度

漆包扁铜线 (5 分)

31. 答:(1)$I=E/(r+W)=12/(1+5)=2$ A,$R_{CB}=U/2=8/2=4$ Ω,$R_{AC}=5-4=1$ Ω,$R_{AC}:R_{CB}=1:4$。(2 分)

(2)$R_{CB}{}'=4\times4/(4+4)=2$ Ω,$I=E/(r_0+R_{AC}+R_{CB}{}')=12/(1+1+2)=3$ A。(2 分)

$U=E-(r+R_{AC})\cdot I=12-(1+1)\times3=6$ V。(2 分)

(3)$I_{CB}=U/R_{CB}=6/4=1.5$ A,$I_R=6/4=1.5$ A,$I_{AC}=I_{CB}+I_R=3$ A。(2 分)

$P=I_{AC}{}^2\cdot R_{AC}+I_{CB}{}^2\cdot R_{CB}=3^2\times1+1.5^2\times4=18$ W。(2 分)

32. 答:变压器空载时主磁通 Φ_m 与一次侧感应电动势有效值 E_1 和外加电源电压 U_1 的关系式:$U_1\approx E_1=4.44fN_1\Phi_m$ 或 $\Phi_m=\dfrac{E_1}{4.44fN_1}\approx\dfrac{U_1}{4.44fN_1}$。(10 分)

33. 答:电力机车牵引变压器潜油泵运转时尾部呈雾状,可能是内部空气未放净,可停泵打开泵顶端放气堵放气,若放气后仍有雾状泡沫,则可能是滤筒堵塞或机座内的油道不通,使泵运转时尾端出现负压,变压器油汽化所造成的,应检查清洗滤筒,疏通油道(10 分)。

34. 答:包括形位公差项目符号,形位公差框格和指引线,形位公差数值和其他有关符号、基准符号等(5 分)。

例:位置度公差值 ϕ0.1 基准:A。

⌖	ϕ0.1	A

(5 分)

35. 答:(1)看清图纸,详细了解零件的加工工艺和零件上需划线部位的作用以及有关的工艺尺寸(2 分)。

(2)选取划线基准,确定装夹方法(1 分)。

(3)检查需划线的毛坯或半成品,符合划线要求后,在划线部位上涂涂料(2 分)。

(4)在平台上,合理安置或用基准工具夹紧工件,使划线基准平行或垂直于平台(2 分)。

(5)划线(1 分)。

(6)详细检查划线的准确性和有无漏划的线条(1 分)。

(7)在线条上打样冲眼(1 分)。

36. 答:绝缘材料在电场的作用下丧失了绝缘性能而产生贯穿性的导通或破坏(3 分)。(1)固体介质击穿,即永久丧失了绝缘性能(3 分);(2)气体介质击穿却表现为火花放电,外加电场一消失,气体自动恢复绝缘(4 分)。

37. 答:固体绝缘在电场作用下,尚未发生绝缘击穿,其表面或与电极接触的气体发生放电现象(10 分)。

38. 答:变压器绝缘材料的耐热等级是指绝缘材料在变压器所允许承受的最高温度(4 分)。绝缘材料按电压等级分类一般分为:Y(90℃)、A(105℃)、E(120℃)、B(130℃)、F(155℃)、H(180℃)、C(大于 180℃)(6 分)。

39. 答:变压器的保护器件有:温度传感器、油流继电器、压力释放阀、油位探测器,个别变压器还设计有瓦斯继电器(10 分)。

40. 答:在磁极或任何电流回路的周围以及被磁化后的物体内外,都对磁针或运动电荷具有磁力作用,这种有磁力作用的空间称为磁场(9 分)。它和电场相似,也具有力和能的特性(1 分)。

41. 答:绝缘材料又称电介质(1 分)。通俗地讲绝缘材料就是能够阻止电流在其中通过的材料,即不导电材料(2 分)。常用的绝缘材料有:气体,如空气、六氟化硫等(2 分)。液体:如变压器油、电缆油、电容器油等(2 分)。固体材料:包括两类,一类是无机绝缘材料,如云母、石棉、电瓷、玻璃等;另一类是有机物质,如纸、棉纱、木材、塑料等(3 分)。

42. 答:软磁材料是指剩磁和矫顽力均很小的铁磁材料,如硅钢片、纯铁等(3 分)。特点是易磁化、易去磁且磁滞回线较窄(3 分)。软磁材料常用来制作电机、变压器、电磁铁等电器的铁心(4 分)。

43. 答:交变磁场中的导体内部(包括铁磁物质),将在垂直于磁力线方向的截面上感应出闭合的环行电流,称为涡流(3 分)。利:利用涡流原理可制成感应炉来冶炼金属;利用涡流可制成磁电式、感应式电工仪表;电度表中的阻尼器也是利用涡流原理制成的(4 分)。弊:在电机、变压器等设备中,由于涡流存在将产生附加损耗,同时磁场减弱造成电气设备效率降低,使设备的容量不能充分利用(3分)。

44. 答:在一个交变的主磁通作用下感应电动势的两线圈,在某一瞬时,若一侧线圈中有某一端电位为正,另一侧线圈中也会有一端电位为正,这两个对应端称为同极性端(或同名端)(10分)。

45. 答:变压器的主要部件有:(1)器身:包括铁心、绕组、绝缘部件及引线(2分);(2)调压装置:即分接开关,分为无励磁调压和有载调压(2分);(3)油箱及冷却装置(2分);(4)保护装置:包括储油柜、安全气道、吸湿器、气体继电器、净油器和测温装置等(2分);(5)绝缘套管(2分)。

46. 答:变压器的油箱是变压器的外壳,内装铁心、绕组和变压器油,同时起一定的散热作用(4分)。变压器冷却装置的作用是,当变压器上层油温产生温差时,通过散热器形成油循环,使油经散热器冷却后流回油箱,有降低变压器油温的作用(4分)。为提高冷却效果,可采用风冷、强油风冷或强油水冷等措施(2分)。

47. 答:变压器油在变压器中的作用是绝缘、冷却;在有载开关中用于熄弧(10分)。

48. 答:减缓油的劣化速度,延长油的使用寿命(10分)。

49. 答:过滤的目的是除去油中的水分和杂质,提高油的耐电强度,延长油中纸绝缘的寿命,也可以在一定程度上提高油的物理、化学性能(10分)。

50. 答:呼吸器的作用是当油温下降时,使进入油枕的空气所带潮气和杂质得到过滤(10分)。

51. 答:油枕的作用是:调节油量,保证变压器油箱内经常充满油;减小油和空气的接触面,防止油受潮或氧化速度过快(10分)。

52. 答:变压器套管的作用是将变压器内部高、低压引线引到油箱外部,不但作为引线对地绝缘,而且担负着固定引线的作用,变压器套管是变压器载流元件之一,在变压器运行中,长期通过负载电流,当变压器外部发生短路时通过短路电流(5分)。因此,对变压器套管有以下要求:(1)必须具有规定的电气强度和足够的机械强度(2分);(2)必须具有良好的热稳定性,并能承受短路时的瞬间过热(2分);(3)外形小、质量小、密封性能好、通用性强和便于维修(1分)。

53. 答:当二次绕组接上负载后,二次侧便有电流 I_2,产生的磁动势使铁心内的磁通趋于改变,但由于电源电压不变,铁心中主磁通也不改变(4分)。由于磁动势平衡原理,一次侧随即新增电流 I_1,产生与二次绕组磁动势相抵消的磁动势增量,以保证主磁通不变(5分)。因此,一次电流随二次电流变化而变化(1分)。

54. 答:变压器并联运行应满足以下条件:

(1)连接组标号(连接组别)相同(1分)。

(2)一、二次侧额定电压分别相等,即变比相等(2分)。

(3)阻抗电压值(或百分数)相等(1分)。

若不满足会出现的后果:

(1)连接组标号(连接组别)不同,则二次电压之间的相位差会很大,在二次回路中产生很大的循环电流,相位差越大,循环电流越大,必定会烧坏变压器(2分)。

(2)一、二次侧额定电压分别不相等,即变比不相等,在二次回路中也会产生循环电流,占据变压器容量，增加损耗(2分)。

(3)阻抗电压(或百分数)不相等，负载分配不合理，会出现一台满载，另一台欠载或过载的现象(2分)。

55. 答：在高温和电弧作用下会出现这种情况(10分)。

56. 答：变压器进行直流电阻试验的目的是检查绕组回路是否有短路、开路或接错线，检查绕组导线焊接点、引线套管及分接开关有无接触不良(6分)。另外，还可核对绕组所用导线的规格是否符合设计要求(4分)。

57. 答：变压器空载试验的目的是测量铁心中的空载电流和空载损耗，发现磁路中的局部或整体缺陷，同时也能发现变压器在感应耐压试验后，绕组是否有匝间短路(10分)。

58. 答：由于短路试验所加的电压很低，铁心中的磁通密度很小，这时铁心中的损耗相对于绕组中的电阻损耗可以忽略不计，所以变压器短路试验所测得的损耗可以认为就是绕组的电阻损耗(10分)。

59. 答：变压器常用A级绝缘材料有：绝缘纸板、电缆纸、酚醛纸板、木材及变压器油等(8分)。耐热温度为105℃(2分)。

60. 答：变压器常用B级绝缘材料有：环氧玻璃布板、聚酯薄膜、醇酸玻璃漆布、环氧树脂及环氧树脂绝缘烘漆等(8分)。耐热温度为130℃(2分)。

61. 答：变压器干燥方法有：真空罐内干燥、油箱内抽真空干燥、油箱内不抽真空干燥、干燥室内不抽真空干燥、油箱内带油干燥和气相干燥等(10分)。

62. 答：在真空状态下，真空度越高，水分子沸点越低，加温的水分易于挥发。器身挥发出的水分又被真空泵快速抽出，从而加快了水分的蒸发，所以此法效果好(10分)。

63. 答：当绝缘材料的温度增加时，在电压的作用下，材料的介质损耗增大，使材料本身的温度增加更快，如果增加的热量大于散发的热量，就会加速材料老化，使绝缘强度降低，在电压作用下击穿，这就是绝缘材料的热击穿(10分)。

64. 答：油的击穿电压值对整个变压器的绝缘强度影响很大，如不事先试油，可能因油不合格导致变压器在耐压试验时放电，造成变压器不应有的损伤(10分)。

65. 答：变压器油能溶解普通橡胶胶脂及沥青脂等有机物质，使密封垫失去作用，因此必须使用耐油的橡胶垫(10分)。

66. 答：低温时如果油型号选择不当，发生低温凝固，失去流动性，此时投入运行，因电机轴堵转会烧损油泵电机。

变压器、互感器装配工(高级工)习题

一、填 空 题

1. 对称度公差是用以限制被测中心要素偏离(　　)的一项指标。

2. 零件图中的尺寸标注要满足(　　)、正确、清晰和合理的要求。

3. 零件图中尺寸数字尽量标在视图之外,避免尺寸线、轮廓线和尺寸数字相交。凡有相交时,线条应(　　)。

4. 同一品种的硅钢片,厚度愈大,(　　)损耗也愈大,但是厚度越薄叠装系数就愈低。

5. 对于有取向冷轧硅钢片,其剪裁方向一定要与轧制方向一致,方向一致,(　　)性能好。

6. 变压器油按其(　　)分为 10、25、45 三个牌号。

7. 变压器油用于各种油浸变压器中,起(　　)作用和传热作用。

8. 常用的滤波形式有电容滤波、电感滤波、阻容滤波、(　　)滤波。

9. 中小尺寸孔与轴结合时应优先选用(　　)制。

10. 国家标准对每个位置的公差带都规定了其基本偏差代号和(　　)。

11. 基本偏差代号用一个或两个拉丁字母表示,大写字母表示(　　)的基本偏差。

12. 变压器铜导线及铜排的焊接一般采用的焊接方式是(　　)。

13. 常见的矿物油包括(　　)、开关油、电容器油和电缆油。

14. 根据漆的基本组成,绝缘漆可分为有溶剂漆和(　　)。

15. 绝缘胶可分为:浇注胶、浸渍胶、涂敷胶和(　　)等。

16. 在温度、压力、电极形状和距离都相同的情况下,各种气体都有(　　)的绝缘强度。

17. 交流电的三要素是振幅、角频率和(　　)。

18. 当变压器联结组的标号为 Y,d3,则高、低压线圈的线电势电位差为(　　)。

19. 变压器油循环冷却系统由油泵、油管路、器身和(　　)组成。

20. 工艺工作的主要内容包括工艺准备工作和(　　)工作。

21. “三自检验制”是操作者的自检、自分及(　　)检验制度。

22. 工艺规程与检查计划都属于(　　)。

23. 变压器制造典型工序的工艺规程应包括(　　)、铁心叠装、线圈套装及总组装工艺规程。

24. 铁心装配的两种方法是叠装和(　　)。

25. 线圈的绝缘分为主绝缘和(　　)。

26. 牵引变压器引线焊接采用含(　　)的焊条。

27. 根据应用特性,工装可分为通用工装和(　　)工装。

28. 变压器干燥的目的是除去变压器绝缘材料中的(　　),增加其绝缘电阻。

29. 变压法干燥罐选配二级真空泵，前级选用滑阀泵，后级选用(　　)。

30. 真空罐操作者应定期排放(　　)。

31. 工频发电机组输出电压频率为(　　)Hz。

32. 变压器铁心一般选用有取向硅钢片，剪切时应使磁通方向与轧制方向(　　)。

33. 变压器正常运行的磁通密度越高，铁心温升越(　　)。

34. 在芯式变压器制造中，无碱玻璃丝粘带通常用于(　　)的绑扎。

35. 铁心空载损耗，主要包含涡流损耗和(　　)。

36. 变压器铁心硅钢片毛刺直接影响铁心的叠片系数，增加变压器的(　　)损耗。

37. 涡流损耗与电压和频率的平方成(　　)。

38. 一般油浸式变压器的冷却方式有(　　)和(　　)。

39. 牵引变压器额定空载试验，一次侧绕组电压为(　　)kV。

40. 目前牵引变压器铁心芯柱的紧固多采用(　　)技术。

41. 电抗器根据铁心结构分为：铁心电抗器和(　　)。

42. 对于带气隙铁心电抗器，在绕组参数及铁心材料不变情况下，其电感值的大小主要由(　　)决定。

43. 带气隙铁心电抗器可以调整气隙来改变电感，气隙变大电感值变(　　)。

44. 硅钢片消除应力退火温度最高为(　　)℃。

45. 为避免硅钢片退火过程中氧化，所以退火应在(　　)情况下进行。

46. 铁心钢制夹件、穿心螺杆要接地，但绝对要避免形成环路或(　　)。

47. 铁心表面刷漆的目的是为了防锈和减少(　　)。

48. 常用变压器线圈直流电阻测量的双臂电桥有 QJ57 型及(　　)型。

49. 直流双臂电桥测量电阻时，需引出(　　)根测量线。

50. 干燥罐加热方法通常有蒸汽加热和(　　)两种。

51. 高压法干燥的四个阶段是预热、过渡、主干和(　　)。

52. 普通真空干燥罐解除真空可通过手阀(　　)。

53. 牵引变压器器身主要包括线圈、铁心和(　　)。

54. 为了提高机械强度，对于耐热等级为 A 级的牵引变压器其线圈内纸筒常使用(　　)材料制成。

55. 引线与铜排焊接通常要求搭接面积为引线截面的(　　)倍。

56. 牵引变压器高压引线对地的绝缘距离应保证大于(　　)mm。

57. 在降压变压器中，原副边绕组的匝数相比，(　　)大于(　　)。

58. 变压器工作是依据电磁感应原理来实现电能的转换，由于变压器一、二次侧匝数不同，它既起(　　)作用，又起(　　)作用。

59. 联结组别是指变压器一、二次绕组按一定接线方式连接时，一、二次侧的电压或电流的(　　)关系。

60. 判断绕组连接组试验方法有(　　)法和电桥法。

61. 两绕组串联，同名端和(　　)相接。

62. 变压器保压试验的主要目的是(　　)。

63. 通常牵引变压器有两项测温装置，一是温度传感器，另一是(　　)。

64. 通常现有牵引变压器温度传感器输出为(　　)信号。

65. 电力机车牵引变压器各类橡胶密封件压缩量应以(　　)为佳。

66. 油泵试验需记录的两项参数是(　　)和功率。

67. 电力机车牵引变压器通常标注的 ODAF 含义是(　　)。

68. 对于采用 KDAF 方式冷却的牵引变压器其耐热等级一般为(　　)。

69. 目前储油柜有两种基本型式,一种是普通型储油柜,另一种是储油柜中加装了(　　)装置的密封式储油柜。

70. 牵引变压器冷却单元一般由油散热器、(　　)组成。

71. 为减少牵引变压器漏磁场的影响,在油箱壁可设置(　　)。

72. 铁心夹件刷漆的目的是(　　)。

73. 对于壳式变压器由于组装工艺的要求,对于(　　)尺寸要求极高。

74. 对于试制产品,直流电阻测试误差超 30%,除怀疑制造质量问题外,还应怀疑(　　)。

75. 测量变压器变比,使用变比电桥法比双电压表法测量准确度(　　)。

76. 电抗器电感测试属(　　)试验项目。

77. 机车变压器谐波电抗器通常用于过滤(　　)Hz 的谐波。

78. 检查并绕导线间绝缘通常用(　　)兆欧表。

79. 壳式变压器通常铁心叠积厚度很高,需要将其划分为几部分,为降低损耗几部分之间需要(　　)。

80. 通常铁心叠装后,铁心端面片间高度参差不齐,要求不大于(　　)mm。

81. 用卷尺测量主变压器安装孔距,除测四个孔构成的四边形的长短边尺寸,还应测(　　)尺寸。

82. 瓷件表面缺釉则可能引起(　　)。

83. 瓷件伞边尺寸小,则可能引起(　　)。

84. 取变压器油样通常用(　　)容器。

85. 油耐压试验器电极间隙比标准间隙大,油的击穿电压值会(　　)。

86. 变压器感应耐压试验电源要采用频率较高的交流发电机,目的是避免主变压器出现(　　)。

87. 油耐压试验结束后,应断开电源,并(　　)防灰尘。

88. 取油样时,油面距杯口(　　)为宜。

89. 牵引变压器在真空注油之后放置一段时间,油位会略微下降的主要原因是(　　)。

90. 绝缘零件选择要从散热、绝缘和(　　)三方面考虑。

91. 引线有三个要求:电气性能、机械强度和(　　)要求。

92. 器身干燥处理过程中,抽真空可以大大(　　)干燥时间。

93. 采用冷轧硅钢片,特别是经过退火处理的冷轧硅钢片,能够(　　)变压器的噪声水平。

94. 如果变压器铁心硅钢片之间的绝缘损坏,那么在运行时将使铁心中的(　　)损耗增大,导致空载电流中的有功分量增大。

95. 真空干燥罐在启动真空初期,罐内温度会(　　)。

96. 电路处于(　　)状态,所在回路将有很大电流。

97. 操作油耐压试验器,使电压按每秒不大于(　　)的速度升高直到击穿为止。

98. 油耐压设备使用之前,外壳应可靠(　　)。

99. 变压器带油补焊应采用(　　),而不用气焊。

100. 一台变压器一次侧绕制时匝数少于设计值,那么同一额定电压作用下,空载运行时,该空载电流应较设计值(　　)。

101. 当变压器油箱内部压力释放后,压力释放阀可(　　)关闭。

102. 变压器铁心和绕组发热的主要原因分别是运行中的铁损和(　　)引起的。

103. 无取向硅钢片剪切时(　　)考虑轧制方向。

104. 真空泵应定期检查油位、及时排水(　　)。

105. F级绝缘是指绝缘漆的耐热温度为(　　)℃。

106. 变压器油的主要考核指标为击穿电压、水分、介电强度、介质损耗因数和(　　)。

107. IEC60310 标准规定在进行变比试验时,测量值允许的偏差为±0.5%,如果用电桥法测量变比,要求测量仪器的精度至少为(　　),且要求电桥内的电阻元件为纯电阻元件。

108. 引起误差的原因有(　　)、测量方法、环境、人员及被测量品的特点。

109. 变压器常用 PT100 作为监测油温的传感器,其中 PT 代表金属铂,100 代表在(　　)℃下该金属的电阻。

110. 变压器绝缘性能指标主要是指(　　)、介质损耗和绝缘强度。

111. 变压器的主绝缘通常指(　　)之间、线圈对地、引线对地的绝缘。

112. 变压器的纵绝缘包括绕组的匝绝缘、(　　)绝缘和段间绝缘。

113. 绝缘材料的基本性能包括电气性能、耐热性能、(　　)性能、化学性能。

114. 线圈必须具有足够的电气强度、(　　)和机械强度。

115. 变压器电能从原边传递到次边后(　　)将不会变化。

116. 变压器是通过(　　)进行能量传递的。

117. 对于耐热等级为 A 级的变压器其运行极限温度为(　　)℃。

118. 变压器的同名端与绕组的(　　)相关。

119. 一般变压器的铁损不随(　　)而变化。

120. 对于变压器如电源频率增加,则铁心损耗将(　　)。

121. 正常工作的理想变压器,其原副边线圈中数值一定相等的是频率和(　　)。

122. 一台理想变压器向负载 R 供电,当增大负载 R 的电阻时,原边线圈电流 I_1 与副边线圈电流 I_2 的关系是(　　)。

123. 用磁电式电压表测量线路两端电压,预计电压范围可能在 100～110 V 之间,电压表应选择的量程为(　　)。

124. 冬天在室外测量变压器绕组的直流电阻,使用的充电时间和在室内相比(　　)。

125. 当变压器在端子间发生短路时,短路电流的大小取决于变压器的电阻、阻抗及(　　)。

126. 绕组多根并绕导线间进行换位,是为了使每根导线在漏磁场中的(　　)尽可能相同。

127. 变压器绝缘的使用寿命和长期运行的温度有关,温度每升高(　　)℃,绝缘老化的寿命约降低一半。

128. 变压器温度升高时,绝缘电阻测量值(　　)。

129. 将输入电压为 220 V、输出电压为 6 V 的变压器改装成输出电压为 30 V 的变压器,副边线圈原来为 30 匝,如原边线圈匝数不变,则副边线圈应增加(　　)匝。

130. 某台降压变压器,原边输入 220 V,副边输出 22 V,若将副边线圈增加 100 匝后输出电压变为 33 V,则变压器原边线圈的匝数为(　　)。

131. 储油柜的主要作用是减少变压器与(　　)的接触面积,减缓变压器油的老化。

132. 测电笔只能用于对地电压小于(　　)以下的电路中。

133. 用一定的方式将零件装配在一起称为(　　)。

134. 换位导线按股间绝缘材料来分,可分为纸绝缘漆包换位导线和(　　)换位导线。

135. 兆欧表主要由(　　)比率型电子测量机构和测量线路等部分组成。

136. 变压器在电力系统中的作用是(　　)。

137. 变压器铁心必须接地,其接地点必须(　　)接地。

138. 多层圆筒式绕组层间设置油道,主要是为了(　　)。

139. 线圈浸漆主要考虑(　　)。

140. 变压器温度升高时,绝缘电阻测量值(　　)。

141. 变压器温度升高时,绕组直流电阻测量值(　　)。

142. 变压器油中水分增加可使油的介质损耗因数(　　)。

143. 通过(　　)试验的数据可以求变压器的阻抗电压。

144. 油浸式变压器绕组温升限度为(　　)。

145. 用工频耐压试验可考核变压器的(　　)。

146. 基准代号由基准符号、(　　)、连线和字母组成。

147. 在零件图上标注形位公差时,当被测要素为轮廓线时,指引线的箭头应指在该要素的轮廓线或其引出线上,并且明显地与(　　)错开。

148. 对称度公差是用以限制被测中心要素偏离(　　)的一项指标。

149. 在三相交流电路中,负载的连接方法有(　　)和三角形连接两种方式。

150. 用一只元件有功功率表测量三相平衡的低压大电流三相电路的功率,电流互感器变流比为 K_i,则三相电路的实际功率应为该功率表的读数的(　　)倍。

151. 电动式功率表指针反偏时,应将(　　)线圈反接。

152. 现场上常用一种钳形电流表,是(　　)和电流表装在一起的电表。

153. 选择互感器的电流比的依据是被测电流的(　　)。

154. Q3V 型电压表的光标偏向一边,调零不起作用,这是由于可动部分(　　)。

155. 聚酯有机硅浸渍漆(1054)耐热等级为(　　)。

156. 聚酰亚胺薄膜(简称 PI 薄膜)具有在高温下能承受(　　)的性能,因此适用于机车电机、变压器绕组间的绝缘。

157. 绝缘胶是一种(　　)很大的胶粘材料,它与绝缘漆的区别,仅在于它的组成中不含有挥发性的溶剂。

158. 绝缘粘带是由基材涂以(　　),经加工制成的带状绝缘材料。

159. 绝缘粘带的规格用(　　)来表示。

160. 互感器制造典型工序的工艺规程应包括(　　)铁心叠装工艺规程、线圈套装及总组

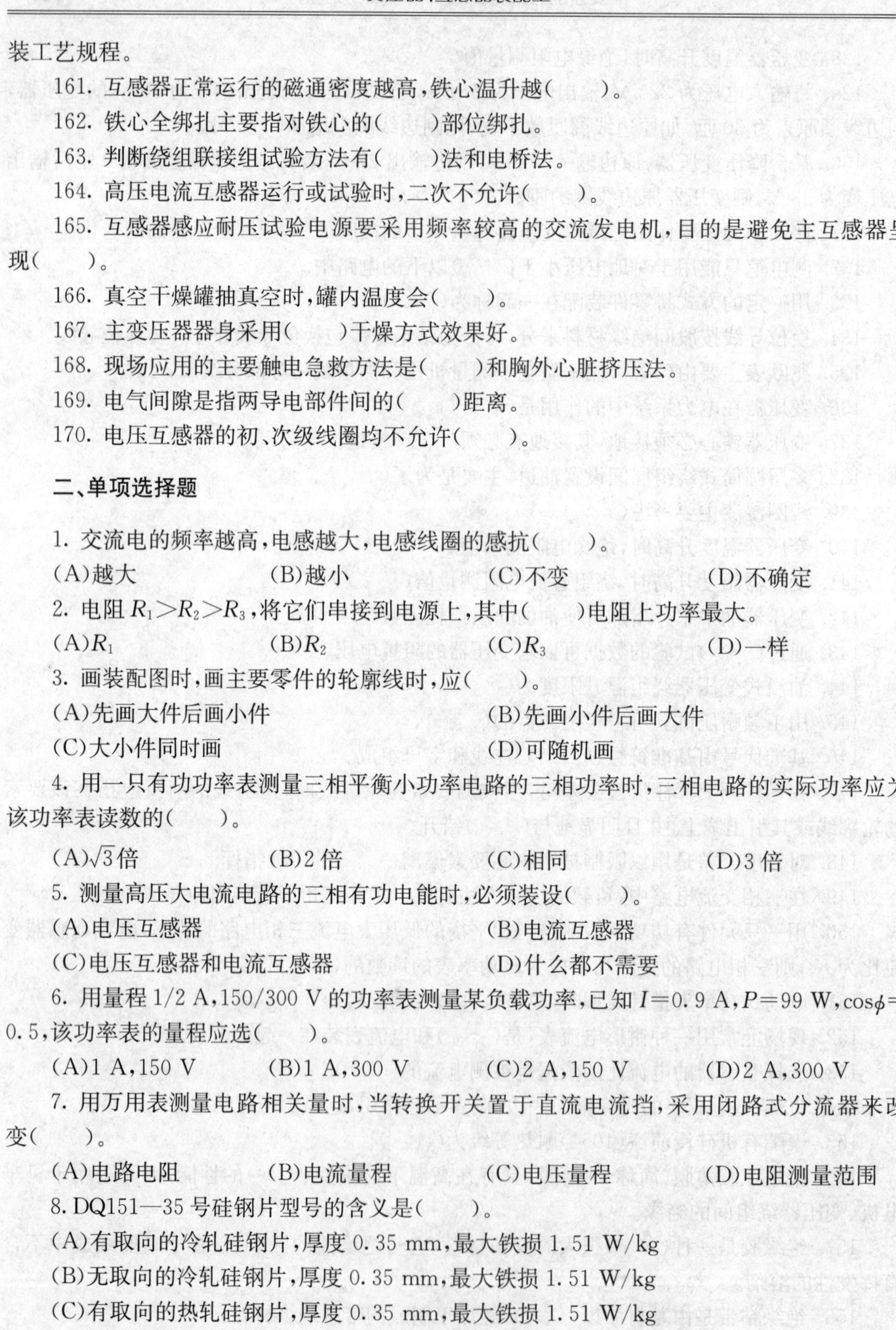

装工艺规程。

161. 互感器正常运行的磁通密度越高，铁心温升越(　　)。

162. 铁心全绑扎主要指对铁心的(　　)部位绑扎。

163. 判断绕组联接组试验方法有(　　)法和电桥法。

164. 高压电流互感器运行或试验时，二次不允许(　　)。

165. 互感器感应耐压试验电源要采用频率较高的交流发电机，目的是避免主互感器呈现(　　)。

166. 真空干燥罐抽真空时，罐内温度会(　　)。

167. 主变压器器身采用(　　)干燥方式效果好。

168. 现场应用的主要触电急救方法是(　　)和胸外心脏挤压法。

169. 电气间隙是指两导电部件间的(　　)距离。

170. 电压互感器的初、次级线圈均不允许(　　)。

二、单项选择题

1. 交流电的频率越高，电感越大，电感线圈的感抗(　　)。

(A)越大　(B)越小　(C)不变　(D)不确定

2. 电阻 $R_1>R_2>R_3$，将它们串接到电源上，其中(　　)电阻上功率最大。

(A)R_1　(B)R_2　(C)R_3　(D)一样

3. 画装配图时，画主要零件的轮廓线时，应(　　)。

(A)先画大件后画小件　(B)先画小件后画大件

(C)大小件同时画　(D)可随机画

4. 用一只有功功率表测量三相平衡小功率电路的三相功率时，三相电路的实际功率应为该功率表读数的(　　)。

(A)$\sqrt{3}$倍　(B)2倍　(C)相同　(D)3倍

5. 测量高压大电流电路的三相有功电能时，必须装设(　　)。

(A)电压互感器　(B)电流互感器

(C)电压互感器和电流互感器　(D)什么都不需要

6. 用量程 1/2 A，150/300 V 的功率表测量某负载功率，已知 $I=0.9$ A，$P=99$ W，$\cos\phi=0.5$，该功率表的量程应选(　　)。

(A)1 A，150 V　(B)1 A，300 V　(C)2 A，150 V　(D)2 A，300 V

7. 用万用表测量电路相关量时，当转换开关置于直流电流挡，采用闭路式分流器来改变(　　)。

(A)电路电阻　(B)电流量程　(C)电压量程　(D)电阻测量范围

8. DQ151—35 号硅钢片型号的含义是(　　)。

(A)有取向的冷轧硅钢片，厚度 0.35 mm，最大铁损 1.51 W/kg

(B)无取向的冷轧硅钢片，厚度 0.35 mm，最大铁损 1.51 W/kg

(C)有取向的热轧硅钢片，厚度 0.35 mm，最大铁损 1.51 W/kg

(D)有取向的冷轧硅钢片，厚度 1.51 mm，最大铁损 0.35 W/kg

9. HXD2 系列电力机车牵引变压器采用(　　)型号的变压器油。

(A)10 (B)25 (C)45 (D)40

10. 三相可控整流电路中,输出电压高低是由调节(　　)实现的。

(A)触发脉冲幅值 (B)触发脉冲频率 (C)触发脉冲相位 (D)以上三因素都有

11. 交流电通过整流电路后,得到的输出电压是(　　)。

(A)交流电压 (B)恒定直流电压 (C)脉动直流电压 (D)不确定

12. 过渡配合的特点在于(　　),但其绝对值很小。

(A)只可能产生过盈 (B)只可能产生间隙

(C)可能产生过盈,也可能产生间隙 (D)无间隙配合

13. 当同一基本尺寸的轴上需要安装上不同配合性质的零件,选用(　　)常常更便于加工和装配。

(A)基准制 (B)基轴制 (C)基孔制 (D)以上都不对

14. 球墨铸铁的牌号以"球铁"二字的汉语拼音字首"QT"与两组数字表示。两组数字分别表示单铸试块抗拉强度σ_b与断后伸长率δ的(　　)值。

(A)最小 (B)最大

(C)平均 (D)最大与最小的差值

15. (　　)主要用于修整工件上的细小部分。

(A)普通锉刀 (B)特种锉 (C)整形锉 (D)都可以

16. 在交流回路中,若电感占主要成分,回路中的电压就(　　)电流的角度。

(A)超前 (B)滞后 (C)等于 (D)不确定

17. 电容对于直流相当于(　　)。

(A)短路 (B)开路 (C)电阻 (D)负载

18. 在日常居民用电回路中,需设(　　)电路保护。

(A)开路 (B)短路 (C)开路和短路 (D)都不需要

19. 指示值与被测量的实际值之间的差值叫做(　　)。

(A)绝对误差 (B)相对误差 (C)标准相对误差 (D)引用误差

20. 由于测量方法不够完善,所依据的理论不严密所产生的误差叫(　　)。

(A)工具误差 (B)方法误差 (C)随机误差 (D)引用误差

21. 一台电压为 6 300/400 V,Y,yn0 联结的三相变压器,如果要接在电压为 10 000 V 的电源上使用,必须(　　)。

(A)减少一次绕组匝数 (B)增加一次绕组匝数

(C)减少二次绕组匝数 (D)增加二次绕组匝数

22. 电源频率增加一倍,变压器绕组的感应电势(　　)。

(A)增加一倍 (B)不变 (C)是原来的 1/2 (D)略有增加

23. 选择以下不属于工艺规程要素的一项(　　)。

(A)工序号 (B)部件重量 (C)部件名称 (D)设备工艺装备

24. 以下哪项不属于变压器工艺规程(　　)。

(A)线圈绕制工艺规程 (B)电流互感器浇注工艺规程

(C)引线焊接工艺规程 (D)螺杆加工工艺规程

25. 线圈中的油道起(　　)作用。

(A)散热　(B)绝缘　(C)增加爬电距离　(D)散热、绝缘

26. 变压器温度升高时，绕组直流电阻测量值(　　)。

(A)增大　(B)降低　(C)不变　(D)成比例增长

27. 变压器器身上的铁压圈开口目的是(　　)。

(A)避免形成短路匝　(B)减轻铁压圈重量

(C)便于从中引线　(D)美观

28. 以下(　　)是非导磁材料。

(A)铁　(B)取向硅钢片　(C)无取向硅钢片　(D)不锈钢

29. 以下哪项不是变压器引线焊接常用方法(　　)。

(A)电阻焊　(B)电焊　(C)气焊　(D)氩弧焊

30. 电阻焊加热原理与以下哪项有关(　　)。

(A)电磁感应定律　(B)安培定律　(C)欧姆定律　(D)牛顿第一定律

31. 中频发电机组用于以下哪项试验(　　)。

(A)感应耐压　(B)空载试验　(C)冲击试验　(D)工频耐压

32. 工频发电机组用于以下哪项试验(　　)。

(A)感应耐压　(B)工频耐压　(C)空载试验　(D)负载试验

33. 变压器空载合闸电流之所以很大是由于变压器(　　)现象引起的。

(A)铜损耗　(B)涡流　(C)无负载　(D)铁心饱和

34. 无取向硅钢片一般用于(　　)铁心。

(A)变压器　(B)电抗器　(C)电流互感器　(D)电压互感器

35. 无碱玻璃丝带绑扎后烘干最佳温度为(　　)。

(A)室温　(B)(105±5)℃　(C)(120±5)℃　(D)(50+5)℃

36. 硅钢片漆膜电阻值增大对以下哪项有影响(　　)。

(A)铁心接地　(B)空载损耗　(C)负载损耗　(D)叠片系数

37. 空载电流的大小、波形与(　　)有关。

(A)变压器的运行方式　(B)变压器铁心的饱和程度

(C)铁心的材料　(D)铁心片厚度

38. 变压器铁损增加的原因大多是(　　)。

(A)硅钢片短路，以及加工工艺方面的原因　(B)多片、少片

(C)电流过大　(D)接地不良

39. 以下哪项需在线圈套装前测铁心空载损耗(　　)。

(A)平波电抗器　(B)滤波电抗器　(C)变压器　(D)电流互感器

40. 其他参数不变，增加高、低压绕组间的主绝缘距离，阻抗电压值将(　　)。

(A)减小　(B)增大　(C)不变　(D)不确定

41. 1504 气干漆通常使用(　　)来稀释。

(A)丙酮　(B)二甲苯　(C)三乙醇胺　(D)汽油

42. 解除微机控制变压法干燥罐真空，以下哪种方法最佳(　　)。

(A)打开手旋阀，打开微机控制充气阀　(B)打开手旋阀

(C)打开微机控制充气阀　(D)缓慢打开罐门

43. 在器身真空干燥过程中,绕组绝缘电阻值变化的趋势是(　　)。
(A)持续上升　(B)先上升,后下降
(C)先下降,后上升　(D)先不变,后上升
44. 同一绕组各引出线间的绝缘属(　　)。
(A)外绝缘　(B)半绝缘　(C)主绝缘　(D)纵绝缘
45. 绝缘电阻吸收比 R_{60}/R_{15} 反映变压器器身的(　　)。
(A)干燥程度　(B)绝缘性能　(C)线圈的电阻　(D)线圈变比
46. 变压器引线焊接质量如果达不到要求,将会直接增加变压器的(　　)。
(A)空载损耗　(B)涡流损耗　(C)附加损耗　(D)铜损耗
47. 牵引变压器铜板线圈浸漆主要作用是(　　)。
(A)增加匝间绝缘　(B)防止铜板对油的老化的催化
(C)防止铜板表面异物直接进入油内　(D)防护铜板边缘锐棱
48. 铜排表面和引线绝缘包扎后通常刷(　　)漆。
(A)1032 漆　(B)环氧树脂漆　(C)聚酯漆　(D)1504 漆
49. 牵引变压器某两个绕组与高压绕组联结组标识为 I,I_0、I_6,其意义为(　　)。
(A)两绕组电压相位与高压绕组电压相位相同
(B)两绕组电压相位与高压绕组电压相位差 180°
(C)一绕组与高压绕组电压相位相同,另一绕组与高压绕组电压相位差 180°
(D)一绕组与高压绕组电压相位相同,另一绕组与高压绕组电压相位差 90°
50. 引线焊接前进行联结组试验的目的是(　　)。
(A)检查线圈匝数是否正确　(B)检查线圈绕向及套装是否正确
(C)检查线圈变比是否正确　(D)检查线圈绝缘性能
51. 对标识为 I,I_0 牵引变压器做联结组试验时,从原边送入 250 V 工频电压,测试点电压要求(　　)。
(A)250 V　(B)100 V　(C)<250 V　(D)<100 V
52. 引线焊接后进行联结组试验的目的是(　　)。
(A)检查引线焊接是否正确　(B)检查线圈匝数是否正确
(C)检查线圈绝缘性能　(D)检查线圈绕向及套装是否正确
53. 变压器保压试验的目的是(　　)。
(A)检查变压器有无渗漏　(B)检查油箱耐压情况
(C)加压使油快速渗透绝缘体　(D)检查油耐压
54. 下列缺陷中能够由工频耐压试验考核的是(　　)。
(A)绕组匝间绝缘损伤
(B)绕组层间绝缘损伤
(C)高压绕组与低压绕组引线之间绝缘薄弱
(D)换位导线股间损伤
55. 电力机车牵引变压器保压试验通常注入(　　)压力,规定时间内残压不小于(　　)且无渗漏,认为合格。
(A)0.5 MPa,0.3 MPa　(B)0.05 MPa,0.03 MPa

(C)0.1 MPa,0.05 MPa (D)0.2 MPa,0.05 MPa

56. 变压器油位以温度刻度指示,表示油位表标记与相应( )一致。
(A)变压器油温 (B)环境温度 (C)温升 (D)油标处的温度

57. 若器身冲洗装置油型号不符,那么可以用( )吹扫器身。
(A)氧气 (B)乙炔 (C)压缩空气 (D)氩气

58. 变压器油简化理化试验油样,( )时候取。
(A)注油前从罐内 (B)试验前从变压器内
(C)感应耐压后从变压器内 (D)全部试验完成后,从变压器内

59. 新变压器油的酸值一般是( )。
(A)0.03 (B)0.06 (C)0.09 (D)0.12

60. 变压器油泵内一般不允许存在气体,否则( )。
(A)损耗电机 (B)影响油流油量
(C)电机发热 (D)空气将进入油箱,导致保护装置误动作

61. 变压器储油柜的作用是( )。
(A)保证油面高度,减少油面与空气接触面 (B)装多余的变压器油
(C)散热 (D)装油位计

62. 变压器注油时为什么缓慢好( )。
(A)避免外溢 (B)有利于气泡排出
(C)有利于油的过滤 (D)防止油箱受压变形

63. 牵引变压器真空注油工艺上要求时间不小于( )h。
(A)1 (B)2 (C)6 (D)8

64. 浇注电力机车高压电流互感器时,为提高环氧树脂胶的强度,通常加入( )。
(A)石英砂 (B)树脂砂 (C)滑石粉 (D)801胶

65. 变压器出线端子底板选用不锈钢材料的主要原因是( )。
(A)强度要求 (B)防锈
(C)防止因导磁产生环流 (D)防止电腐蚀

66. 变压器运行中出现油温过高,以下最不可能的原因是( )。
(A)油泵故障 (B)冷却风机故障
(C)变压器绕组故障 (D)吸湿器变色

67. 牵引变压器在变比试验时,多数绕组超上差或超下差,可能的原因是( )。
(A)原边绕组多匝 (B)原边绕组少匝
(C)次边绕组多匝 (D)匝间短路

68. 对于定型产品,若某次测量直流电阻超差,那么首先应怀疑( )。
(A)绕圈多匝少匝 (B)线圈导线用错
(C)引线焊接不良 (D)导线材质问题

69. 绕组直流电阻通常给定的误差范围为( )。
(A)±10% (B)±5% (C)±0.5% (D)±1%

70. 变压器变比试验通常给定的误差范围为( )。
(A)±5% (B)±8% (C)±0.5% (D)±0.05%

71. 某次变压器变比试验中,多数绕组变比值异常,有超上限,有超下限;那么变压器可能存在以下哪一问题(　　)。

(A)某一绕组多匝少匝　(B)存在匝间短路
(C)存在断路　(D)某一绕组导线用错

72. 电力机车牵引变压器空载电流误差范围为(　　)。

(A)+30%　(B)±30%　(C)+15%　(D)±15%

73. 电力机车牵引变压器空载损耗误差范围为(　　)。

(A)+30%　(B)±30%　(C)+15%　(D)±15%

74. 电力机车牵引变压器吸收比要求高压(　　),低压(　　)。

(A)1.3,1.3　(B)≥1.3,≥1.3　(C)1.5,1.3　(D)≥1.5,≥1.3

75. 变压器运用中过载保护装置采集(　　)信号。

(A)电压　(B)电流　(C)频率　(D)温度

76. 以下哪一牵引变压器保护部件在故障时具有切除高压断路器的功能(　　)。

(A)油流继电器　(B)压力释放阀　(C)温度继电器　(D)温度传感器

77. 电力机车牵引变压器感应耐压试验检查变压器的(　　)。

(A)主绝缘,纵绝缘　(B)主绝缘,外绝缘
(C)纵绝缘,外绝缘　(D)外绝缘,半绝缘

78. 电力机车牵引变压器感应耐压试验,原边感应电压为(　　)kV。

(A)25　(B)10　(C)6　(D)60

79. 气隙厚度尺寸通常应用(　　)测量。

(A)卷尺　(B)卡尺　(C)钢直尺　(D)千分尺

80. 通常心式变压器铁心柱截面的理想形状是(　　)。

(A)圆形　(B)矩形　(C)椭圆形　(D)日字形

81. 壳式变压器铁心截面形状是(　　)。

(A)圆形　(B)矩形　(C)椭圆形　(D)梯形

82. 变压器芯柱直径尺寸通常用(　　)测。

(A)卷尺　(B)钢直尺　(C)卡尺　(D)千分尺

83. 测量变压器铁心窗口最适合用以下(　　)测。

(A)卷尺　(B)卡尺　(C)千分尺　(D)环规

84. 变压器绕组导线厚度通常用(　　)测量。

(A)钢直尺　(B)卡尺　(C)千分尺　(D)塞尺

85. 测量硅钢片厚度通常用(　　)。

(A)卡尺　(B)钢直尺　(C)卷尺　(D)千分尺

86. 如果两相同电抗器相距较远,相互间没有磁的联系时,那么串联时电感值是单个的(　　)倍,并联时电感值是单个的(　　)倍。

(A)2,1/2　(B)2,2　(C)1/2,2　(D)1/2,1/2

87. 如果两台相同电抗器叠放在一起串联连接,两个绕组所产生的磁场是相互加强时,那么总电感值$L_{总}$与单个电感值$L_{单}$的关系是(　　)。

(A)$L_{总}=2L_{单}$　(B)$L_{总}>2L_{单}$　(C)$L_{总}=L_{单}$　(D)$L_{总}<L_{单}$

88. 如果两台电抗器并联，且电流产生的磁场是相互加强的，那么总电感值 $L_{总}$ 与单个电感值 $L_{单}$ 的关系是(　　)。

(A)$L_{总}=2L_{单}$　(B)$L_{总}>2L_{单}$　(C)$L_{总}=L_{单}$　(D)$L_{总}<L_{单}$

89. 以下哪种橡胶密封垫不具备耐油的特性(　　)。

(A)丁腈橡胶　(B)氢化丁腈橡胶　(C)氟硅橡胶　(D)硅橡胶

90. 镀银端子长时间暴露在空气中，镀银层表面会变得发乌，这是因为(　　)。

(A)表面氧化　(B)灰尘污染　(C)接触电阻大　(D)端子承受大电压

91. 取油样器具用(　　)清洗。

(A)无水酒精　(B)丙酮　(C)汽油　(D)甲苯

92. 取油样器具清洗后用(　　)擦拭。

(A)白布　(B)棉纱　(C)软纸　(D)绸布

93. 取油样通常从变压器的(　　)部位取。

(A)下部　(B)上部　(C)中部　(D)任意部位

94. 做变压器油电气绝缘强度试验，500 mL 广口瓶取(　　)瓶。

(A)1 瓶　(B)2 瓶　(C)3 瓶　(D)4 瓶

95. 做变压器油理化试验，500 mL 广口瓶取(　　)瓶。

(A)1 瓶　(B)2 瓶　(C)3 瓶　(D)4 瓶

96. 标准油耐压试验器电极间隙应保证在(　　)。

(A)1 mm　(B)2 mm　(C)2.5 mm　(D)5 mm

97. 测量电极间隙时可用(　　)。

(A)卡尺　(B)千分尺　(C)塞尺　(D)钢直尺

98. 油的耐压试验值是指几次试验击穿电压值的(　　)。

(A)最高值　(B)最低值　(C)算术平均值　(D)最后一次击穿值

99. 钢的碳含量对其焊接性的影响(　　)。

(A)最明显　(B)不明显

(C)有时明显，有时不明显　(D)无影响

100. 立体划线一般要选择(　　)个划线基准。

(A)1　(B)2　(C)3　(D)4

101. 下图 1 所示千分尺的读数为(　　)mm。

(A)4.400　(B)4.900　(C)4.40　(D)5.400

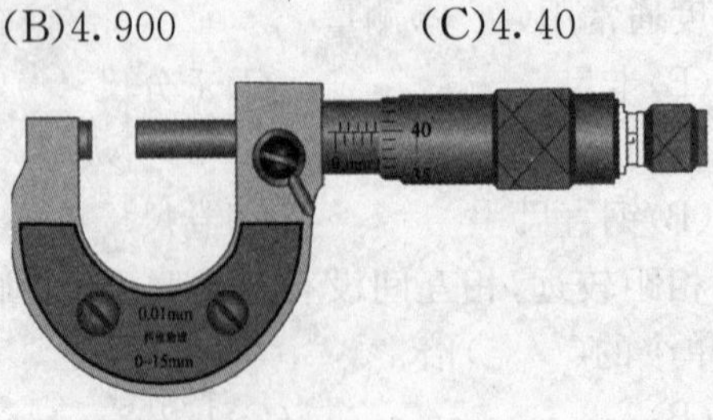

图　1

102. 线圈在干燥过程中，原则上不能打开炉门或中途停止加热，若因设备或其他原因中断了干燥过程，则应视中断时间适当延长干燥时间，若中断时间在 4 h 以内，延长时间为中断

时间的(　　)倍。

(A)1　　(B)2　　(C)3　　(D)4

103. 油泵安装时,应先用 500 V 的兆欧表检测油泵接线端子对地绝缘,阻值大于(　　)以上判定合格。

(A)0.01 MΩ　　(B)0.1 MΩ　　(C)1 MΩ　　(D)10 MΩ

104. NOMEX 纸的耐热等级属于(　　)。

(A)A 级　　(B)B 级　　(C)F 级　　(D)H 级

105. 温度为 t℃时测量的绕组直流电阻为 R_t,换算到 85℃的计算公式为(　　)。

(A)$R_{85}=R_t\ \dfrac{235+85}{235+t}$　　(B)$R_{85}=R_t\ \dfrac{225+85}{225+t}$

(C)$R_{85}=R_t\ \dfrac{215+85}{215+t}$　　(D)$R_{85}=R_t\ \dfrac{205+85}{205+t}$

106. 主变压器感应耐压试验时高压 A 端子感应的电压为(　　)。

(A)25 kV　　(B)60 kV　　(C)70 kV　　(D)75 kV

107. 当被测导线在一电流互感器孔中直接穿过时,其变比为 600/5 A;若被测导线在孔中穿绕了 3 次,则此时的变比应为(　　)。

(A)600/5 A　　(B)300/5 A　　(C)200/5 A　　(D)100/5 A

108. 某三相异步电动机的额定电压为 380 V,则其交流耐压试验最可能为(　　)。

(A)380 V　　(B)500 V　　(C)1 000 V　　(D)1 760 V

109. 已知某电桥桥臂电阻由四节可调电阻串联而成,每节又由 9 只相同的电阻组成,第一节为 9 个 1 Ω,第二节为 9 个 10 Ω,第三节为 9 个 100 Ω,第四节为 9 个 1 000 Ω,如用此电桥测量大约只有几欧姆的电阻,其比率应选(　　)。

(A)10^{-3}　　(B)10^{-2}　　(C)1　　(D)10^3

110. 兆欧表有"L"、"E"、"G"三个接线柱,其中 G (　　)必须用。

(A)在每次测量时

(B)在要求测量精度较高时

(C)当被测绝缘电阻表面不干净时,为测量电阻

(D)以上均不对

111. 用电压表测电压时所产生的测量误差,其大小取决于(　　)。

(A)准确度等级　　(B)准确度等级和选用的量程

(C)所选用的量程　　(D)电压表的质量

112. 有一组正弦交流电压,其瞬时值表达式如下:$u_1=U_m\sin(314t+60°)$;$u_2=U_m\sin(314t+150°)$;$u_3=U_m\sin(314t-120°)$;$u_4=U_m\sin(314t-300°)$,其中相位相同的是(　　)。

(A)u_1 和 u_2　　(B)u_1 和 u_3　　(C)u_1 和 u_4　　(D)u_2 和 u_4

113. 根据法拉第电磁感应定律 $e=-N\cdot\Delta\Phi/\Delta t$ 求出的感生电动势,是在 Δt 这段时间内的(　　)。

(A)平均值　　(B)瞬时值　　(C)有效值　　(D)峰值

114. 已知 $u=U_m\sin\omega t$ 第一次到达最大值的时刻是 0.05 s,则第二次达到最大值应

在(　　)。

(A)0.1 s　(B)0.15 s　(C)0.25 s　(D)0.5 s

115. 测量阻值约为0.05 Ω的电阻应使用(　　)。

(A)直流单臂电桥　(B)直流双臂电桥　(C)万用表　(D)交流电桥

116. 线圈产生感生电动势的大小正比于通过线圈的(　　)。

(A)磁通量　(B)磁通量的变化率

(C)磁通量的大小　(D)与磁通无关

117. 变压器的额定功率,是指在铭牌上所规定的额定状态下变压器的(　　)。

(A)输入有功功率　(B)输出有功功率

(C)输入视在功率　(D)输出视在功率

118. 金属材料在外力作用下抵抗变形和破坏的能力,是金属材料的(　　)机械性能。

(A)强度　(B)弹性　(C)塑性　(D)耐性

119. 轨道列车的RAMS要求产品除了具有高的可靠性以外,还必须具有良好的维修性,这是为了提高产品的(　　)。

(A)可用性　(B)可靠性　(C)可维修性　(D)安全性

120. 耐热等级是指绝缘材料在正常运用条件下允许的(　　)工作温度等级。

(A)最低　(B)平均　(C)最高　(D)极限

121. 电流互感器二次侧(　　)熔丝。

(A)必须接　(B)不允许接

(C)可以接可以不接　(D)应该接合适的

122. 以下哪一项不属于互感器工艺规程(　　)。

(A)线圈绕制工艺规程　(B)电流互感器浇注工艺规程

(C)引线焊接工艺规程　(D)螺杆加工工艺规程

123. 为满足变压器装配要求,常用以下哪一种装配方法(　　)。

(A)完全互换法　(B)选配法　(C)调配法　(D)修配法

124. 浇注高压电流互感器,配制环氧树脂胶,环氧树脂胶的正确配比是环氧树脂∶650聚酰胺固化剂∶石英砂为(　　)。

(A)100∶50∶35　(B)100∶100∶35　(C)100∶35∶50　(D)50∶35∶100

125. ①绕线模;②放线架;③滴漆架;④换位扳手;⑤剪板机,属于线圈绕制常用工装的是(　　)。

(A)①+②+③　(B)①+②+④　(C)②+③+④　(D)③+④+⑤

126. 铁心饱和点以下,随着电流增加,电磁感应强度和磁通如何变化(　　)。

(A)磁感应强度不变,磁通增大　(B)磁感应强度增大,磁通不变

(C)磁感应强度增大,磁通增大　(D)二者均不变

127. 为改善硅钢片内应力,恢复原有磁性,以下哪一部件在组装后必须进行退火(　　)。

(A)变压器铁心　(B)电抗器铁心

(C)高压电流互感器铁心　(D)铁心夹件

128. 硅钢片的电阻率ψ随含硅量的增加(　　),因此含硅量高的硅钢片涡流损耗(　　)。

(A)增加,小　(B)减小,小　(C)增加,大　(D)减小,大

129. 以下哪项不是变压法干燥的特点(　　)。

(A)缩短干燥时间　(B)提高干燥质量

(C)实现自动化控制　(D)芯式、壳式变压器同炉烘干

130. 考虑器身进箱定位准确,应对底脚孔距进行(　　)方向检查。

(A)长度　(B)宽度

(C)对角线　(D)长度、宽度、对角线

131. 电流互感器的误差主要是由(　　)造成的。

(A)制造原因　(B)励磁电流　(C)铁心材料　(D)导线材料

132. 电力机车用高压电流互感器误差试验允许误差值的范围是(　　)。

(A)±5%　(B)±10%　(C)±15%　(D)±1%

133. 测量硅钢片长度通常用(　　)。

(A)卡尺　(B)钢直尺　(C)卷尺　(D)千分尺

134. 电流互感器的电流与匝数(　　)。

(A)成正比　(B)成反比　(C)无关　(D)都不对

135. 互感器用硅钢片做成各种形状的铁心,主要是利用硅钢片的(　　)。

(A)高导磁性能　(B)磁饱和性能　(C)磁滞性能　(D)剩磁性能

136. 当互感器突发短路时,产生的短路电磁力为正常运行时的(　　)。

(A)数百倍　(B)数千倍　(C)十多倍　(D)数十倍

137. 机械图样中的图线分为粗细两种,粗线宽度为 b,可在 0.5～2 mm 之间选取,细线宽度约为(　　)。

(A)$0.1b$　(B)$0.9b$　(C)$b/5$　(D)$b/3$

138. 当磁通密度 B_m 一定,铁心截面积 A_t 增大时,绕组每匝电压(　　)。

(A)增大　(B)减小　(C)不变　(D)基本不变

139. 电流的大小和方向都不随时间的变化而改变,称为(　　)。

(A)交流电　(B)直流电　(C)脉流电　(D)交直电

140. 密封橡胶垫压紧后,一般要求压缩后的厚度为原厚度的(　　)左右。

(A)1/3　(B)1/2　(C)2/3　(D)1/4

141. 在载荷作用下,抵抗变形和破裂的能力,称为金属材料的(　　)。

(A)强度　(B)塑性　(C)韧性　(D)硬度

142. 当互感器绕组中通过电流时,绕组受电磁力的作用,电磁力的大小取决于(　　)。

(A)电压　(B)漏磁通密度

(C)主磁通　(D)漏磁通密度与电流的乘积

143. 反映磁场中某一区域磁场强弱的物理量是(　　)。

(A)磁通量　(B)磁感应强度　(C)磁场强度　(D)磁导率

144. 变压器一次侧绕组匝数一定时,铁心内的主磁通 Φ_m 大小是由(　　)决定的。

(A)磁路材料、性质、尺寸　(B)外加电源电压

(C)外加电源电压和频率　(D)外加电源的频率

145. 安全电压一般规定为低于(　　)的电压。

(A)25 V (B)36 V (C)72 V (D)220 V

146. 互感器绕组通过电流时，绕组将产生电磁力，电磁力的大小与( )成正比。

(A)电流 (B)漏磁通密度 (C)主通密度 (D)电流的平方

147. 可以通过互感器的( )试验数据求出变压器的负载损耗。

(A)空载试验 (B)感应耐压试验 (C)电压比试验 (D)短路试验

148. 用环氧树脂作为浇注和绝缘填充材料时，一般要加入石英粉，加入石英粉的目的是( )。

(A)增加强度，节省材料费用 (B)增加强度

(C)节省材料费用 (D)为了美观

149. 互感器二次绕组短时工频耐压试验，试验电压及时间为( )。

(A)5 kV，1 min (B)5 kV，5 min (C)3 kV，1 min (D)3 kV，5 min

150. 互感器在做工频耐压试验时，其施加电压的大小取决于( )。

(A)变比 (B)绝缘水平 (C)额定输出 (D)准确级

三、多项选择题

1. 牵引变压器感应耐压试验，电压频率可以为( )。

(A)60 Hz (B)150 Hz (C)200 Hz (D)50 Hz

2. 两台变压器并联运行的条件是( )。

(A)阻抗相同 (B)连接组相同

(C)原副边电压相同 (D)容量相同

3. 变压器负载变化时，以下( )基本不变。

(A)铁心磁通 (B)绕组电势 (C)励磁电流 (D)损耗

4. 多根并绕导线间进行换位，是为了使每根导线在漏磁场中的( )尽可能相同。

(A)长度 (B)所处位置 (C)电阻 (D)电感

5. 对绝缘漆的基本要求是涂覆在电气零部件上，对其提供的( )保护。

(A)散热 (B)机械 (C)环境 (D)电阻

6. 铁心绑扎配制环氧树脂胶，选择正确的一组配方是( )。

(A)环氧树脂 (B)二甲苯 (C)工业酒精

(D)甲醇 (E)三乙醇胺 (F)甲苯

7. 以下属于变压器型式试验项目的是( )。

(A)雷电冲击试验 (B)感应耐压试验 (C)温升试验 (D)噪声测试

8. 铁心饱和点以下，随着电流增加，下面描述正确的是( )。

(A)磁感应强度不变 (B)磁通增大

(C)磁感应强度增大 (D)磁通不变

9. 以下电抗器可以实现的作用是( )。

(A)限流 (B)稳流 (C)变频 (D)无功补偿

10. 通过调整主绝缘间隙尺寸来增大变压器阻抗电压，以下错误的是( )。

(A)变压器损耗将增加 (B)变压器损耗将降低

(C)变压器容量将增加 (D)变压器容量将减少

11. 正常工作的理想变压器原、副线圈中,数值上一定相等的是(　　)。

(A)电流的频率　(B)匝电压　(C)电流的有效值　(D)电功率

12. 选取绝缘材料时应考虑的基本性指标有(　　)。

(A)电气性能　(B)耐热性能　(C)机械强度　(D)化学性能

13. 以下可以选择作为 F 级绝缘材料的有(　　)。

(A)环氧树脂　(B)层压木　(C)Nomex 纸　(D)酚醛树脂

14. 变压器的主绝缘通常是指(　　)。

(A)线圈之间　(B)线圈对地　(C)引线之间　(D)绕组匝间

15. 变压器绝缘性能指标主要是指(　　)。

(A)直流电阻　(B)介质损耗　(C)绝缘强度　(D)机械强度

16. 引起误差的原因有(　　)。

(A)测量设备　(B)环境因素　(C)设计原因　(D)测量方法

17. 用于保护变压器的器件有(　　)。

(A)压力释放阀　(B)油流继电器　(C)油位指示器　(D)瓦斯继电器

18. 下列关于理想变压器的说法中正确的是(　　)。

(A)输入功率等于输出功率

(B)输送的电能经变压器转化为磁场能后再转化为电能

(C)输送的电能经变压器转化为电场能后再转化为电能

(D)输送的电能经变压器铁心直接传输过去

19. 变压器按用途可分为(　　)。

(A)电力变压器　(B)特种变压器　(C)互感器　(D)防爆变压器

20. 电力变压器按冷却介质不同分为(　　)。

(A)干式　(B)油浸式　(C)电子变压器　(D)风冷

21. 远距离输送电能的过程中,需要(　　)才能将发电厂发电机发出的电能输送到负荷区,并适合于用电设备使用实现电能的传输和分配。

(A)升压变压器　(B)降压变压器　(C)特种变压器　(D)互感器

22. 为了防止电缆接线端头温度升高,应采取如下措施(　　)。

(A)与导电元件之间不应使用垫圈

(B)与导电元件之间应使用垫圈

(C)两个零部件的金属表面材料应匹配、接合良好,经过预处理,并应保持清洁

(D)螺栓不能用作导体

23. 下列需做防松标识的是(　　)。

(A)紧固件规格≥M6　(B)图纸上有扭矩要求

(C)单独的密封垫　(D)都不需要

24. 在带电灭火的过程中,可以使用(　　)。

(A)泡沫灭火器　(B)干粉灭火器

(C)二氧化碳灭火器　(D)以上都可以

25. 铜导线具有(　　)的特性。

(A)不易被氧化　(B)易折弯　(C)电阻较小　(D)不易折弯

26. 变压器绝缘老化表现为绝缘材料的(　　)逐步下降。

(A)机械性能　(B)电气性能　(C)导电性能　(D)无影响

27. 引起变压器油温升高的原因包括牵引电流波形严重畸变、匝间短路、(　　)、铁心片间绝缘损坏、涡流增大等。

(A)通风受阻　(B)风机故障　(C)油路阻塞　(D)噪声过大

28. 批量生产同一型号变压器,应保证(　　)的一致性,以达到互换性。

(A)安装尺寸　(B)使用部件　(C)电气布线　(D)变压器油

29. 下列导线属于裸导线的是(　　)。

(A)导电杆　(B)铜排　(C)铜编织线　(D)电缆

30. 下列属于国际单位制的是(　　)。

(A)mm　(B)kg　(C)s　(D)A

31. 下面是电功率单位的是(　　)。

(A)W　(B)kW　(C)马力　(D)J

32. 引起变压器电气附件过热的原因包括(　　)等。

(A)设备短路　(B)设备过载　(C)接触不良　(D)散热不良

33. 变压器作为动车牵引回路电气部件,在同一回路上的部件还有(　　)。

(A)高压电压互感器　(B)高压电流互感器

(C)牵引变流器　(D)牵引电机

34. 电流对人体的伤害程度与(　　)有关。

(A)通过人体电流的大小　(B)通过人体电流的时间

(C)电流通过人体的部位　(D)触电者的性格

35. 首件检验包括(　　)。

(A)成品的首检　(B)过程产品首检

(C)供方产品的首检　(D)产品或过程变更后的首检

36. 牵引变压器作为机车或动车的关键部件,为保证整车的安全运行对变压器提供了(　　)等故障,并在司机室的微机显示屏上显示故障内容及有关故障处理提示。

(A)过电压　(B)内部短路　(C)接地　(D)过热

37. 基尔霍夫定律有(　　)。

(A)节点电流定律　(B)回路电压定律　(C)回路电流定律　(D)节点电压定律

38. 正弦交流电的三要素是(　　)。

(A)最大值　(B)初相角　(C)角频率

(D)有效值　(E)时间

39. 我国规定三相电力变压器的联结组别有(　　)等。

(A)Y/△-11　(B)Y0/△-11　(C)Y0/Y-12

(D)Y/Y-12　(E)Y/△-7

40. 人为提高功率因数的方法有(　　)。

(A)并联适当电容器　(B)电路串联适当电容器　(C)并联大电抗器

(D)串联大电容器　(E)串联适当的电感量

41. 三相变压器负载对称是指(　　)。

(A)各相阻抗值相等 (B)各相阻抗值相差均匀 (C)各相阻抗复角相差 120°
(D)各相阻抗值复角相等 (E)各相阻抗复角相差 180°

42. 提高功率因数的好处有( )。
(A)充分发挥电源设备容量 (B)提高电动机的出力 (C)减少线路功率损耗
(D)可以减少电动机的启动电流 (E)可以提高电机功率

43. 电桥外接电源过高过低会产生( )现象。
(A)损坏电阻 (B)降低灵敏度 (C)降低精确度
(D)无法调零 (E)读数不准

44. 变压器电源作 Y 连接时,线电压是相电压的( )倍,且线电压超前相电压( )。
(A)1.732 (B)0.577 (C)60°
(D)30° (E)90°

45. 在电力系统中,采用并联补偿电容器进行无功补偿主要作用有( )。
(A)提高功率因数 (B)提高设备出力
(C)降低功率损耗和电能损失 (D)改善电源质量
(E)改善架空线路的防雷性能

46. 运行中的变压器应做哪些巡视检查( )。
(A)声音是否正常
(B)检查变压器油位是否正常
(C)变压器温度是否超过允许值
(D)变压器套管是否清洁,有无破损裂纹和放电痕迹
(E)变压器接地是否良好

47. 变压器干燥处理的方法有( )。
(A)电加热法 (B)热风循环加热法 (C)烘箱干燥法 (D)真空干燥

48. 扭力扳手使用应注意下述( )事项。
(A)不能使用扭力扳手去拆卸螺栓或螺母
(B)严禁在扭力扳手尾端加接套管延长力臂
(C)使用扭力扳手时,应平衡缓慢地加载,切不可猛拉猛压
(D)预置式扭力扳手使用完毕,应将其调至最小扭矩
(E)使用扭力扳手前不需要检查标识,确定额定工作载荷

49. 剥线完成后的检查标准( )。
(A)导线线芯应当无损伤或断股 (B)绝缘层应无裂口或开缝
(C)不能看到剥线工具留下的压痕 (D)导线剥线长度预留是否符合要求

50. 心式变压器均采用同心式绕组,常见结构形式有( )。
(A)层式 (B)饼式 (C)连续 (D)纠结

51. 影响变压器空载电流大小的因素有( )。
(A)铁心材质 (B)磁通密度 (C)铁心结构 (D)制造工艺

52. 电压互感器按照工作原理可分为( )。
(A)电磁式 (B)电容式 (C)电流式
(D)电压式 (E)降压式

53. 变压器设备绝缘水平是由(   )因素决定的。

(A)最高运行电压　(B)雷电冲击电压　(C)感应耐压　(D)接触网电压

54. 爬电距离检测的要求是(   )。

(A)在同一电压强度下　(B)在两相邻导电体间

(C)沿绝缘体外表面所经过的最短距离　(D)分段测量

55. 压接工具检测主要包括(   )。

(A)日常检查　(B)通止规检查　(C)拉力试验检测　(D)计量检查

56. 变压器保护器件的例行试验主要有(   )。

(A)外观检查　(B)动作值测定　(C)绝缘电阻测定　(D)耐压试验

57. 常见剖视图有(   )。

(A)全剖视　(B)半剖视　(C)局部剖视

(D)旋转剖视　(E)斜剖视

58. 变压器按结构分为(   )。

(A)心式变压器　(B)壳式变压器　(C)悬挂式变压器　(D)内藏式变压器

59. 交流机车主变压器一般最多有(   )线圈。

(A)高压线圈　(B)牵引线圈　(C)辅助线圈

(D)励磁线圈　(E)变频线圈

60. 测量误差主要分为(   )。

(A)系统误差　(B)测量误差　(C)疏失误差　(D)补偿误差

61. 三相变压器连接组别有(   )。

(A)Y/Y 连接　(B)Y/△-11 连接　(C)Y/△连接

(D)Y/Y-12 连接　(E)△/△连接

62. 三相交流电是指各相(   )。

(A)频率相同　(B)电势振幅相同　(C)相位互差 60°　(D)相位互差 120°

63. 接触器和继电器作用的主要区别是(   )。

(A)接触器用于频繁操作　(B)接触器用于正常接通、分断

(C)继电器用于监控电路信号　(D)提供给多条支路

64. 机械加工中表面粗糙度与下列哪些因素有关(   )。

(A)刀具的形状　(B)刀具的角度　(C)刀具的振动

(D)摩擦　(E)加工件的材质

65. 三视图的投影规律是(   )。

(A)长对正　(B)宽对齐　(C)高平齐　(D)宽相等

66. 基尔霍夫定律包括(   )。

(A)电流定律　(B)电压定律　(C)电阻定律　(D)欧姆定律

67. Y 形接法的变压器油泵在运行时,若定子一相绕组突然断路,在无故障保护情况下,叙述错误的是(   )。

(A)不能继续运转　(B)可能继续转动　(C)速度增高　(D)噪声加大

68. △形接法的三相异步电动机,若接成 Y 形接法,那么在额定运行时,其铜耗和温升叙述错误的是(   )。

(A)减小　　(B)增加
(C)不变　　(D)铜耗增加、温升不变

69. 下列不能决定冷却变压器风机转速的因素是(　　)。
(A)电源电压　　(B)电源电流　　(C)电源频率　　(D)绕组极数

70. 变压器油泵电机定子绕组的绝缘项目有(　　)。
(A)对地绝缘　　(B)相间绝缘　　(C)电机槽绝缘　　(D)匝间绝缘

71. 为提高电气设备运行的可靠性,把(　　)紧密地连接起来叫工作接地。
(A)变压器中性点　　(B)接地极　　(C)火线　　(D)零线

72. 游标卡尺测量前应清理干净,并将两量爪合并,下列属于检查游标卡尺情况的有(　　)。
(A)贴合情况　　(B)松紧情况　　(C)精度情况　　(D)平行情况

73. 尺寸标注四要素是(　　)。
(A)尺寸方向　　(B)尺寸线　　(C)尺寸数字
(D)箭头　　(E)尺寸界线

74. 钳形电流表使用方法有(　　)。
(A)被测载流导线的位置应放在钳口中央
(B)估计被测电流大小,选择合适的量程
(C)被测电路电压不可超过钳形表上所表明的规定值
(D)钳口两个面应结合良好
(E)测量后调节开关放在最小电流量程位置

75. 钳工常用划线工具有(　　)等。
(A)划针　　(B)划针盘　　(C)划规　　(D)扳手

76. 下列属于长度单位的是(　　)。
(A)mm　　(B)cm　　(C)m/s　　(D)nm

77. 紧固件常用的镀锌方式有(　　)。
(A)电镀锌　　(B)热镀锌　　(C)达克罗　　(D)冷镀锌

78. 以下对 A2-70 螺栓材质描述正确的是(　　)。
(A)为不锈钢螺栓　　(B)为普通钢质螺栓
(C)抗拉强度为 70 N/mm^2　　(D)抗拉强度为 700 N/mm^2

79. 以下对 8.8 级螺栓材质描述正确的是(　　)。
(A)为不锈钢螺栓　　(B)为普通钢质螺栓
(C)抗拉强度为 800 N/mm^2　　(D)屈服强度为 800 N/mm^2

80. 以下对变压器原理描述正确的是(　　)。
(A)可以改变交流电的电压　　(B)可以改变交流电的电流
(C)可以改变交流电的功率　　(D)可以改变交流电的频率

81. 变压器短路阻抗越大,相应带来的变化是(　　)。
(A)变压器重量也越大　　(B)变压器承受短路的能力降低
(C)变压器成本降低　　(D)变压器的尺寸增加

82. 下述对变压器硅钢片描述正确的是(　　)。

(A)厚度一般为 0.3～0.35 mm (B)表面漆膜厚一般为 1.5～3 nm
(C)导磁率高 (D)损耗低

83. 铁心装配用到的材料有(　　)。
(A)木质夹件 (B)不锈钢 (C)铁
(D)铜 (E)硅钢片

84. 变压器绕组所处的环境,要求其具备(　　)。
(A)耐受电场要求 (B)耐受磁场要求 (C)耐受温度要求 (D)耐受机械要求

85. 线圈外包绝缘纸筒倒斜坡口的作用是(　　)。
(A)便于搭接,增强粘接强度 (B)尽量减少搭接位置的厚度
(C)美观 (D)减少尺寸

86. 氟硅橡胶材料的优点有(　　)。
(A)耐高温 (B)耐油性 (C)耐低温 (D)高强度

87. 变压器保护电器触头的磨损包括(　　)。
(A)机械磨损 (B)化学磨损 (C)电磨损 (D)老化

88. HXD2 型机车变压器冷却系统由(　　)组成。
(A)散热器 (B)油泵 (C)储油柜 (D)冷却管路

89. 下列电器属于高压电器的是(　　)。
(A)受电弓 (B)主断路器 (C)主变压器 (D)避雷器

90. HXD2 型机车主变压器具有(　　)等检测保护功能。
(A)电气 (B)温度 (C)压力 (D)油流

91. 目前硅橡胶的主要用途为(　　)。
(A)电缆附件 (B)密封 (C)电气防护 (D)绝缘子

92. 导线的电阻与(　　)有关。
(A)长度 (B)横截面积 (C)绝缘层厚度 (D)环境温度

93. HXD2 型交流传动货运机车主电路由(　　)等构成。
(A)网侧电路 (B)主变压器 (C)牵引变流器 (D)牵引电机

94. 下述说法错误的是(　　)。
(A)工艺装备不包括电工工具 (B)设计工装可以不执行国家和行业标准
(C)工艺规程的编制应该有超前意识 (D)工艺装备是指实现工艺所需要的工具

95. 工艺文件的“三性”是指(　　)。
(A)完整性 (B)正确性 (C)统一性 (D)操作性

96. 型式试验是对产品的(　　)等是否符合设计要求所做的全面考核试验。
(A)基本参数 (B)结构 (C)性能 (D)外观

97. 变压器箱体焊缝进行无损试验,方法有(　　)。
(A)X 射线探伤 (B)超声波检验 (C)磁粉探伤 (D)腐蚀试验

98. 在一个变压器绕组、引线和端子导电杆的串联电路中,各处导体的截面积不一样,对于通过各导线的电流说法错误的是(　　)。
(A)相等 (B)截面积大的电流大
(C)截面积大的电流小 (D)需具体定

99. 设计阶段调整变压器阻抗的方法有(　　)。

(A)调整匝数　(B)调整铁心直径

(C)调整主绝缘间隙尺寸　(D)调整绕组高度

100. 高寒车变压器在设计时应考虑以下哪些方面(　　)。

(A)箱体材料耐受低温　(B)变压器油耐受低温

(C)附件如密封垫、轴承等耐受低温　(D)考虑高低温交变湿热变化

101. 影响互感器误差的因素有(　　)。

(A)线圈数据　(B)铁心性能　(C)包扎

(D)浇注质量　(E)表面光洁度

102. 金属材料的工艺性能包括(　　)。

(A)可铸性　(B)可锻性　(C)可焊性　(D)可切削性

103. 局放的大小影响产品的寿命,局放的好坏反映产品的均衡性、工艺性,在设计结构合理的情况下,局放取决的工艺的(　　)。

(A)屏蔽　(B)包扎　(C)浇注

(D)模具　(E)固化

104. 弹簧垫圈装配后垫圈压平,其反弹力能使螺纹间保持(　　)。

(A)压紧力　(B)摩擦力　(C)重力　(D)拉力

105. 能够发现匝间绝缘问题的试验方法有(　　)。

(A)测局放　(B)测励磁电流

(C)用万用表测电阻　(D)测误差

106. 操作者误把一次线圈掉入冷却槽中,并且二次已进水,下列操作不正确的是(　　)。

(A)把该线圈放在拖板上再也不管了

(B)把浸洗的保护层全拆除,重新包扎

(C)把全部外包扎拆除,直到二次线全部裸露,放入烘干箱把水分全部烘干后再包扎

107. 码铁时,除必须满足规定的尺寸外,还应(　　)。

(A)平整　(B)无异物　(C)无尖端　(D)无飞刺

108. 弹簧垫圈装配后垫圈压平,其反弹力能使螺纹间保持(　　)。

(A)压紧力　(B)摩擦力　(C)重力　(D)拉力

109. 互感器运行时作用其上的电压有(　　)。

(A)额定电压　(B)最高工作电压

(C)升高的工频电压　(D)过电压

110. 在三相交流电路中,负载的连接方法有(　　)方式。

(A)三角形　(B)菱形　(C)方形　(D)星形

111. 互感器的绝缘分为(　　)。

(A)主绝缘　(B)相间绝缘　(C)匝间绝缘

(D)纵绝缘　(E)对地绝缘

112. 线圈绕制常用工装是(　　)。

(A)绕线模　(B)放线架　(C)换位扳手

(D)滴漆架　(E)剪板机

113. 试验室属高压试验作业区，工作时必须更换(　　)。
(A)防护眼镜 (B)绝缘鞋 (C)安全帽
(D)工作服 (E)鞋套
114. 以下哪项是变压法干燥的特点(　　)。
(A)缩短干燥时间 (B)提高干燥质量
(C)实现自动化控制 (D)心式、壳式变压器同炉烘干
115. 电压器身的缓冲、屏蔽中会用到的包扎材料有(　　)。
(A)硅胶带 (B)高密度海绵 (C)玻璃丝管
(D)聚酯薄膜 (E)绝缘自粘带
116. 铁心全绑扎的目的是(　　)。
(A)防止渗液 (B)为了降低铁心损耗
(C)提高铁心机械强度 (D)为了缓解应力
117. 互感器铁心采用相互绝缘的薄硅钢片制造，不是主要目的的是(　　)。
(A)降低铜耗 (B)降低杂散损耗 (C)降低涡流损耗 (D)降低磁滞损耗
118. 电流互感器的电流与匝数(　　)。
(A)成正比 (B)成反比 (C)有关 (D)都不对
119. 电力系统测量用电压互感器的准确级有(　　)。
(A)0.1 (B)0.2 (C)0.3
(D)0.4 (E)0.5 (F)1.0
120. 导致电流互感器发热的主要来源有(　　)。
(A)铁心损耗 (B)绝缘的介质损耗
(C)金属结构件的涡流损耗 (D)电阻损耗
121. 电压互感器按装置种类分为(　　)。
(A)户内型电压互感器 (B)电磁式电压互感器
(C)户外型电压互感器 (D)电容式电压互感器
122. 铁心的有效截面积与几何截面积之比叫做叠片系数。它与硅钢片的(　　)有关。
(A)平整度 (B)叠厚 (C)片间绝缘厚度
(D)压紧力 (E)摩擦力
123. 浇注绝缘具有(　　)等优点。
(A)绝缘性能好 (B)机械强度高 (C)防潮 (D)防火
124. 电流互感器二次绕组常用的漆包线规格有(　　)。
(A)ϕ0.15 (B)ϕ0.75 (C)ϕ1.8
(D)ϕ2.0 (E)ϕ2.8
125. 浇注绝缘电流互感器的结构可分为(　　)。
(A)半浇注结构 (B)全浇注结构
(C)单匝贯穿式浇注 (D)支柱式浇注
126. 关于电流方向相反的两根平行载流导线，下列描述错误的有(　　)。
(A)互相排斥 (B)互相吸引
(C)无相互作用 (D)无法确定其相互作用

127. 下列关于铁心的描述正确的有(　　)。

(A)铁心导磁率越高误差就越小　(B)铁心截面积受产品结构限制

(C)铁心质量越大越好　(D)叠片铁性能比卷铁心好

128. 减小电压互感器一次电阻的方法有(　　)。

(A)提高每匝电势　(B)减小绕组导线线规

(C)增大绕组导线线规　(D)并联绕组

129. 用兆欧表测量绝缘电阻时,其中(　　)端的连接线不要与大地接触。

(A)E　(B)L　(C)G　(D)任一

130. 铁心退火炉按结构分为(　　)。

(A)箱式　(B)钟罩式　(C)筒式　(D)井式

131. 环氧树脂的主要用途是(　　)。

(A)金属与非金属之间的粘接　(B)金属之间的粘接

(C)非金属之间的粘接　(D)以上三种都不行

132. 电流互感器二次绕组的绕制方法正确的有(　　)。

(A)手工绕制　(B)环形绕线机绕制

(C)环形包纸机绕制　(D)以上都不对

133. 电压互感器铁心结构型式主要有(　　)。

(A)叠积式铁心　(B)切口铁心　(C)方铁心　(D)卷铁心

134. 影响绝缘干燥的效果有(　　)。

(A)绝缘材料内的温度及其分布　(B)干燥处理的最终真空度

(C)干燥处理时间　(D)温度最好保持在180℃以上

135. 下列属于不饱和树脂混合胶配料的有(　　)。

(A)307—2不饱和聚酯树脂　(B)硅微粉

(C)邻苯二甲酸酐　(D)环烷酸钴

136. 铁心退火炉方法有(　　)。

(A)气氛退火　(B)真空退火　(C)高温退火　(D)保护气体退火

137. 退火工艺过程包括(　　)。

(A)升温　(B)保温　(C)二次升温　(D)降温

138. 影响变压器空载损耗大小的因素有(　　)。

(A)导磁材料　(B)磁路长度　(C)铁心质量　(D)现场温度

139. 下列说法正确的有(　　)。

(A)电压互感器在运行中不允许二次绕组短路

(B)电流互感器在运行中不允许二次绕组开路

(C)电压互感器在运行中允许二次绕组短路

(D)电流互感器在运行中允许二次绕组开路

140. 电流比为2 000/5 A的常用电流互感器其一次安匝不能是(　　)。

(A)1 000安匝　(B)2 000安匝　(C)3 000安匝　(D)4 000安匝

141. 各种电压互感器在1.2倍额定电压下,所有二次绕组均接有其最大负荷,长期运行时温升限值(GB 1207—2006)正确的有(　　)。

(A)油浸式电压互感器绕组:55K

(B)油浸式全密封电压互感器绕组:60K

(C)干式绝缘耐热等级为A的电压互感器绕组:55K

(D)树脂浇注式电压互感器:75K

142. 电场屏蔽主要是把(　　)屏蔽到高压电场以外。

(A)封闭材料　(B)缓冲材料　(C)空气隙　(D)尖端电极

143. 一、二次绕组外包树脂层的厚度,由(　　)确定。

(A)绝缘　(B)机械强度　(C)造型要求　(D)铁心大小

144. 影响电压互感器空载误差的因素是(　　)。

(A)空载电流　(B)一次绕组阻抗　(C)负荷　(D)功率因数

145. 实际中经常采用的误差补偿方法有(　　)。

(A)匝数补偿　(B)小铁心补偿　(C)磁分路补偿　(D)无需补偿

146. 不饱和树脂混合胶固化时容易开裂的原因有(　　)。

(A)固化收缩率大　(B)机械强度低　(C)耐热性差　(D)蒸汽压高

147. 下列是电压互感器计算依据的有(　　)。

(A)额定一次电压　(B)额定二次电压　(C)额定频率　(D)额定短时热电流

148. 供中性点有效接地系统使用的单相接地电压互感器,选择额定磁通密度时,需满足的要求有(　　)。

(A)测量用绕组在两个极限电压下空载误差的差值不应过大

(B)系统出现工频电压升高时,互感器铁心不应过饱和

(C)系统发生单相接地短路时,互感器铁心不应过饱和

(D)这种电压互感器选取额定磁通密度应不小于2 T

149. 下列材料中能当作屏蔽材料使用的有(　　)。

(A)半导体纸　(B)青壳纸

(C)0.01 mm厚打孔铝箔　(D)0.06 mm厚PMP纸

150. 下列选项中属于电流互感器例行试验的是(　　)。

(A)一次工频耐压试验　(B)匝间过电压试验

(C)局部放电测量　(D)温升试验

151. 低剩磁保护用电流互感器的标准准确级有(　　)。

(A)5PR　(B)10PR　(C)15PR　(D)20PR

152. 每台互感器应随产品附有(　　)文件。

(A)产品合格证

(B)例行试验记录

(C)安装使用说明书

(D)拆卸运输零件(如需要)和备件(如果有)一览表

153. 保护用电压互感器的标准准确级包含有(　　)。

(A)3P　(B)5P　(C)6P　(D)10P

154. 美国和加拿大现用的电压互感器二次电压值,下列正确的有(　　)。

(A)110 V　(B)115 V　(C)120 V　(D)230 V

155. 下列说法正确的有(　　)。

(A)电压互感器一次绕组并联在电力系统中　(B)一次绕组流过的电流称为空载电流

(C)电压互感器二次绕组不允许接地　(D)电压互感器短路损耗主要是铁心损耗

156. 卷铁心在(　　)中普遍采用。

(A)低电压大电流单匝式互感器　(B)套管型互感器

(C)35 kV 及以上油浸式互感器　(D)以上都不对

157. 为防止退火时铁心氧化,最好采用(　　)退火。

(A)真空退火　(B)充保护气体退火

(C)自然降温退火　(D)水冷退火

158. 下列属于主绝缘的有(　　)。

(A)绕组对铁心　(B)一、二次绕组间

(C)一次绕组段间　(D)一次绕组引线

159. 根据工艺要求,环氧树脂浇注应有(　　)。

(A)真空加热搅拌设备　(B)真空浇注设备

(C)加热固化设备　(D)钢模具

160. 退火工艺要(　　)。

(A)消除机械应力　(B)恢复和提高导磁性能　(C)防止有害气体渗入

(D)不氧化、不变脆　(E)不烧结　(F)无附加热应力产生

四、判 断 题

1. 在使用兆欧表测量绝缘电阻时,应以约每分钟 120 转的均匀速度摇动手柄。(　　)

2. 使用换位导线绕制的线圈,由于换位导线并绕各股导线间电压相同,即使股间短路也不会产生环流。(　　)

3. 由于变压器一次绕组末端端子在实际运行时要接地,所以在引线包扎时发现其接地可以不用处理。(　　)

4. 识读装配图时应清楚装配图上每一个零件的视图并不完整,装配图表达的重点不是单个零件的详尽结构,而是零件之间的装配关系。(　　)

5. 零件图上的尺寸必须完整,装配图上的尺寸必须标出所有零件的全部尺寸。(　　)

6. 热浸锌工艺比电镀锌工艺更复杂,其镀层更厚,耐腐蚀性也更强。(　　)

7. 电容器的耐压为 150 V,它能接在有效值为 150 V 的交流电压下工作。(　　)

8. 在电阻 R 和电感 L 串联的正弦交流电路中,若 $U_R=30$ V,$U_L=40$ V,则总电压 $U=70$ V。(　　)

9. 从空载到满载,随着负载电流的增加,变压器的铜耗和温度都随之增加,一、二次绕组在铁心中的合成磁通也随之增加。(　　)

10. 零件上均匀分布的肋或轮辐,不论是对称或不对称,在剖视图中均按对称形式画出。(　　)

11. 画装配图布图时要注意视图之间应留有适当间隔和标题栏、明细表的位置,以及零件编号的位置等。(　　)

12. 互感器二次绕组的一端必须接地,防止互感器绝缘损坏时,一次绕组的高压窜入二次

绕组的低压侧,造成设备和人身事故。( )

13. 使用时应选择功率相当的互感器。( )

14. 油耐压试验结束后,油杯中油应保留,以防止电极生锈。( )

15. 电磁系仪表的精确度不受温度和频率的影响。( )

16. 用安培表测量电流是直接测量。( )

17. 低功率因数功率表修理和检测一般可在直流下进行,电压、电流都可按仪表给出的额定量程供给。( )

18. 在大电流、高电压和大功率测量时,仍可采用分流器和附加电阻扩大量程的方法。( )

19. 牵引变压器采用 DQ151—35 号冷轧硅钢片,这种硅钢片表面平整有涂层,具有绝缘性能,不必涂硅钢片漆。( )

20. 有取向硅钢片就是通过冷轧的方法使晶粒的易磁化方向基本一致,从而大大提高了硅钢片的性能。( )

21. 1054 绝缘漆适用于恶劣环境下长期工作的 H 级电机电器线圈的浸渍绝缘处理。( )

22. 三聚氰胺醇酸浸渍漆(1032)有较好的干燥性、热弹性、耐油性和较高的介电性能。( )

23. 聚酰亚胺薄膜具有极其卓越的性能,作为绝缘材料,使用于各种电工产品中。( )

24. 桶装变压器油可在露天存放。( )

25. 编写试验报告时,试验者要给出试验是否合格的结论。( )

26. 浇注胶应具有良好的流动性、耐热性、电性能和机械强度。( )

27. 白乳胶具有固化性、粘结性强、耐湿热好等特点,但其具有刺激性气味,流失大。( )

28. 调压器不仅可以改变电路电压,还可以改变输出电压频率。( )

29. 压敏型粘带一般用于包导线和固定线圈,其功能是粘合和绝缘,使线圈成为整体,防止磨损和受潮,提高绝缘性能。( )

30. 画螺纹时粗牙螺纹不标螺距,细牙螺纹要标螺距。( )

31. 可控整流电路可在直流侧直接接大电容滤波。( )

32. 继电器一般用于反映控制信号,接触器用来控制较强电流的主电路。( )

33. 电器触头的图形符号通常规定为“左开右闭,下开上闭”。( )

34. 选择公差等级必须考虑现场设备和工艺条件,使选用的公差等级在工艺上能够实现,并具有经济性。( )

35. 选择间隙配合的依据是公差带的基本偏差应能满足使用条件对最小间隙的要求。( )

36. 公差带的一个极限偏差是由其基本偏差确定的,另一个极限偏差可由其基本偏差与标准公差确定。( )

37. 径向跳动公差用以控制整个圆柱表面的跳动总量。( )

38. 未注公差尺寸主要用于非配合尺寸、不重要的尺寸以及完全由工艺方法保证的尺寸。( )

39. 正火的冷却速度比退火稍快,过冷度稍大。因此,正火组织较细,强度、硬度较高。( )

40. KTH300—06 表示 σ_b=300 MPa、δ=6%的黑心可锻铸铁。( )

41. 硬铝代号用“铝”及“硬”二字的汉语拼音字首“LY”加顺序号表示，如 LY11 为 11 号硬铝。( )

42. 放置或取下油耐压试验器油杯时需在断开电源的情况下进行。( )

43. 开关油主要用于断路器熄灭电弧和触头之间的绝缘。( )

44. 油耐压试验器的盛油杯应保持干燥。( )

45. 环氧树脂其固化物具有优良的机械性能、介电性能、耐热性和化学稳定性，而且工艺性能良好，在电气工业中广泛应用。( )

46. 绝缘子应具有良好的耐冷热骤变性能。( )

47. 锉刀的断面形状要和工件的形状相适应。( )

48. 新锉刀在使用时应该两面同时使用。( )

49. 固定钻套在磨损后不能更换，主要用于小批量生产条件下，单纯用于钻头钻孔的工序。( )

50. 手工研磨圆孔时，应正反方向转动研磨棒，并同时作轴向往复运动。( )

51. 板料厚度大于 4 mm 时，可直接锤击凸起处，使其压缩变形而达到校正的目的。( )

52. 操作油耐压试验器每次击穿后，应用干净的玻璃棒清除电极间积碳。( )

53. 当电路发生短路故障时，回路负载被短接，电流急剧增加，会烧损其他用电设备或电源跳闸。( )

54. 油样放入油耐压试验器盛油杯内，应静放后再打耐压。( )

55. 有功功率是交流电在耗能元件(如电阻、电容等)中所消耗的功率。( )

56. 一般变压器的一次线圈头用字母 A 表示，尾用字母 X 表示；二次线圈头用字母 a 表示，尾用字母 x 表示。( )

57. 电子交流稳压器是通过自动调整磁放大器交流线圈的电感量，并在自耦变压器的配合下，达到交流输出电压稳定的目的。( )

58. 液压泵在液压系统中是将机械能转换为液压能的部件。( )

59. 气缸式压缩空气驱动装置主要由气缸、活塞等组成。( )

60. 变压器空载电流的有功分量很小，而无功分量较大，所以变压器空载时，其功率因数很低，并且是感性的。( )

61. 测量电阻时电桥充电电流不能太大，否则会因为导线发热影响测量结果的准确。( )

62. 油耐压试验前，应校对电极距离，用好油冲洗电极表面。( )

63. 工艺准备工作包括编制工艺规程、拟定工艺方案、设计制造和调整工艺装备。( )

64. 工艺工作应遵循的首条基本原则就是必须保证产品质量，满足产品设计要求。( )

65. 操作工人应严格按照作业指导书自检表等技术文件的规定进行操作和检验，以优良的工作质量保证产品的制造质量。( )

66. 工艺规程均需副总或总工程师签字批准方为有效。( )

67. 硅钢片纵剪工艺规程属于变压器制造工艺规程。( )

68. 研磨是一种精密加工方法。( )

69. 铁心绑扎配制环氧树脂胶在常温下进行即可。( )

70. 壳式变压器器身与箱体装配时,先装配上油箱。( )

71. 由外单位调拨来的工艺装备不需重新验证。( )

72. 壳式变压器铁心叠装不需铁心叠装翻转胎。( )

73. 铁心叠装翻转胎使用前应仔细检查各紧固螺栓连接可靠、销轴转动灵活。( )

74. 铁心叠装翻转胎长期不用应将其翻入地坑内,并覆盖坑口。( )

75. 清洗器身所需清洗油与变压器最终注的油为同一种油。( )

76. 清洗装置正常工作需要干净压缩空气。( )

77. 在使用器身冲洗装置前应检查管路连接是否可靠,检查油位。( )

78. 器身冲洗装置使用完毕后,应盖好冲洗罐上盖。( )

79. 取油样时应通过滤纸,流入油样器具内。( )

80. 高压法干燥的主要特点是罐内真空度按程序控制逐渐提高。( )

81. 取油样时拧开油样活门直接流入取油样器具内即可。( )

82. 为确保真空罐达到高真空,应保证管路系统和管体密封性。( )

83. 变压法干燥罐微机显示屏显示气压不足,可略过继续运行。( )

84. 由于器身绝缘件吸油,通常变压器注油时比最后要求的油位高一些。( )

85. 在油压机进行加压时,上横梁传动电机及小车式工作台传动的电动机是不能开动的,这是利用机械联锁实现的。( )

86. 变压器铁心中磁通与产生磁通的电流之间的关系是按线性变化的。( )

87. 变压器注油通常直接注到最后要求的油位。( )

88. 铁心的有效截面积与几何截面积之比叫做叠片系数。它与硅钢片的平整度、叠厚、片间绝缘厚度及压紧力有关。( )

89. 取向硅钢片均有无机绝缘涂层,中小型变压器铁心片是可以不涂漆的。( )

90. 通常卷铁心需要退火。( )

91. 未套线圈前测量铁心空载损耗,磁路可以不闭合。( )

92. 材料牌号为 A2-70 的螺栓,代表其材质为低碳合金钢。( )

93. 铁心铁轭可使用螺栓、绑带或钢带紧固在一起。( )

94. 穿心螺杆应与铁心片绝缘。( )

95. 铁心全绑扎目的是为了降低铁心损耗,提高铁心机械强度。( )

96. 为保证环氧浇注端子板密封槽表面粗糙度,可以采用加工的方法来实现。( )

97. 采用全斜接缝叠装变压器铁心可以降低铁心的空载损耗,充分利用冷轧取向硅钢片的特性。( )

98. 带气隙的铁心电抗器电抗值基本上不随电流大小而改变。( )

99. 端子组装前必须要检查密封槽的尺寸和表面状态。( )

100. 卷铁心通常不需要专门的夹件固定。( )

101. 压降法测量直流电阻,应用的是安培定律。( )

102. 电桥分单臂电桥和双臂电桥,单臂电桥用于测量 10 Ω 以上电阻。( )

103. 双臂电桥能消除连线和接触电阻的影响。( )

104. 用单臂电桥测量电阻时,被测电阻越小,其测量误差也越小。( )

105. 若壳式变压器底座孔距不符合要求,可以调整四个安装座。( )

106. 热风真空干燥法,要求加热和抽真空需反复交替进行。(　　)

107. 热油干燥一般有循环式和喷油式两种。(　　)

108. 在真空罐真空度较高时,器身温度上升缓慢。(　　)

109. 变压法干燥中,在过渡阶段需要循环抽真空和充气。(　　)

110. 变压法干燥中,为缩短干燥时间,操作者可将主干转终干的温度条件参数降低或真空度参数加大。(　　)

111. 变压法干燥通常由微机按程序自动控制。(　　)

112. 变压法干燥所说的变压是指改变电加热的电压。(　　)

113. 在真空干燥罐真空未完全解除前,不得用手堵充气阀。(　　)

114. 正常生产过程中,器身在变压法微机控制干燥罐干燥,程序自动运行干燥结束,可不进行人工绝缘电阻测量。(　　)

115. 器身引出线的电气强度由包扎绝缘的厚度及导线弯折角度的位置保证。(　　)

116. 为保证壳式变压器底座安装孔距,通常底座焊接完后用底座孔距测试胎试孔距。(　　)

117. 测量绕组直流电阻时,在绕组充电未稳定前测出的电阻值偏小。(　　)

118. 变压器引线绝缘与其主绝缘、纵绝缘一样有一定绝缘距离及绝缘强度要求。(　　)

119. 壳式变压器上下油箱合口处焊缝大小影响底座安装孔距。(　　)

120. 引线之间及对地有接磨,容易造成带电体或对地间放电。(　　)

121. 绝缘材料按耐热等级分为 Y、A、E、B、F、H、C 级,其相应耐热温度分别为 60℃、105℃、120℃、130℃、155℃、180℃、180℃以上。(　　)

122. 在变压器绕组中,直纹布带的作用是保护或加固绝缘,斜纹布带的作用是绑扎线环及保护绝缘,它们能当作独立的绝缘材料使用。(　　)

123. 电力机车牵引变压器大 A 引线和大 X 引线电压等级相同,应包相同厚度绝缘。(　　)

124. 焊接前做绕组连接组试验时,要求将同一绕组多根并绕导线的出线头用熔丝相连。(　　)

125. 变压器的联结组别只有两种:组别 0 和组别 6。(　　)

126. 释放阀作为安全装置,在变压器正常工作时开启释放压力,以保证变压器内外气压相同。(　　)

127. 采用焊接密封的部位粗糙度不做特殊要求。(　　)

128. 压力释放阀装到变压器前,需进行动作压力值整定。(　　)

129. 防爆装置通常应放置在变压器油箱的顶部或靠上部,正常工作时,内外承受大气压力相同。(　　)

130. 防爆装置其防爆动作压力值可整定。(　　)

131. 变压器保压试验时,防爆装置玻璃板要装好。(　　)

132. 变压器保压试验过程中若有漏气,那么油位会逐渐上升。(　　)

133. 判断焊缝渗漏可以在观察部位撒滑石粉。(　　)

134. 由于变压器油易燃烧或发生爆炸,焊缝渗漏不能带油补焊。(　　)

135. 由于密封部位可以涂胶,所以通常对密封面粗糙度不做规定。(　　)

136. 法兰及端子渗漏通常可以采用重新紧固螺栓的办法来处理。(　　)

137. 瓷件表面不允许有任何缺釉。(　　)

138. 变压器吸湿器同时是呼吸器,可以保持变压器内外气压相同。(　　)

139. 电力机车牵引变压器吸湿器内装的干燥剂不可重复使用,吸湿变色后必须更换。(　　)

140. 为防止空气中的潮气进入变压器内,吸湿器安装时,下罩上的密封垫必须安装良好。(　　)

141. 瓦斯保护是根据变压器内部故障时会产生和分解出气体这一特点设置的。(　　)

142. 电压互感器二次绕组不允许开路,电流互感器二次绕组不允许短路。(　　)

143. 变压器箱盖螺栓应按顺序渐渐把紧。(　　)

144. 为防止渗漏油,可在密封部位涂环氧树脂胶。(　　)

145. 变压器在运行中,其总损耗是随负载的变化而变化的,其中铁耗是不变的,而铜耗是变化的。(　　)

146. 对于一台变压器产品,只要一次侧所加电压不变,激磁电流的大小就基本不随负载变化。(　　)

147. 一台变压器用于电源频率 50 Hz 时的空载电流大于用于电源频率 60 Hz 时的空载电流。(　　)

148. 经过真空滤油机给变压器注油即真空注油。(　　)

149. 环氧树脂胶固化时间与温度有关,温度高则固化时间慢。(　　)

150. 高压电流互感器二次线圈是单一绕组,所以不存在极性问题。(　　)

151. 铁心夹件螺纹扣应防护,螺纹上应无漆瘤。(　　)

152. 为防止渗漏油产生,应对箱体密封部位粗糙度检查。(　　)

153. 电力机车用高压电流互感器不进行误差补偿。(　　)

154. 电流表是精密仪表,凡电流表均应定期检定。(　　)

155. 安装游标卡尺属工装范畴,不需定期检定。(　　)

156. 由于并绕导线起头和出头都焊成一体,两根并绕导线中间存在漏铜接触不影响变压器性能。(　　)

157. 自耦变压器的输入端和输出端是完全可以对调的。(　　)

158. 变压器过流保护只采集一次侧电流即可。(　　)

159. 电力机车高压电流互感器是用来采集变压器一次侧电流信号的。(　　)

160. 由于壳式变压器铁心无夹件,而由箱体挤紧,所以铁心尺寸与油箱配合尺寸应做测量。(　　)

161. 互感器带负载越大,效率就越高。(　　)

162. 剥线钳用来剥去截面积在 2.5 mm^2 以下的小导线绝缘层。(　　)

163.《公司法》是指调整各种公司在其设立、经营、变更、解散过程中所发生的经济关系的法律规范的总称。(　　)

五、简 答 题

1. 什么是绝缘材料?主要有哪几种?

2. 在电阻、电容、电感串联的交流电路中,为什么总电压不等于各元件上电压之和?

3. 什么是同极性端?
4. 有一台电动机,铭牌上写着 220/380,△/Y,应如何连线?
5. 变压器油为什么要进行过滤?
6. 变压器套管的作用是什么? 有哪些要求?
7. 简述冷轧有取向硅钢片的特点。
8. 简述用聚酰亚胺薄膜粘带绕包的电磁线的特点。
9. 使用中为防止油的加速老化,延长油的使用寿命应采取哪些措施?
10. 为什么一次电流随二次电流变化而变化?
11. 简述选择公差等级的原则。
12. 简述基准制的选择原则。
13. 简述表面粗糙度代号、符号的标注方法。
14. 人体的安全电流(交流、直流)各是多少?
15. 简述变压器进行直流电阻试验的目的。
16. 什么是变压器油的闪点,测量闪点的意义?
17. 什么是变压器油的酸值,测量酸值的意义?
18. 变压器器身干燥的目的是什么?
19. 什么是三相交流电?
20. 三相交流电有哪些优点?
21. 什么叫功率因数? 有何意义?
22. 如何减少测量中的随机误差?
23. 如何判断干燥结束?
24. 例行试验之前测试油耐压的意义是什么?
25. 简述什么叫局部放电。
26. 什么是变压器的吸收比? 测量吸收比的目的是什么?
27. 生产作业控制(又称生产调度)工作的主要内容有哪些?
28. 工艺工作应遵循的基本原则有哪些?
29. 简述工艺规程的作用。
30. 质量管理小组的选题依据一般有哪几条?
31. 什么是质量保证体系?
32. 什么叫装配?
33. 简述变压器油氧化的过程。
34. 变压器油气象色谱分析主要检测哪些气体?
35. 铁心为什么只能一点接地?
36. 壳式牵引变压器铁心上下部分为什么要绝缘?
37. 试分析变压器吸收比不合格的主要原因。
38. 简述工艺装备定义。
39. 简述铁心叠装翻转胎使用方法。
40. 简述器身冲洗装置工作原理。
41. 简述器身冲洗装置使用方法。

42. 简述电阻焊接工作原理。
43. 简述真空干燥罐的工作原理。
44. 简述真空干燥前为什么要预热。
45. 简述中频发电机组工作原理。
46. 简述工频发电机组工作原理。
47. 简述变压器并联运行的条件,如不满足条件运行的后果如何?
48. 并绕导线为什么要绝缘?
49. 为什么硅钢片冲剪后要求毛刺不能太大?
50. 为什么叠装铁心时,要注意测量铁心叠厚,如不符合要求应如何处理?
51. 简述硅钢片涂漆的作用。
52. 铁心片为什么要进行退火?
53. 空载试验的主要目的是什么?
54. 在工艺可以达到的情况下,为什么铁心紧固尽量不用穿心螺杆?
55. 变压器铁心在叠装时,硅钢片的接缝方式有哪几种?
56. 简述卷铁心特点和适用范围。
57. 卷铁心为什么必须退火?
58. 铁心对夹件地脚为什么必须绝缘?
59. 器身绝缘为什么要干燥处理?
60. 简述引线焊接的质量要求。
61. 器身绝缘装配时刷漆有什么作用?
62. 简述防爆装置工作原理。
63. 为什么要提高变压器的清洁度?
64. 简述变压器真空注油的意义。
65. 试述可能使变压器空载损耗增大的原因。
66. 变压器为什么从油箱下部注油?
67. 为什么感应耐压试验要提高电源频率?
68. 使用滤油机的注意事项有哪些?
69. 变压器有哪些基本变换功能?
70. 变压器空载电流的主要作用是什么?
71. 使用变压器底脚孔距测试胎前应注意哪些方面?
72. 绝缘材料的作用是什么?
73. 什么是绝缘材料的老化?
74. 简述画装配图的步骤。
75. 简述并绕导线短路对线圈性能的影响。
76. 铁心叠装后应检查哪些项目?
77. 兆欧表的用途是什么?
78. 绕组垫块轴向排列参差不齐的原因有哪些?
79. 互感器线圈引出线与接线片搭焊前应注意哪些问题?
80. 零件图上的技术要求主要包括哪些内容?怎样标注与注写?
81. 看装配图都有哪些要求?

82. 简述根据零件草图绘制零件工作图的步骤。
83. 简述三视图补画视图的方法。
84. 简述硅橡胶的性能特点。
85. 简述绘图比例的选择原则。
86. 什么叫铁心叠装的搭接式?
87. 铁心叠制后表面刷漆有哪些要求?
88. 电流互感器按电流比可分为哪几种?
89. 环氧树脂有哪些特点?
90. 简述 35Q130 硅钢片牌号的意义。
91. 电压互感器按绝缘介质分可分为哪几种类型?
92. 简述切口铁心浸渍处理的目的。
93. 简述干式互感器的二次绕组需经干燥浸漆处理的作用。
94. 电流互感器的一次绕组选取需要考虑哪些因素?
95. 什么是额定动稳定电流?
96. 电压线圈在进行铁心装配时应注意什么?
97. 电压线圈在包扎前如何对线圈进行固定调节?
98. 电压线圈二次出线根部加垫电容器纸的作用是什么?
99. 电压铁心的切口处为什么要用玻璃胶密封?
100. 焊接时对所有的焊接点有什么要求?
101. 器身外屏蔽包扎半导体绉纹纸的工艺要求是什么?
102. 电流互感器按介质分为哪几种类型?
103. 写出电压互感器的误差公式。

六、综 合 题

1. 看零件图(图 2),回答问题。

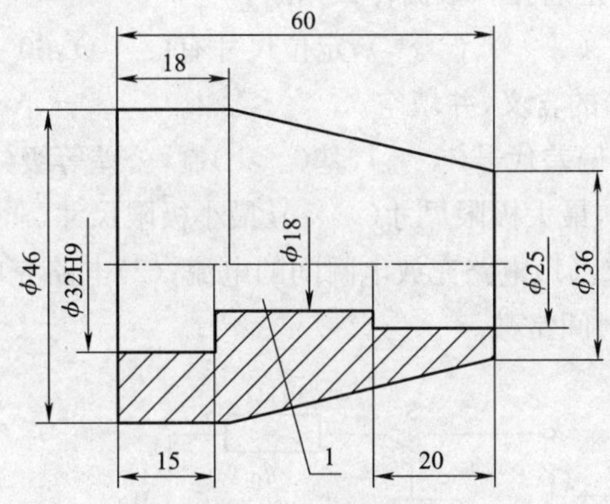

锥形套筒			比例	数量	材料	TD-101-01
			1 : 1	1	Q235A	
制图		日期				
校核						

图 2

(1)零件名称(　　)、比例(　　)、数量(　　)、材料(　　)、图号(　　)。

(2)零件图是(　　)视图,采用(　　)剖视。

(3)零件外形由(　　)两种基本几何体组成。

(4)说明注有"1"的圆孔直径为(　　),长度尺寸为(　　)。

(5)零件最长尺寸为(　　),最大直径尺寸为(　　)。

2. 看零件图(图 3),回答问题。

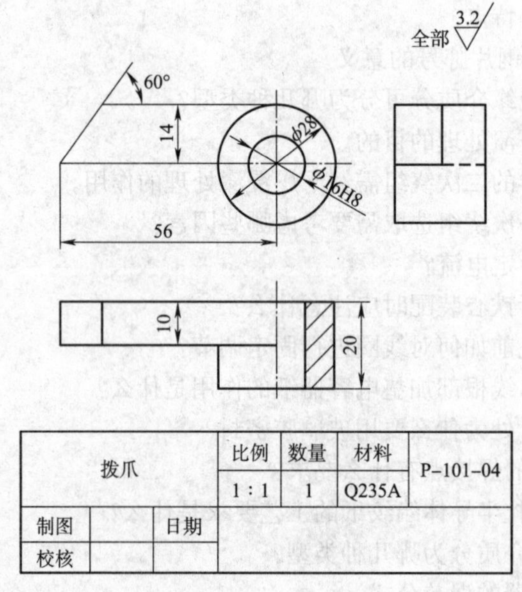

图　3

(1)俯视图采用(　　)剖视。

(2)$\phi16H8(^{+0.033}_{0})$是否是通孔?根据什么判断?

(3)外形尺寸有(　　)、(　　)、(　　),定位尺寸有(　　),60°是(　　)尺寸。

(4)解释 $\phi16H8(^{+0.033}_{0})$的含义,并填空。

基本尺寸(　　),基本偏差代号(　　),基(　　)制,公差等级(　　)级,(　　)配合。上偏差(　　)、下偏差(　　),最大极限尺寸(　　),最小极限尺寸(　　),公差(　　)。

3. 电路如图 4 所示:求:(1)电路充放电瞬间的电流;(2)电路充电和放电稳定后电容两端的电压;(3)充电和放电的时间常数。

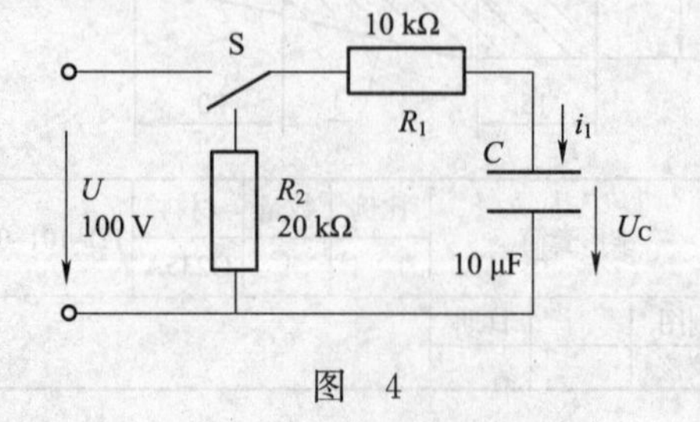

图　4

4. 如图 5 所示，$R_L = 1\ k\Omega$，电压表 V_2 的读数为 20 V，试问：(1)电压表 V 和电流表 A 的读数各为多大？(2)三只电表中哪个是直流表，哪个是交流表？(3)二极管的平均电流和最高反向电压为多大？

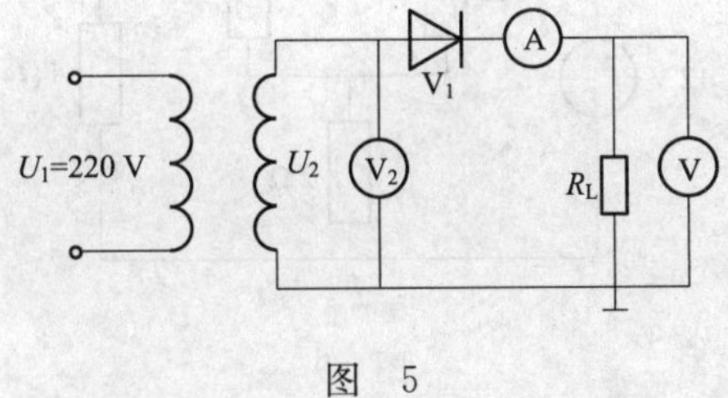

图 5

5. 如图 6 所示全波整流电路中，要求输出的直流电压 24 V，直流电流 30 mA。求：(1)变压器二次电压 U_{2a}、U_{2b}；(2)二极管的平均电流和承受的最高反向电压。

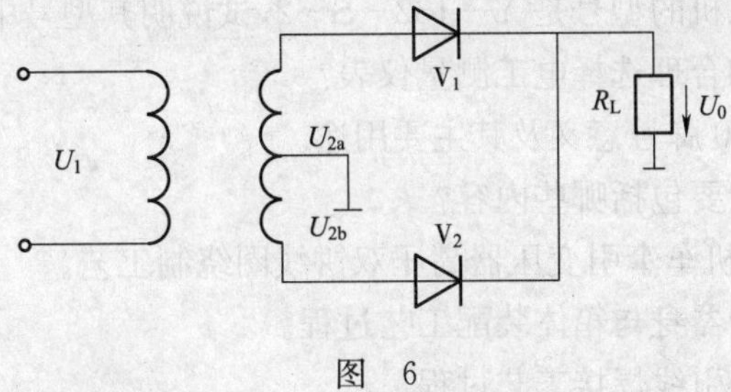

图 6

6. 如图 7 所示，求电流 i 及各电压源产生的功率。

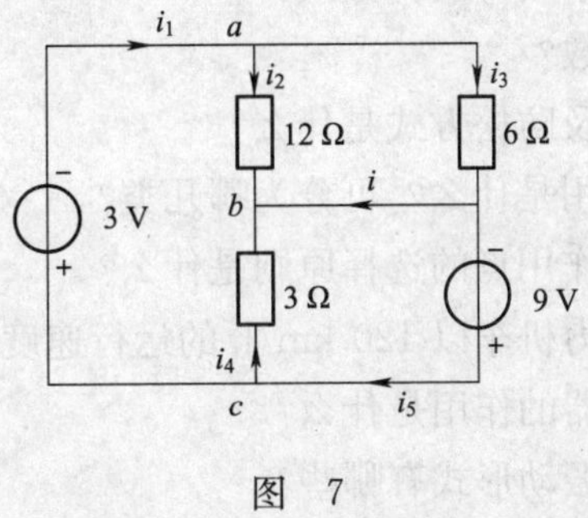

图 7

7. 如图 8 所示，求电流 i。

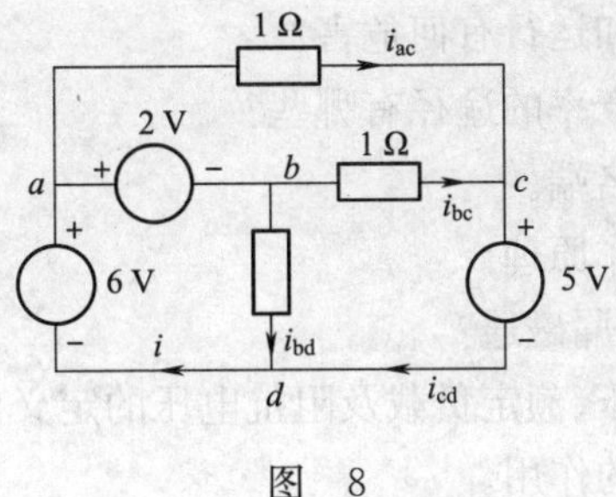

图 8

8. 如图 9 所示电路,求电源的功率。

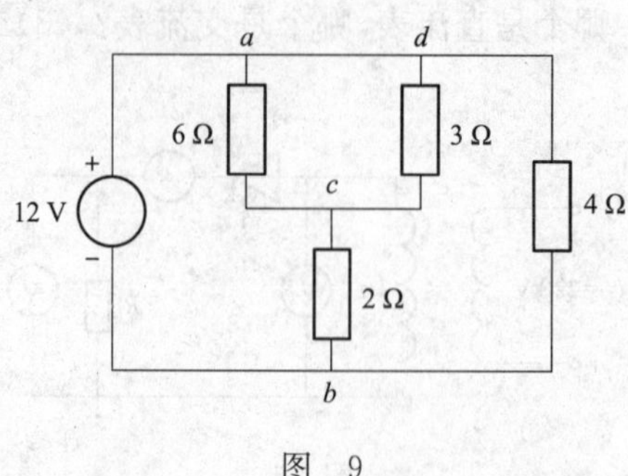

图 9

9. 一电动客车运行时,牵引电机电压为 750 V,电流为 400 A,求牵引电机此时的功率,若在此功率下运行 5 min,问消耗电能是多少?

10. 一台三相异步电机的型号是 Y—132—S—2,试说明其型号中各部分的意义。

11. 如何正确使用和合理选择电工测量仪表?

12. 试述铸铁 HT150 牌号意义及其主要用途。

13. 装配工艺规程主要包括哪些内容?

14. 试述韶山 7C 型机车牵引变压器高压双饼线圈绕制工艺。

15. 试述壳式变压器器身与箱体装配工艺过程。

16. 试述芯式变压器引线焊接工艺过程。

17. 试述无碱玻璃丝带制作工艺过程。

18. 变压器真空注油可以采用哪两种方式?

19. 为什么要提高功率因数?

20. 螺纹连接的防松原理及防松方式是什么?

21. 冷却润滑液的主要作用是什么? 可分为哪几类?

22. 夹紧力的作用方向和作用点的选择原则是什么?

23. 正常状态下,SS_3 型电力机车以 120 km/h 的运行速度运行时,牵引力为多少?

24. 电力机车上平波电抗器的作用是什么?

25. 电力机车在运行中的振动形式有哪些?

26. 高速电力机车,为什么要设计成制造工艺复杂的流线形车体?

27. 电力机车的振动有什么危害性?

28. 电源缺相对电机启动和运行有何危害?

29. 提高机械加工劳动生产率的途径有哪些?

30. 如图 10 所示,判断同名端。

31. 叙述变压器的基本工作原理。

32. 什么是主磁通,什么是漏磁通?

33. 叙述变压器的额定电压、额定负载及阻抗电压的定义。

34. 请说明变压器储油柜的作用。

35. 变压器有哪些损耗? 这些损耗有什么不同?

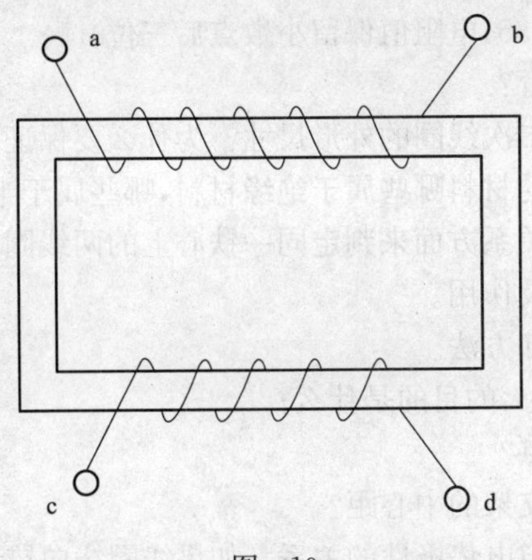

图 10

36. 为什么电流互感器不能在副边开路的情况下运行?

37. 测量变压器绝缘时应注意哪些问题?

38. 变压器铁心为什么要接地?

39. 瓦斯继电器的作用是什么?

40. 一台单相变压器,额定容量 310 kVA,一次侧额定电压 380 V,二次侧额定电流 925 A,求一次侧额定电流和二次侧额定电压。

41. 一台单相变压器,额定容量 315 kVA,一次侧额定电压 380 V,二次侧额定电压 860 V,求一次、二次侧额定电流。

42. 如何配制环氧树脂?

43. 线圈整形架日常应做哪些维护?

44. 互感器铁心叠片有什么质量要求?

45. 线圈的左右绕向是怎样定义的?

46. 简述 LZZBJ9—10A、100/5(1)0.2S/5P15、15/15VA、400AW 各个参数的含义。

47. 机械设备定期保养的主要范围有哪些?

48. 误差试验时,CT 二次侧为何不许开路?

49. 为什么要进行局部放电控制?

50. 填写流检卡的目的是什么?

51. 一次线上尖角毛刺为什么要挫平,放线圈的拖板上为什么不准有灰尘和杂质?

52. 请说明铁磁谐振的产生条件有哪些。

53. 量具使用应注意哪些方面?

54. 试述螺钉 M12×50GB8—88 代号的含义。

55. 使用氧气瓶时应注意哪些事项?

56. 简述装模前模具的清理及准备事项。

57. 铁心包扎时为什么要上角环?聚酯薄膜起什么作用,为什么要半叠包扎?塑料粘胶带的作用是什么,为什么也要半叠包扎?

58. 为什么互感器二次线圈要做到防尘、防潮?能造成什么影响?

59. 在温度 20℃时,测得一互感器的一次侧铜绕组的直流电阻为 0.52 Ω,问换算到 75℃

的电阻值为多少?(铜系数 235,电阻值保留小数点后三位)

60. 什么叫安全生产教育?

61. 为什么要严格控制二次线圈的外形尺寸?为什么要保证一、二次线圈之间的距离?

62. 铁心及线圈包扎用的材料哪些属于绝缘材料,哪些属于半绝缘材料?

63. 怎样从建立磁通的关系方面来判定同一铁心上的两线圈的同极性端?

64. 试述电焊条的组成及作用。

65. 简述锈死螺钉的拆卸方法。

66. 在热处理工艺中,退火的目的是什么?

67. 银基焊料有哪些特点?

68. 为什么要保证线圈支架的中心距?

69. 简述线圈之间绕向与电势极性的关系。如果线圈绕向错误,会造成什么后果?

70. 引线绝缘包扎后刷漆的作用是什么?

71. 绕制二次线圈时要注意什么?

72. 绕制电流互感器二次线圈时为什么不能将漆包线拉得太紧,又不能太松?

73. 有人员发生触电事故后应立即采取什么措施?

74. 根据磁性,金属材料分为哪三类?

75. 公差与偏差的概念有何不同?

76. 什么是导向冷却?

77. 简述螺旋式线圈的结构特点及适用性。

78. 简述玻璃丝包导线和纸包绝缘导线的特性和用途。

79. 将三个 10 Ω 电阻接成星形后,接到线电压为 220 V 的三相电源上,另外再将三个阻值相同的电阻接成三角形,也接到该电源上。如果两组负荷的线电流相同,求接成三角形的电阻阻值及每个电阻中流过的电流。

80. 简述电力机车平波电抗器总装程序。

81. 提高机械加工劳动生产率的途径有哪些?

变压器、互感器装配工(高级工)答案

一、填 空 题

1. 基准中心要素　2. 完整　3. 给予断开　4. 涡流
5. 导磁　6. 凝点　7. 绝缘　8. 电感电容
9. 基孔　10. 基本偏差数　11. 孔　12. 电阻焊
13. 变压器油　14. 无溶剂漆　15. 粘合胶　16. 不同
17. 初相角　18. 90°　19. 冷却系统　20. 日常工艺管理
21. 自作标记　22. 工艺文件　23. 线圈绕制　24. 对装
25. 纵绝缘　26. 银　27. 专用　28. 水分
29. 罗茨泵　30. 冷凝水　31. 50　32. 一致
33. 高　34. 变压器铁心　35. 磁滞损耗　36. 铁心
37. 正比　38. ODAF、KDAF　39. 25　40. 绑扎
41. 空心电抗器　42. 气隙　43. 小　44. 800
45. 真空或充氮　46. 多点接地　47. 防锈　48. QJ44
49. 4　50. 电加热　51. 终干　52. 充气
53. 引线　54. 酚醛布板　55. 3～5　56. 30
57. 原边绕组匝数,副边绕组匝数　58. 变压,变流　59. 相位
60. 双电压表　61. 异名端　62. 寻找漏油点　63. 温度继电器
64. 电流　65. 30%　66. 电流
67. 强迫导向油循环风冷　68. F级　69. 防油老化
70. 风机组　71. 铜屏蔽　72. 防锈　73. 器身总整形
74. 设计值有误　75. 高　76. 例行　77. 100
78. 500 V　79. 用纸板隔开　80. 1　81. 两对角线
82. 局部放电　83. 爬电　84. 广口瓶　85. 升高
86. 铁心饱和　87. 加防护罩　88. 20 mm　89. 绝缘件吸油
90. 机械强度　91. 温升　92. 缩短　93. 降低
94. 涡流　95. 下降　96. 短路　97. 3 kV
98. 接地　99. 电弧焊　100. 大　101. 自动
102. 铜耗　103. 不需　104. 补油　105. 155
106. 酸值　107. 0.1%　108. 测量装置　109. 0
110. 绝缘电阻　111. 线圈　112. 层间　113. 机械
114. 耐热强度　115. 功率　116. 主磁通　117. 105
118. 绕向　119. 负载　120. 增大　121. 功率

122. I_2减小 I_1也减小	123. 0～150 V	124. 更长	125. 额定电流
126. 长度和所处位置	127. 6℃	128. 下降	129. 120
130. 2 000	131. 空气	132. 250 V	133. 装配连接
134. 聚酯薄膜漆包	135. 手摇发电机	136. 传输电能	137. 一点
138. 散热	139. 增加机械强度	140. 降低	141. 增加
142. 增加	143. 短路	144. 65K	145. 绝缘强度
146. 圆圈	147. 尺寸线	148. 基准中心要素	149. 星形
150. $3K_i$	151. 电流	152. 电流互感器	153. 大小
154. 平衡不好	155. H	156. 压缩蠕变	157. 粘度
158. 粘合剂	159. 宽度	160. 线圈绕制	161. 高
162. 心柱	163. 双电压表	164. 开路	165. 容性
166. 下降	167. 真空	168. 人工呼吸	169. 最短直线
170. 短路			

二、单项选择题

1. A	2. A	3. A	4. D	5. C	6. B	7. B	8. A	9. C
10. C	11. C	12. C	13. B	14. A	15. C	16. A	17. B	18. B
19. A	20. B	21. B	22. A	23. B	24. D	25. D	26. A	27. A
28. D	29. B	30. C	31. A	32. D	33. D	34. B	35. B	36. A
37. B	38. A	39. C	40. B	41. A	42. A	43. C	44. D	45. A
46. D	47. B	48. D	49. C	50. B	51. C	52. A	53. A	54. C
55. B	56. A	57. D	58. D	59. A	60. D	61. A	62. B	63. C
64. A	65. C	66. D	67. D	68. C	69. B	70. C	71. B	72. A
73. D	74. B	75. B	76. D	77. A	78. D	79. B	80. A	81. B
82. C	83. A	84. C	85. A	86. B	87. C	88. D	89. D	90. A
91. A	92. D	93. A	94. A	95. B	96. C	97. C	98. C	99. A
100. A	101. B	102. B	103. D	104. D	105. A	106. B	107. C	108. D
109. A	110. C	111. B	112. C	113. A	114. B	115. B	116. B	117. D
118. A	119. A	120. C	121. B	122. D	123. A	124. B	125. B	126. A
127. C	128. A	129. D	130. D	131. B	132. B	133. A	134. B	135. A
136. A	137. D	138. A	139. B	140. C	141. A	142. D	143. A	144. C
145. B	146. D	147. D	148. A	149. C	150. B			

三、多项选择题

1. BC	2. ABC	3. ABC	4. AB	5. BC	6. ACE	7. AC
8. AB	9. ABD	10. BCD	11. ABD	12. ABCD	13. AC	14. AB
15. BC	16. AB	17. ABD	18. AB	19. ABC	20. AB	21. AB
22. ACD	23. AB	24. BC	25. ABC	26. AB	27. ABC	28. ABCD
29. ABC	30. BCD	31. ABC	32. ABCD	33. ABCD	34. ABC	35. ABCD

36. ACD　37. AB　38. ABC　39. ABCD　40. AE　41. AD　42. AC
43. ABC　44. AD　45. ABCD　46. ABCD　47. ABCD　48. ABCD　49. ABCD
50. ABC　51. ABCD　52. AB　53. ABC　54. ABCD　55. ACD　56. ABCD
57. ABCDE　58. AB　59. ABC　60. ABC　61. ABCD　62. ABD　63. ABC
64. ABCDE　65. ACD　66. AB　67. AC　68. ACD　69. AB　70. ABD
71. AB　72. ABD　73. BCDE　74. ABCD　75. ABC　76. ABD　77. ABC
78. AD　79. BC　80. AB　81. AD　82. ACD　83. ABCDE　84. ABCD
85. AB　86. ABCD　87. ABC　88. ABD　89. ABCD　90. BCD　91. ABCD
92. ABD　93. ABCD　94. ABC　95. ABC　96. ABC　97. ABC　98. BCD
99. ABCD　100. ABCD　101. ABCD　102. ABCD　103. ABCE　104. AB　105. ABD
106. AB　107. ABCD　108. AB　109. ABCD　110. AD　111. AD　112. ABC
113. BD　114. ABC　115. ABE　116. BC　117. ABD　118. BC　119. ABEF
120. ABCD　121. AC　122. ABCD　123. ABCD　124. BCD　125. AB　126. BCD
127. AB　128. AC　129. BC　130. ABD　131. ABC　132. AB　133. AD
134. ABC　135. ABD　136. ABD　137. ABD　138. ABC　139. AB　140. ACD
141. ABC　142. ABCD　143. ABC　144. AB　145. AB　146. ABCD　147. ABC
148. ABC　149. AC　150. ABC　151. AB　152. ABCD　153. AC　154. BCD
155. AB　156. ABC　157. AB　158. ABCD　159. ABC　160. ABCDEF

四、判 断 题

1. √　2. ×　3. ×　4. √　5. ×　6. √　7. ×　8. ×　9. ×
10. √　11. √　12. √　13. √　14. √　15. ×　16. √　17. ×　18. ×
19. √　20. √　21. √　22. √　23. √　24. ×　25. √　26. √　27. ×
28. ×　29. √　30. √　31. ×　32. √　33. √　34. √　35. √　36. √
37. √　38. √　39. √　40. √　41. √　42. √　43. √　44. √　45. √
46. √　47. √　48. ×　49. √　50. √　51. √　52. √　53. √　54. √
55. ×　56. √　57. √　58. √　59. √　60. √　61. √　62. √　63. √
64. √　65. √　66. ×　67. ×　68. √　69. ×　70. ×　71. ×　72. √
73. √　74. √　75. √　76. ×　77. √　78. √　79. ×　80. √　81. ×
82. √　83. ×　84. ×　85. ×　86. ×　87. ×　88. √　89. √　90. √
91. ×　92. ×　93. √　94. √　95. √　96. ×　97. √　98. √　99. √
100. √　101. ×　102. √　103. √　104. ×　105. ×　106. √　107. √　108. √
109. ×　110. ×　111. √　112. ×　113. √　114. ×　115. √　116. ×　117. ×
118. √　119. √　120. √　121. ×　122. ×　123. ×　124. √　125. √　126. ×
127. √　128. √　129. √　130. ×　131. ×　132. √　133. √　134. ×　135. ×
136. √　137. ×　138. √　139. ×　140. ×　141. √　142. ×　143. √　144. ×
145. √　146. √　147. √　148. ×　149. ×　150. ×　151. √　152. √　153. √
154. ×　155. ×　156. ×　157. √　158. ×　159. √　160. √　161. ×　162. √
163. √

五、简 答 题

1. 答:绝缘材料又称电介质(1分)。通俗地讲绝缘材料就是能够阻止电流在其中通过的材料,即不导电材料(1分)。常用的绝缘材料有:气体,如空气、六氟化硫等;液体,如变压器油、电缆油、电容器油等;固体材料,包括两类,一是无机绝缘材料,如云母、石棉、电瓷、玻璃等,另一类是有机物质,如纸、棉纱、木材、塑料等(3分)。

2. 答:因为电阻、电容、电感上的电压不同相,总电压等于各元件上电压的相量和(5分)。

3. 答:在一个交变的主磁通作用下感应电动势的两线圈,在某一瞬时,若一侧线圈中有某一端电位为正,另一侧线圈中也会有一端电位为正,这两个对应端称为同极性端(或同名端)(5分)。

4. 答:电源电压为220 V,电动机绕组接成△形(2.5分)。电源电压为380 V,电动机绕组接成Y形(2.5分)。

5. 答:过滤的目的是除去油中的水分和杂质,提高油的耐电强度,保护油中的纸绝缘,也可以在一定程度上提高油的物理、化学性能(5分)。

6. 答:变压器套管的作用是,将变压器内部高、低压引线引到油箱外部,不但作为引线对地绝缘,而且担负着固定引线的作用,变压器套管是变压器载流元件之一,在变压器运行中,长期通过负载电流,当变压器外部发生短路时通过短路电流(2分)。

因此,对变压器套管有以下要求:

(1)必须具有规定的电气强度和足够的机械强度(1分)。

(2)必须具有良好的热稳定性,并能承受短路时的瞬间过热(1分)。

(3)外形小、质量小、密封性能好、通用性强和便于维修(1分)。

7. 答:表面平整度高,厚度均匀,叠装系数高,磁感应强度高而铁损低(5分)。

8. 答:耐热性好;绝缘层厚度比同等级的双玻璃丝漆包线薄而均匀;密封性好,提高了导线的防潮性能、电性能、抗切通性能等(3分)。由于薄膜的柔韧性好,使这种导线在弯曲时绝缘层保持完好,无破裂现象(2分)。

9. 答:(1)防止油温过高,及时散热(2分)。

(2)随时除去随空气进入变压器的水分和油的氧化产物(3分)。

10. 答:当二次绕组接上负载后,二次侧便有电流 I_2,产生的磁动势使铁心内的磁通趋于改变,但由于电源电压不变,铁心中主磁通也不改变(2分)。由于磁动势平衡原理,一次侧随即新增电流 I_1,产生与二次绕组磁动势相抵消的磁动势增量,以保证主磁通不变(2分)。因此,一次电流随二次电流变化而变化(1分)。

11. 答:(1)在保证使用性能要求的条件下,应尽量选用较低的公差等级(2分)。

(2)选用公差等级要考虑配合性质(1分)。构成过渡配合和过盈配合的孔轴尺寸应选用较高的公差等级(1分)。

(3)选用公差等级应考虑相配合零件之间的精度协调(1分)。

12. 答:(1)优先选择基孔制(1分)。

(2)特殊情况下选用基轴制(2分)。

(3)按标准件选用基准制(2分)。

13. 答:表面粗糙度代号、符号应标注在图样上可见轮廓线、尺寸界线或它们的延长线上,符号的尖端必须从材料外指向表面(5 分)。

14. 答:50～60 Hz 的交流电 10 mA 和直流电 50 mA 为人体安全电流(5 分)。

15. 答:变压器进行直流电阻试验的目的是检查绕组回路是否有短路、开路或接错线,检查绕组导线焊接点、引线套管及分接开关有无接触不良(3 分)。另外,还可核对绕组所用导线的规格是否符合设计要求(2 分)。

16. 答:将变压器油在规定的条件下加热,直到其蒸汽与空气的混合气体接触发生闪火时的最低温度,即为该油的闪点(2 分)。变压器油的闪点是采用闭口杯法测定的(1 分)。测定变压器油的闪点是有实际意义的,对于新充入设备及检修处理后的油,测定闪点可以防止或发现是否混入轻质油品。闪点对油运行监督也是不可缺少的项目,闪点低表示油中的挥发性可燃物产生,这些低分子碳氢化合物往往是由于电器设备局部故障造成过热,使绝缘油高温分解产生的。因此,可通过测定闪点及时发现电器设备严重过热故障,防止由于油品闪点降低,导致设备发生火灾或爆炸事故。近年来由于对运行设备中的油定期进行气相色谱分析,因此可不再做闪点测定。但对新油、没有气相色谱分析资料的设备或不了解情况的油罐运输的油,还必需进行油的闪点测定(2 分)。

17. 答:酸值是表示油中含有酸性物质的数量,中和 1 g 油中的酸性物质所需的氢氧化钾的毫克数称为酸值(2 分)。酸值包括油中所含有机酸和无机酸,但在大多数情况下,油中不含无机酸。因此,油酸值实际上代表油中有机酸的含量。新油所含有机酸主要为环烷酸。在贮存和使用过程中,油因氧化而生成的有机酸为脂肪酸。酸值对于新油来说是精制程度的一种标志,对于运行油来说,则是油质老化程度的一种标志,是判定油品是否能继续使用的重要指标之一(3 分)。

18. 答:干燥处理的目的是提高绕组的绝缘水平(2 分)。在一定压力下干燥,可使绝缘纸板压缩,从而提高绕组的机械强度(3 分)。

19. 答:如果在发电机定子中放置三个完全相同而独立的绕组,并且使三个绕组的空间位置互差 120°电角度,那么当电枢转动时,各绕组就切割磁场,而产生频率相同、振幅相同而仅相位互差 120°的感应电势,从而产生相应的电流,即三相交流电(5 分)。

20. 答:(1)每相只需一根线,铜耗量少(1 分)。

(2)三相发电机的铁心与电枢磁场利用充分、造价低(2 分)。

(3)三相四线制可以向用户提供两种不同数值的电压(2 分)。

21. 答:在交流电路中,有功功率与视在功率的比值,即 $P/S=\cos\phi$,叫功率因数(2 分)。

意义在于:在总功率不变的条件下,功率因数越大,则电源供给的有功功率越大(2 分)。这样,提高功率因数,可以充分利用输电与发电设备(1 分)。

22. 答:应尽可能进行多次测量,并取各次测定值的算术平均数,以减少随机误差的影响(4 分)。测量次数越多,其随机误差越小(1 分)。

23. 答:将器身置于烘房内,对变压器进行加热,器身温度持续保持在 95～105℃左右,每 2 h 测量各侧的绝缘电阻一次,绝缘电阻由低到高并趋于稳定,连续 6 h 绝缘电阻无显著变化,即可认为干燥结束(5 分)。

24. 答:油的击穿电压值对整个变压器的绝缘强度影响很大,如不事先试油,可能因油不合格导致变压器在耐压试验时放电,造成变压器不应有的损伤(5 分)。

25. 答:电器绝缘内部存在缺陷是难免的,例如固体绝缘中的空隙、杂质,液体绝缘中的气泡等(1分)。这些空隙及气泡中或局部固体绝缘表面上的场强达到一定值时,就会发生局部放电(2分)。这种放电只存在于绝缘的局部位置,而不会立即形成贯穿性通道,故称为局部放电(2分)。

26. 答:摇测60 s的绝缘电阻值与15 s时的绝缘电阻值之比称为吸收比(3分)。测量吸收比的目的是发现绝缘受潮(2分)。

27. 答:(1)检查、监督和协调各有关部门,及时做好各项生产作业准备工作(1分)。

(2)检查各生产环节的坯件、零件、部件、半成品等的投入产出进度,及时发现和解决生产作业计划执行过程中的问题(1分)。

(3)督促检查原材料、工具、动力等的供应情况和厂内相关运输工作(1分)。

(4)根据生产需要合理调整劳动力,做好作业核算工作,做好对轮班、周、旬和月计划完成情况的统计分析工作(2分)。

28. 答:(1)保证产品质量,满足产品设计要求(1分)。

(2)生产能力要适应生产纲领的要求,用最少的劳动量完成生产任务(1分)。

(3)改善劳动条件,降低劳动强度,保证人身安全(1分)。

(4)保证设备和工装的完全可靠,避免非正常的损耗和事故发生(1分)。

(5)保证合理的材料、燃料、动力等的最低材料(1分)。

29. 答:工艺规程是在长期生产实践中不断总结先进技术、先进经验的基础上制定的(2分)。因为它不仅规定了产品的工艺路线,还规定了所用设备和工艺装备等,按它的规定完成工艺过程,就能更好地保证产品质量和生产率要求,以实现"优质、高产、低消耗",所以它是组织生产和指导生产的依据(3分)。

30. 答:(1)根据工厂方针目标和发展规划选题(2分)。

(2)根据生产中的关键或薄弱环节选题(2分)。

(3)根据用户需要选题(1分)。

31. 答:企业以保证和提高产品质量为目标,运用系统的概念与方法,把质量管理的各阶段、各环节的质量职能组织起来,形成一个既有明确任务、职责和权限,又能互相协调、互相促进的有机整体(5分)。

32. 答:在生产过程中,按照规定的技术要求,将若干个零件结合成机器,或将若干个零件和部件结合成机器的过程,称为装配(5分)。

33. 答:(1)开始阶段:新油本身抗氧能力较强,氧化速度缓慢,油中生成的氧化物极少(1.5分)。

(2)发展阶段:由于温度和其他外因的影响,氧化速度加快,油开始生成稳定的能溶于油和水的氧化物(1分)。氧化过程不断加强,进而生成固体产物,即油泥(1分)。

(3)迟滞阶段:氧化的某些产物抑制了氧化反应,使氧化速度减慢(1.5分)。

34. 答:这些气体主要有甲烷(CH_4)、乙烷(C_2H_6)、乙烯(C_2H_4)、乙炔(C_2H_2)、一氧化碳(CO)、二氧化碳(CO_2)和氢(H_2)(5分)。

35. 答:铁心及其金属件由于所处电场位置不同产生电位也不同,造成放电,使变压器油分解,并容易将固体绝缘损坏,导致事故的发生(1分)。为避免上述情况发生,将铁心及其他金属件与油箱连接,然后接地(1分)。使它们同处于等电位(零电位)(1分)。如果两点接地,相当于铁心两侧短路,就会产生环流,使铁心局部过热,增加损耗,所以只允许一点接地(2分)。

36. 答:铁心上部分通过接地线与箱体接地,铁心下部分通过接地片与箱体接地,若上、下部分铁心不绝缘,那么将会形成回路,铁心内产生环流,会发热,造成烧损铁心的故障(5 分)。

37. 答:主要原因有:器身出炉后暴露时间过长;变压器油不合格;真空干燥处理不彻底;器身表面不清洁;套管瓷件不干净或有裂痕(5 分)。

38. 答:凡对工件进位定位、夹紧、移动、翻转,一般均需借助人力或附属于设备上,才能完成工艺过程中某一工序,或完成生产辅助过程的机具均称为工艺装备(5 分)。

39. 答:(1)检查翻转胎,各部件可靠无异常(0.5 分)。

(2)借助起重机将翻转胎翻起,用轴销锁住,确认可靠,摘钩(1 分)。

(3)在叠装胎工作面上放置铁心下侧夹件、夹件油道等,进行铁心叠装(1 分)。

(4)铁心叠装完毕,放置上侧夹件、夹件油道等,并将心柱夹紧,铁心与叠装胎固定(1 分)。

(5)借助起重机将翻转胎徐徐回翻,使得铁心立起,吊走(1 分)。

(6)用盖板盖好地坑口(0.5 分)。

40. 答:滤油机带动油流在冲洗装置管路同高速流动油流通过管路上的小孔高速喷射,对器身进行清洗(5 分)。

41. 答:(1)检查管路连接,油位正常(1 分)。

(2)打开冲洗罐上盖,用起重机将器身徐徐落入罐内(1 分)。

(3)打开滤油机,使油高速循环流动,使高速油流通过罐内管道上预置的小孔喷射器身,达到清洗的目的(1 分)。

(4)清洗 30 min 左右后,关闭滤油机,器身在罐内保持约 30 min,使器身上的油自然滴回罐内(1 分)。

(5)吊走器身,关闭冲洗罐上盖(1 分)。

42. 答:通过大电流变压器将原边输入的 380 V 或 220 V 小电流电压变为低电压、大电流,大电流通过电阻大的碳精块后,碳精块发热加热,夹在碳精块之间的工件,焊条钎焊(5 分)。

43. 答:干燥罐通过热风循环、管道蒸汽、管道油或电加热装置将置于罐内的变压器器身加热,标准大气压下到 100℃时,器身的水分变成蒸汽被抽走,通过抽真空,使罐内真空度降低,水变成蒸汽的温度降低,在真空罐温度还没有达到很高时,水已经蒸发成蒸汽被抽走,缩短了干燥时间(5 分)。

44. 答:预热的目的是要提高器身的温度至 100℃以上,使水分蒸发,如果没有预热或预热时间过短,抽真空后器身升温较慢,将影响干燥(2 分)。但升温过快,会使器身受热不均,器身上蒸发的水分遇冷铁心会凝结成水,附着在铁心上(1.5 分)。另外,升温过快,绝缘表面很快干燥收缩,而内层水分仍蒸发不出去,往往造成厚层绝缘件开裂(1.5 分)。

45. 答:同步电动机带动中频发电机,输出稳定 200 Hz 电压(5 分)。

46. 答:异步电动机带动同步电动机,同步电动机带动同步工频发电机,输出 50 Hz 电压(5 分)。

47. 答:变压器并联运行应满足以下条件:

(1)联结组标号相同(0.5 分)。

(2)一、二次侧额定电压分别相等,即变比相等(1 分)。

(3)阻抗电压值(或百分数)相等(0.5 分)。

若不满足上述条件会出现的后果：

(1)联结组标号(连接组别)不同，则二次电压之间的相位差会很大，在二次回路中产生很大的循环电流，相位差越大，循环电流越大，肯定会烧坏变压器(1分)。

(2)一、二次侧额定电压分别不相等，即变比不相等，在二次回路中也会产生循环电流，占据变压器容量，增加损耗(1分)。

(3)阻抗电压值(或百分数)不相等，负载分配不合理，会出现一台满载，另一台欠载或过载的现象(1分)。

48. 答：并绕导线由于在空间和磁场中所处位置的不同，对于某一假设短路点，两根导线之间存在电位差，所以造成环流，会使导线发热，增加损耗(5分)。

49. 答：硅钢片毛刺太大，将会使叠片系数降低，即减小了铁心的有效截面，使磁通密度增加，损耗增加(3分)。另外，过大的毛刺会使片间短路，铁心的涡流损耗增加(2分)。

50. 答：叠装铁心时，测量铁心叠厚是为保证设计要求的铁心直径，以免过大或过小(2分)。如不符合要求，应重新测量各级叠厚，消除硅钢片搭片、错片、毛刺、弯曲等缺陷(3分)。

51. 答：硅钢片涂漆使两片铁心片互相绝缘起来，使涡流只能在一片铁心片内流动，如两片间没有绝缘就等于是一片，涡流损耗就会增大四倍(5分)。

52. 答：铁心片在剪切、冲孔、主传输等过程中，使铁心片产生了内应力，局部地改变了金属的金相结构，降低了磁导率，增加了磁滞损耗，因此铁心片要经过退火处理(5分)。

53. 答：测量铁心中的空载电流 I_0 和空载损耗 P_0，发现磁路中的局部或整体缺陷，根据感应耐压试验前后两次空载试验测得的空载损耗比较，判断绕组是否有匝间击穿情况等(5分)。

54. 答：因为穿心螺杆能增加铁心损耗，而且需要在每个叠片中冲孔，并需要将螺栓与铁心和夹件绝缘起来，这就带来了绝缘损坏的危险性(5分)。

55. 答：直接缝、半直半斜接缝、全斜接缝(5分)。

56. 答：卷铁心用带料电工钢片连续卷成，磁通符合扎制方向，导磁性能好(2分)。但绕组需用专用设备在其上直接绕制(2分)。适用于电流互感器、接触式调压器(1分)。

57. 答：卷铁心是用带料电工钢片卷制而成的，存在于材料中的机械应力很大，电磁性能受到破坏，增加了铁心损耗(3分)。因此，为了消除机械应力，恢复材料本身的电磁性能，必须进行退火处理(2分)。

58. 答：铁心与夹件地脚绝缘，通过专门的铁心接地铜片形成一点接地(2分)。如果铁心与夹件地脚不绝缘，那么安装接地片后，就会形成多点接地(2分)。这是不允许的(1分)。

59. 答：因为器身中有大量的绝缘纸板，绝缘纸板在空气中容易吸潮，如将潮气带入变压器油中，就会影响变压器油的绝缘强度(4分)。因此器身绝缘一定要经过干燥处理(1分)。

60. 答：要求搭接面积为引线截面的3～5倍，焊点光滑无焊瘤、无夹角、毛刺，去除氧化皮，无虚焊假焊(5分)。

61. 答：刷在铜排上可以防止铜排对油的老化的催化作用，刷在包扎的绝缘上可形成漆膜，防止潮气浸入，形成油漆纸，使介电系数均等分布(5分)。

62. 答：当变压器内部发生故障时，大量的气体可冲破防爆装置的玻璃板，起到泄压，保护变压器的作用(5分)。

63. 答：变压器的清洁度对变压器的电气绝缘强度影响很大，若绝缘件中有粉尘，经油冲洗就会流动起来，因其中有许多金属粒子在电场作用下排成串，形成带电体之间的通路，造成放电破坏(5分)。

64. 答:变压器抽真空后注油,可以很大程度地避免油内溶有气泡,提高变压器油的绝缘性能,提高变压器过载能力(5分)。

65. 答:(1)硅钢片之间绝缘不良(0.5分)。

(2)铁心中某一部分硅钢片之间短路(1分)。

(3)穿心螺杆或压板的绝缘损坏造成铁心的局部短路(1分)。

(4)绕组匝间短路(0.5分)。

(5)绕组并联支路短路(1分)。

(6)各并联支路的匝数不相同(1分)。

66. 答:如果将变压器油通过储油柜以较大的流速注入油箱内时,在变压器油内容易积聚静电,当变压器油粘度较大或夹杂有小固体时,或在干燥的冬天时,静电更容易积聚,静电积聚到一定程度就会发生电火花,所以一般不从上部注油,只有添补油时,才从上部进行(3分)。从下部注油时,可将进油管接地,使油靠本身压力慢慢地升高,也可避免静电火花的产生(2分)。

67. 答:变压器在进行感应耐压试验时,要求试验电压不低于两倍额定电压(1分)。若提高所施加的电压而不提高试验频率,则铁心中的磁通必将过饱和,这是不允许的(2分)。由于感应电动势与频率成正比,所以提高频率就可以提高感应电动势,从而在主、纵绝缘上获得所需要的试验电压(2分)。

68. 答:使用滤油机应注意:

(1)检查电源接线是否正确,接地是否良好(1分)。

(2)极板与滤油纸放置是否正确(1分)。压紧极板不要用力过猛,机身放置平稳(1分)。

(3)使用时应随时监视压力及油箱油位,发现油泵声音异常,应立即停用并进行检查(1分)。

(4)用完后将机箱内存油清理干净,断开电源(1分)。

69. 答:变压、变流、变阻和隔离(5分)。

70. 答:空载电流的主要作用是产生励磁磁势,从而在铁心中产生主磁通,使原副边绕组感生电势,实现变压功能(5分)。

71. 答:(1)使用前首先检查测试胎是否放平稳(2分)。

(2)表面清洁干净、不得有污物(1分)。

(3)各部件完好齐全(1分)。

(4)确认在合格有效期内(1分)。

72. 答:绝缘材料的主要作用是隔离带电或不同电位的导体,使电流按指定的方向流动(3分)。同时,绝缘材料还起机械支撑、保护导体及防晕灭弧等作用(2分)。

73. 答:绝缘材料在使用过程中,由于各种因素的长期作用,会发生化学变化和物理变化,使电气性能和机械性能变坏,这种变化称为绝缘材料的老化(5分)。

74. 答:(1)了解装配体,弄清它的工作原理、用途、结构等特点(1分)。

(2)选择表达方案,使主视图突出表示主要装配关系和结构特点(1分)。

(3)画装配图:①根据装配体的大小和选定的视图数量,确定图幅和比例;②画出主要的画图基准线;③画主要零件的轮廓线后,再画次要零件的轮廓线;④画小零件、小结构,如销、螺钉等;⑤检查底稿是否有遗漏地方;⑥编零件序号,填标题栏、明细表;⑦校核并清理图画(3分)。

75. 答:变压器在运行中,若并绕导线造成短路,在短时间内短路点通过的电流超过正常电流的十几倍以上,产生大量热量,烧毁线圈造成变压器无法正常运行(5分)。

76. 答:(1)绑扎(夹紧)的铁心紧固可靠(1分)。

(2)接地片数量正确,插入深度符合要求(1分)。

(3)环氧粘带固化后不得松动,光滑整齐,厚度、节距等符合要求(1分)。

(4)铁心柱倾斜度、总厚度、直径、离缝等合格(1分)。

(5)夹件对铁心、穿心螺杆对铁心及夹件绝缘合格(1分)。

77. 答:兆欧表是用来测量电器设备和线路绝缘电阻的专用仪表(5分)。

78. 答:(1)绕组在绕制中垫块未整形(2分)。

(2)绕组在存放中垫块有移动(1.5分)。

(3)绕组在吊运中磕碰等(1.5分)。

79. 答:(1)引线与接线片规格、尺寸、材质正确(1分)。

(2)清理接头处和焊丝的氧化物、铁锈、油漆、油污及水分等(2分)。

(3)依据图纸要求确定搭接面积、尺寸、焊料等(1分)。

(4)选择合适的气焊工具、设备等(1分)。

80. 答:零件图上的技术要求主要包括尺寸公差与配合,形状和位置公差、表面粗糙度,热处理及表面修饰,零件特殊加工要求以及有关检验、试验的说明(3分)。以上内容凡国家标准有规定的,都要按照国家标准要求标注,凡是没有规定的,可以用文字简明扼要地注写在图纸空白处,一般写在图纸右下方即标题栏上方(2分)。

81. 答:(1)了解部件的名称、结构、性能、用途和工作原理(2分)。

(2)了解各零件之间的装配、连接关系及运动情况(2分)。

(3)了解零件的主要结构形状和作用(1分)。

82. 答:(1)分析、检查、整理零件草图(2分);(2)确定图样比例及图纸幅面(1分);(3)绘制底稿(0.5分);(4)检查底稿(0.5分);(5)填写标题栏(1分)。

83. 答:分析已知条件,根据每一封闭线框的对应投影,按照基本几何体的投影特性,想出已知线框的空间形体,从而补画出第三投影(3分)。对于一时搞不清的问题,可以运用线面分析方法,补出其中的线条或线框,从而达到正确补出第三视图的要求(2分)。

84. 答:(1)具有很高的耐热性和优异的耐寒性。长期工作温度范围为−100～+200℃(1分)。

(2)具有优良的电绝缘性能(1分)。

(3)具有优异的耐臭氧老化、热氧老化、光老化和大气老化性能(1分)。

(4)具有较小的吸水性和良好的防霉性(1分)。

(5)无臭、无味、无生理毒害(1分)。

85. 答:(1)尽量采用1∶1的比例,有助于想象物体的形状和空间状态(2分)。

(2)对于庞大的零件,采用缩小的比例画图,以使图纸能够容纳(2分)。

(3)特别小的零件采用放大的比例,以便绘制和看图(1分)。

86. 答:铁心的搭接式就是铁心柱和铁轭的硅钢片之间部分交错搭接在一起,使接缝交错遮盖(5分)。

87. 答:铁心叠制后表面刷漆的要求是:涂刷均匀,漆膜光滑不宜过厚(5 分)。

88. 答:单电流比电流互感器、多电流比电流互感器、复合电流比电流互感器(5 分)。

89. 答:粘接强度高,固化后收缩率小,耐化学药品腐蚀,绝缘性能好(5 分)。

90. 答:35 表示硅钢片公称厚度为 0.35 mm,Q 表示取向硅钢片,130 表示铁损为 1.30 W/kg(5 分)。

91. 答:干式电压互感器、浇注式电压互感器、油浸式电压互感器、气体绝缘电压互感器(5 分)。

92. 答:(1)增加铁心的刚性(1 分)。

(2)避免机械加工时的冷却液和切削粉末进入铁心内(2 分)。

(3)防止切开后铁心片散开(2 分)。

93. 答:(1)防止受潮(1 分)。

(2)增加线匝的机械强度(2 分)。

(3)提高电气强度(1 分)。

(4)增加散热效果(1 分)。

94. 答:(1)在长期额定电流或额定扩大一次电流下,温升不超过规定值(2.5 分)。

(2)在短时热电流下最高发热温度不超过规定值(2.5 分)。

95. 答:国家标准 GB 1208 规定:在二次绕组短路的情况下,电流互感器能承受其电磁力作用和无电气或机械损伤的最大一次电流峰值称为额定动稳定电流(5 分)。

96. 答:断面用酒精擦拭干净,标识面相对应捆紧,对齐,焊接牢固(5 分)。

97. 答:用无毛纸把线圈塞紧,使线圈两端距铁心内窗两端距离相同(5 分)。

98. 答: 防止二次对地击穿(5 分)。

99. 答:防止真空浇注时进树脂,使产品的误差不合格(5 分)。

100. 答:焊接要牢靠、光滑,焊点用酒精擦拭干净(5 分)。

101. 答:半叠、光滑、平整(5 分)。

102. 答:(1)干式绝缘电流互感器(1.5 分);(2)油绝缘电流互感器(1.5 分);(3)浇注绝缘电流互感器(1 分);(4)气体绝缘电流互感器(1 分)。

103. 答:电压误差$=[(K_n \cdot U_s-U_p)/U_p]\times 100\%$,其中,$K_n$ 为变比;U_s 为二次电压;U_p 为一次电压(5 分)。

六、综 合 题

1. 答:(1)零件名称(锥形套筒)、比例(1∶1)、数量(1)、材料(Q235A)、图号(TD-101-01)(2 分)。

(2)零件图是(主)视图,采用(半)剖视(2 分)。

(3)零件外形由(圆柱体、圆锥台)两种基本几何体组成(2 分)。

(4)说明注有“1”的圆孔直径为(ϕ18),长度尺寸为(25)(2 分)。

(5)零件最长尺寸为(60),最大直径尺寸为(ϕ46)(2 分)。

2. 答:(1)俯视图采用(半)剖视(1 分)。

(2)是通孔(1 分)。从俯视图看是通孔(1 分)。

(3)外形尺寸有(70)、(20)、(ϕ28),定位尺寸有(56),60°是(定型)尺寸(2 分)。

(4)基本尺寸(16),基本偏差代号(H),基(孔)制,公差等级(8)级,(间隙)配合。上偏差(+0.033)、下偏差(0),最大极限尺寸(ϕ16.033),最小极限尺寸(ϕ16),公差(0.033)(5分)。

3. 答:(1)充电瞬间电流:$i_1=U/R_1=100/(10\times10^3)=10$(mA)(2分)。

放电瞬间电流:$U_C=U=100$ V;$i_2=U_C/(R_1+R_2)=100/[(10+20)\times10^3]\approx3.3$(mA)(2分)。

(2)充电稳定后,$U_C=U=100$ V;放电稳定后$U_C=0$(2分)。

(3)充电时间常数$\tau_1=R_1C=10\times10^3\times10\times10^{-6}=0.1$(s)(2分)。

放电时间常数$\tau_2=(R_1+R_2)C=(10+20)\times10^3\times10\times10^{-6}=0.3$(s)(2分)。

4. 答:(1)电压表V的读数:$U_0=0.45U_2=0.45\times20=9$(V)(2分)。

电流表读数:$I_0=U_0/R_L=9/(1\times10^3)=9$(mA)(2分)。

(2)电压表V_2是交流表,电流表和电压表为直流表(2分)。

(3)平均电流$I_V=I_0=9$ mA(2分),最高反向电压$U_{RM}=\sqrt{2}U_2=20\sqrt{2}=28.2$(V)(2分)。

5. 答:(1)$U_0=0.9U_{2a}$;$U_{2a}=U_{2b}=U_0/0.9=24/0.9=26.7$(V)(4分)。

(2)二极管平均电流$I_V=\frac{1}{2}I_0=\frac{1}{2}\times30=15$(mA)(3分)。

承受的最高反向电压$U_{RM}=2\sqrt{2}U_{2a}=2\sqrt{2}\times26.7=75.5$(V)(3分)。

6. 答:$u_{ab}=-3+9=6$(V);$u_{cb}=9$(V)。(2分)

$i_2=u_{ab}/12=0.5$(A);$i_4=u_{cb}/3=3$(A);$i=i_4+i_2=0.5+3=3.5$(A)。(2分)

$i_3=u_{ab}/6=1$(A);$i_5=i+i_3=4.5$(A);$i_1=i_5-i_4=1.5$(A)。(2分)

3 V电压源产生的功率$P_1=-3\times1.5=-4.5$(W)。(2分)

9 V电压源产生的功率$P_2=9\times4.5=40.5$(W)。(2分)

7. 答:$u_{bd}=6-2=4$(V);$i_{bd}=u_{bd}/1=4$(A);$u_{bc}+5+u_{db}=0$。(3分)

又因为$u_{db}=-u_{bd}$,所以,$u_{bc}=u_{bd}-5=-1$(V);$i_{bc}=u_{bc}/1=-1$(A)。(2分)

$u_{ac}=u_{ab}+u_{bc}=2-1=1$(V);$i_{ac}=u_{ac}/1=1$(A)。(2分)

$i_{cd}=i_{ac}+i_{bc}=1-1=0$;$i=i_{bd}+i_{cd}=4+0=4$(A)。(3分)

8. 答:$R_{ab}=(6/3+2)\times4/[4+(6/3+2)]=2\ \Omega$;电源功率$P=12\times\frac{12}{2}=72$(W)(10分)。

9. 答:$P=UI=750\times400=300$(kW),$Pt=300\times10^3\times5/60=25$(kW·h)=25(度)(10分)。

10. 答:Y为异步电动机;132为机座中心高132 mm;S表示机座为短号,铁心长度为2号;2表示磁极数为2极(10分)。

11. 答:(1)按测量对象的性质选择仪表类型(1分)。首先考虑是交流量、直流量,若为交流量要注意是正弦波、非正弦波,同时要区分是有效值、平均值、瞬时值、最大值,还要注意频率(2分)。

(2)按测量对象的实际需要,选择仪表等级(1分)。

(3)按测量对象和测量线路的电阻大小选择仪表内阻,要求电压表内阻值要大于被测对象电阻的100倍,电流表内阻值要小于被测对象电阻的1/100(3分)。

(4)按被测对象选择仪表的允许额定值,包括额定电压、电流和功率。不要用大量程的仪表去测量小量值,避免读数不准,更不要用小量程去测大量值,以免损坏仪表(3分)。

12. 答:HT 表示灰铁,150 表示单铸试棒最小抗拉强度 σ_b 为 150 MPa(4 分)。适用于承受中等载荷,如:机座、支架、工作台、法兰、泵体、阀体、飞轮、马达等(6 分)。

13. 答:(1)规定出所有零件和部件的装配顺序(2 分)。

(2)对所有的装配单元既有要保证的精度,又能获得最高生产率和最经济的装配方法(2 分)。

(3)划分工序、确定工序内容(1 分)。

(4)确定必须的工人等级(1 分)。

(5)选择完成装配工作所必须的工夹具及装配设备(2 分)。

(6)确定验收方法和装配技术条件(2 分)。

14. 答:(1)上线(1 分)。

(2)上绕线模(1 分)。

(3)内层导线加垫纸板条(1 分)。

(4)绕制单饼(1 分)。

(5)放置中间隔板(1 分)。

(6)预留线头焊接包绝缘(1 分)。

(7)绕制另一单饼(1 分)。

(8)线圈出头包绝缘(1 分)。

(9)线圈整体幅向拉紧(1 分)。

(10)下机床(1 分)。

15. 答:(1)下箱体立起(1 分)。

(2)下箱体调平(1 分)。

(3)器身翻转立起(1 分)。

(4)器身置入干油箱(1 分)。

(5)楔紧下楔板(1 分)。

(6)叠铁心(1 分)。

(7)放置铁心四周楔板(1 分)。

(8)扣上油箱(1 分)。

(9)楔紧上楔板(1 分)。

(10)合口处及底座连接处焊接(1 分)。

16. 答:(1)铜排与接线片焊接(1 分)。

(2)组装木梁与铜排(1 分)。

(3)线圈出头做好形状留合适长度(2 分)。

(4)将组装好的木梁与铜排与器身连接(2 分)。

(5)线圈出头与铜排焊接(2 分)。

(6)包绝缘(1 分)。

(7)刷漆(1 分)。

17. 答:(1)所用材料:0.1×50 mm 无碱玻璃丝带、E44 环氧树脂、三乙醇胺、工业纯酒精或乙醇(3 分)。

(2)配制过程:将无碱玻璃丝带卷倒松,放入烘箱经 100～120℃脱蜡处理 2 h。将环氧树脂在 50～60℃下熔化成流动液态，在 100 份环氧树脂中加入少量酒精，两者搅拌后，再加入 8～10 份三乙醇胺，继续搅拌并再加酒精，使胶液达到粘度为 25～30 s(用 4 号粘度计)，再将脱蜡的玻璃丝带浸泡在胶液中 2～3 h 取出，滴干胶液，即可使用(7 分)。

18. 答：(1)从变压器上部活门处接管路抽真空，抽到规定的真空度，从变压器的下部注油阀注油(5 分)。

(2)将变压器整体置入真空罐，注油管通过罐壁，与变压器注油阀相连，罐内真空度抽到规定数值时，罐外控制注油管注油(5 分)。

19. 答：为保证负载的有功功率 $P=UI\cos\phi$，在一定的电压有效值下，若 $\cos\phi$ 过小，电路中的电流势必会增加，从而导致视在功率 $P=UI$ 增加，一是有可能超过发电设备的容量限制，同时供电电流的增加势必使线路损耗增加，所以为了充分利用发电设备和减少线路损耗，应尽可能提高整个电力系统的功率因数(10 分)。

20. 答：螺纹连接的防松原理：螺纹连接件一般采用单线普通螺纹，螺纹升角小于螺旋副的当量摩擦角。因此，连接螺纹都能满足自锁条件(2 分)。此外，拧紧以后螺母和螺栓头部等支承面上的摩擦力也有防松作用，所以在静载荷和工作温度变化不大时，螺纹连接不会自动松脱，但在冲击、振动或变载荷的作用下，螺旋副间的摩擦力可能减小或瞬时消失(2 分)。这种现象多次重复后，就会使连接松脱，在高温或温度变化较大的情况下，由于螺纹连接件和被连接件的材料发生蠕变和应力松弛，也会使连接中的预紧力和摩擦力逐渐减小，最终将导致连接失效，螺纹连接一旦出现松脱，轻者会影响机器的正常运转，重者会造成严重事故(2 分)。因此，为了防止连接松脱，保证连接安全可靠，设计时必须采用有效的防松设施(1 分)。

防松的根本问题在于防止螺旋副相对转动，防松方法可分为摩擦防松(对顶螺母、弹簧垫圈、自锁螺母等防松)，机械防松(开口销与六角开槽螺母、止动垫圈、串联钢丝)，铆冲防松(3 分)。

21. 答：冷却润滑液的主要作用是：冷却作用；润滑作用；清洗作用(5 分)。

常用冷却润滑液主要有水溶液、乳化液和切削油三类(5 分)。

22. 答：夹紧力作用方向的选择原则：

(1)夹紧力的作用方向应不破坏工件定位的准确性，夹紧力方向应垂直主要定位基准面(2 分)。

(2)夹紧力的作用方向应使所需夹紧力尽可能最小(2 分)。

夹紧力作用点的选择原则：

(1)夹紧力的作用点应能保持工件定位稳固，而不致引起工件发生位移或偏转(2 分)。

(2)夹紧力的作用点应使夹紧变形尽可能小(2 分)。

(3)夹紧力的作用点应尽可能靠近被加工表面(2 分)。

23. 答：$\mu=0.24+12\div(100+8v)$(2 分)

其中，μ 为轮轨粘着系数；v 为运行速度(0.5 分)。

$\mu=0.24+12\div(100+8\times120)=0.2513$(2 分)

$F=\mu G$(2 分)

其中，F 为牵引力；G 为机车重量(SS_3 型取 136 t)(0.5 分)。

$F=0.2513\times136=34.177(t)$(2 分)

牵引力为 34.177 t(1 分)。

24. 答:平波电抗器是在牵引电动机的回路中串接的电感电路(4 分)。作用是减少整流电流的脉动,改善牵引电机的换向(6 分)。

25. 答:(1)浮沉振动:顺 Z 轴的往复振动(1.5 分)。

(2)侧摆振动:顺 Y 轴的往复振动(1.5 分)。

(3)伸缩振动:顺 X 轴的往复振动(2 分)。

(4)侧滚振动:绕 X 轴的回转振动(2 分)。

(5)点头振动:绕 Y 轴的回转振动(1.5 分)。

(6)摇头振动:绕 Z 轴的回转振动(1.5 分)。

26. 答:(1)机车运行时所受到的空气阻力和运行速度的关系,不是简单的线性关系(3 分)。

(2)机车中低速运行时,空气阻力不大,高速运行时,空气阻力突出地表现出来,以致成为进一步提高运行速度的严重限制因素(4 分)。

(3)合理的流线形车体结构减少机车运行阻力,节省机车的功率消耗(3 分)。

27. 答:(1)破坏了机车运行的平衡性,严重地影响运行品质(1 分)。

(2)使乘务人员工作条件恶化,很快感觉疲劳,成为运行安全的潜在威胁(2 分)。

(3)使机车零部件受到破坏,这主要是振动和冲击使轴箱滚动轴承的寿命缩短,此外还将加速机车部分零部件的磨耗和疲劳破坏,引起零件结合部分的松弛,结果,相应地降低了机车构件使用年限,增加了维修保养费用(3 分)。

(4)使轨道受到动力作用,特别是机车在高速下的横向移动可能引起轨道位移,使机车有脱轨和倾覆的危险,振动还会加速钢轨的磨损、折损、接头的松动等(2 分)。

(5)引起轮对的瞬间减载,破坏粘着而发生空转,影响机车粘着牵引力的发挥(2 分)。

28. 答:三相异步电动机电源断一相时,它的定子磁场由于将转换磁场变为脉动磁场,合成转矩为零,无法启动,转子左右摆动,电流很大(4 分);如不及时停电,电动机绕组就会烧坏,电动机功率降低,电机发出“嗡嗡”声(3 分);当负载不变,转速降低,定子电流增加,时间一长,会引起过热,将电机烧坏(3 分)。

29. 答:改进产品结构设计;提高毛坯制造质量;改进机械加工方法;改善生产组织形式和劳动管理制度(6 分)。总之,各途径都必须以保证和提高产品质量及降低产品成本为前提(4 分)。

30. 答:a、c(10 分)。

31. 答:变压器的主要部件是铁心和套在铁心上的绕组(4 分)。两绕组只有磁耦合没电联系(2 分)。当一交流电流流于其中之一组线圈时,于另一组线圈中将感应出具有相同频率的交流电压(4 分)。

32. 答:主磁通由励磁电流产生并与原副边绕组同时交链的磁通,它是变压器的工作磁通,它将原边的能量以交变磁能的方式传递给副边(5 分)。而漏磁通只与产生它的绕组本身交链,不起能量传递作用(5 分)。

33. 答:变压器额定电压:原边绕组额定电压是指电网(电源)加到原边的额定电压(2.5 分);次边绕组的额定电压是指在原边上加额定电压后,变压器处于空载状态时次边绕组的电压(2.5 分)。变压器额定负载:是指变压器次边电流达到额定值时变压器的负载(2 分)。

阻抗电压:即变压器的次边绕组短路,当其中任一线圈的电流达到额定值时,原边绕组上所施加的电压(3 分)。

34. 答:(1)减少变压器油与空气接触面积,减缓变压器油的老化过程(3 分)。

(2)当油箱中变压器油受热膨胀时,使多余的变压器油进入储油柜中,并储存在储油柜中(2 分)。当油箱中的变压器油变冷收缩时,原来油箱中的油不能注满油箱了,这时储油柜中的油再次进入油箱,把油箱填满,使油箱在任何时候都充满变压器油(5 分)。

35. 答:变压器损耗有两部分:铁损和铜损(3 分)。铜损和负载电流的大小有关,称为可变损耗(3 分),铁损只与电源频率和磁通有关,通常称为不变损耗(4 分)。

36. 答:电流互感器原边绕组与被测电路串联,由原绕组产生的磁势在铁心磁路中必须靠副边绕组产生的磁势来平衡,若副边绕组开路,则原边绕组的磁势就得不到平衡,铁心磁路将产生很大的磁通,铁心将深度饱和,产生很大的剩磁,从而影响互感器精度(6 分);此外,因为副边绕组一般匝数都很多,一旦开路将会感应出很高的电势,可能会对人身及设备产生危害(4 分)。

37. 答:(1)必须在变压器断电的情况下进行(3 分);(2)断开所有的接地连线(2 分);(3)测量前后都应对地放电(3 分);(4)测量仪器符合电压等级要求(2 分)。

38. 答:运行中变压器的铁心及其他附件都处于绕组周围的电场内,如果不接地,铁心及其他附件必然产生一定的悬浮电位,在外加电压的作用下,当该电位超过对地放电电压时,就会出现放电现象(8 分)。为了避免变压器的内部放电,所以铁心要接地(2 分)。

39. 答:瓦斯继电器是变压器的重要保护部件,安装在变压器储油柜下的油管上,当变压器有轻微故障时,由油分解的气体上升入瓦斯继电器,气压使油面下降,继电器的浮漂随油面落下,轻瓦斯触点接通发出预告信号,提醒运行人员检查(5 分);当变压器严重内部故障(特别是匝间短路等其他变压器保护不能快速动作的故障)产生的强烈气体推动油流冲击挡板,挡板上的磁铁吸引重瓦斯触点接通,变压器供电电源跳闸(5 分)。

40. 答:$I_{1N}=\dfrac{P_N}{U_{1N}}=\dfrac{310\times10^3}{380}=816(\mathrm{A})$(5 分)

$U_{2N}=\dfrac{P_N}{I_{2N}}=\dfrac{310\times10^3}{925}=335(\mathrm{V})$(4 分)

一次侧额定电流 816 A,二次侧额定电压 335 V(1 分)。

41. 答:$I_{1N}=\dfrac{P_N}{U_{1N}}=\dfrac{315\times10^3}{380}=829(\mathrm{A})$(5 分)

$I_{2N}=\dfrac{P_N}{U_{2N}}=\dfrac{315\times10^3}{860}=366(\mathrm{A})$(4 分)

一次侧额定电流 829 A,二次侧额定电流 366 A(1 分)。

42. 答:环氧树脂配制方法较多,常用方法是按重量比配制,即 610(E—44)环氧树脂 100,聚酰胺树脂 100,加石英粉 35,搅拌均匀即可使用(10 分)。

43. 答:(1)有固定地方存放(2.5 分)。

(2)定期进行表面灰尘擦揩(2.5 分)。

(3)各部件齐全无变形(2.5 分)。

(4)表面及螺纹部位无锈蚀(2.5 分)。

44. 答:互感器铁心叠片时必须满足如下要求:

(1)硅钢片尺寸公差应符合图纸要求(2 分)。

(2)硅钢片边缘毛刺应不大于 0.03 mm(2 分)。

(3)硅钢片漆膜厚度不大于 0.015 mm(2 分)。

(4)冷轧硅钢片必须沿硅钢片碾压方向使用(2 分)。

(5)硅钢片绝缘有老化、变质、脱漆现象,影响特性及安全运行时,必须重新涂漆(2 分)。

45. 答:线圈的绕向是按起绕头定义的(2 分)。左绕向:由起绕头开始,线匝沿左螺旋前进(层式、螺旋式)或面对线圈起绕头的端部观察,线匝按逆时针方向前进(连续式)(4 分)。右绕向:由起绕头开始,线匝沿右螺旋前进(层式、螺旋式)或面对线圈起绕头的端部观察,线匝按顺时针方向前进(连续式)(4 分)。

46. 答:L 表示电流互感器;Z 表示支柱式;Z 表示浇注式;B 表示带保护级;J 表示加强型;9 表示设计序列。(1 分)

—10 A 中的"10"表示互感器的额定电压为 10 kV。(1 分)

100 表示额定一次电流为 100 A。(1 分)

5 表示额定二次电流为 5 A。(1 分)

(1)表示额定二次电流为 1 A。(1 分)

0.2S 表示互感器的准确级为 0.2S 级,其允许误差为 5%,在 100% I_m,$f=\pm 0.2\%$,$\delta=14'$。(1 分)

5P15 表示互感器的保护级为 5P,它表示一次电流增至额定电流的 15 倍时,互感器的复合误差为 5%。(1 分)

15VA 表示 0.2S 级的额定容量为 15 VA。(1 分)

15VA 表示保护级的额定容量为 15 VA。(1 分)

400AW 表示互感器的安匝数为 400 安匝。(1 分)

47. 答:(1)先切断电源,挂出指示牌,然后工作(1 分)。

(2)根据设备使用情况,进行部分零部件的拆卸、清洗(1 分)。

(3)对设备的部分配合间隙进行适当调整,紧固结合部位(2 分)。

(4)检查润滑油路,保持清洁完整(1 分)。

(5)检查电器装置固定整齐,安全防护装置齐全牢靠(2 分)。

(6)清洗附件及冷却装置(1 分)。

(7)补充更换油脂、油毡、油线等(1 分)。

(8)清除设备表面污垢,整理外观(1 分)。

48. 答:CT 二次开路时,$I_2=0$,二次磁势为 0,一次电流全部用于励磁,二次端将产生正常工作状态下几倍至几十倍的高电压,会危及二次绕组和二次设备的绝缘(可致产品匝间或层间绝缘损坏),甚至于可造成人身伤害,非常危险(10 分)。

49. 答:局部放电是互感器的一个重要质量指标,局部放电虽然能量很小,但它会使绝缘材料老化,日久天长,可以导致绝缘击穿(6 分)。所以,为了保证产品使用寿命及运行安全,要对产品的局部放电量进行控制(4 分)。

50. 答:在整个生产过程中,流检卡起到了标识(产品标识和责任标识)、提示的作用,同时也是某些特殊要求项目制作、检验、试验的依据,每项内容的正确与否,将会直接影响到该产品的整体是否满足标准及用户要求,所以要正确、清晰地填写好流检卡的相关内容(10 分)。

51. 答:在尖角、毛刺部位的电场强度极高,易使产品产生局部放电,并且导致绝缘性能下降，尖角又会导致此部位环氧树脂开裂，灰尘（或粉尘）中含有大量带电粒子，在电场力作用下，会集中在导体的尖角等电场强度较高的部位，对局部放电和绝缘性能有影响，所以尖角、毛刺要锉平（8 分）。拖板上不准有灰尘和杂质是为了防止异物进入匝间，引起短路（2 分）。

52. 答：(1)中性点非有效接地系统（2 分）。

(2)非线性电感元件和电容元件组成的震荡回路（2 分）。

(3)震荡回路中的损耗足够小，所以谐振实际上发生在系统空载或轻载时（2 分）。

(4)电感的非线性要相当大（2 分）。

(5)有激发作用，即系统有某种电压、电流的冲击扰动，如开、合闸，瞬间短路等（2 分）。

53. 答：(1)量具在使用前必须擦拭干净（1 分）。

(2)不能用精密量具测量毛坯或粗糙加工表面（1.5 分）。

(3)机床开动时，不能用量具测量工件（1 分）。

(4)测量时不能用力过大，也不能量温度过高的零部件（1.5 分）。

(5)不能把量具当成其他工具使用（1 分）。

(6)不能用脏油清洗量具或给量具加注脏油（2 分）。

(7)量具使用后，擦净、涂油并存放在规定的地方（2 分）。

54. 答：根据 M12 和 50 这两个主要尺寸，从"GB/T8—88"便可知该标号对应的螺钉为方头螺栓，螺纹外径 12 mm，螺杆长度为 50 mm(10 分)。

55. 答：(1)氧气瓶应安放稳固（1 分）。

(2)取氧气瓶帽时，只能用手或扳手旋取，禁止用铁锤等铁器敲击（2 分）。

(3)装减压器时，应拧开瓶阀吹掉出气口内杂质（1 分）。

(4)存放要远离热源防止氧气受热膨胀引起爆炸（2 分）。

(5)氧气瓶内氧气不能全部用完，应留 0.1～0.2 MPa 的氧气（2 分）。

(6)运输中必须戴上瓶帽避免互相碰撞（1 分）。

(7)定期检查合格后，才能继续使用（1 分）。

56. 答：(1)模具内表面应保持光洁，不允许有划痕等损伤及其他有影响浇注体外观的杂质（5 分）。

(2)在装模前应在模具内表面均匀喷洒一层脱模剂，喷完后应用干净抹布轻轻擦拭，以使脱模剂涂层薄而又连贯均匀，防止对浇注体外观产生不良影响（5 分）。

57. 答：上角环的目的是为了防止铁心毛刺损伤导线，引起二次线圈短路，聚酯薄膜是为了防止层间绝缘损坏，塑料粘胶带起绝缘、密封作用，需半叠包扎，可防止浇注时树脂进入铁心中使铁心受力引起误差不合格（10 分）。

58. 答：二次线圈在周转过程中，其表面的粉尘等杂质能携带大量电子，容易使产品内部发生短路，还能降低环氧树脂的绝缘性能，增加局部放电量，严重的能导致产品击穿（5 分）。潮湿能使产品零部件发生锈蚀，降低导电率，还能在浇注体内部产生气泡，引起气泡击穿（5 分）。

59. 解：$R_{75}=\frac{235+75}{235+20}\times 0.52=0.632\ \Omega$（9 分）

答：换算到 75℃的电阻值为 0.632 Ω（1 分）。

60. 答：教育职工提高对安全生产的认识（4 分）。学习安全知识，提高他们的生产技术水平，防止在生产过程中发生人身、设备事故，实现企业安全生产（6 分）。

61. 答:二次线圈尺寸不好,会影响装模质量,使一、二次间的绝缘距离达不到要求,造成一对二击穿,还能使二次线圈外露(10 分)。

62. 答:铁心及线圈包扎用的是绝缘材料,但有的线圈外包扎也用半导体材料(2 分)。

绝缘材料有斜纹织带、涤纶带、角环、聚酯薄膜、绝缘绉纹纸、塑料粘胶带、绝缘自粘带、电容器纸、玻璃丝管、硅管、塑料管、压敏胶带、硅胶带(圈)等(4 分)。

半导体材料有:半导体自粘带、半导体绉纹纸(4 分)。

63. 答:从建立磁通的关系方面,同一铁心上的两线圈的同极性端的判定如下:当分别由两个线圈的某端流入(或流出)电流 i_1 和 i_2 时,根据右手螺旋定则判别,如果两线圈建立的磁通相互增加,则该两端为同极性端(10 分)。

64. 答:电焊条由焊芯和药皮(或涂料)两部分组成(2 分),焊接时,焊芯起两种作用:一是作为电极,产生电弧;二是作为填充金属与熔化的母材一起形成焊缝(3 分)。药皮的作用:使电弧容易引燃和保持电弧燃烧的稳定性(2 分);在电弧的高温作用下,产生大量气体并形成焊渣,以保护熔化金属不被氧化(3 分)。

65. 答:(1)可将锈死或断头螺钉往紧拧 1/4 转,再退出来,反复地紧松逐步拧出(3 分)。

(2)用手锤振击螺帽,借以振散锈层(2 分)。

(3)在煤油中浸泡 20～30 min 后拧出(3 分)。

(4)用喷灯将螺帽加热,迅速拧下(2 分)。

66. 答:退火的目的主要是:

(1)降低钢件硬度,改善切削加工性(3 分)。

(2)细化晶粒,消除缺陷,改善组织以提高钢的机械性能(3 分)。

(3)消除残余应力,稳定尺寸,减少变形和开裂倾向,为以后的机械加工和热处理做好性能和组织准备(4 分)。

67. 答:银基焊料是目前常用的焊料之一,具有非常好的综合性能,如良好的钎焊工艺性能,较低的熔化温度,较高的强度,满意的耐热性和理想的导电性、热导性和优良的抗蚀性等(8 分)。此外,还具有较好的塑性,可以加工成丝状、带状、箔状、条状等(2 分)。

68. 答:是为了满足装模时吊装要求,保证一次与二次线圈间有足够的绝缘距离,避免一次对二次击穿(10 分)。

69. 答:线圈之间绕向的关系也就是线圈之间的极性关系,由线圈的极性可以确定线圈之间电势的极性关系(5 分)。如果线圈绕向错误,则线圈之间的电势极性关系必然也错误,会造成变压器线圈短路烧毁的严重后果(5 分)。

70. 答:(1)作为导电部分同其他部分的绝缘(3 分)。

(2)填充空隙,防止引线受潮和把整个绝缘部分粘在一起(4 分)。

(3)提高引线的机械强度(3 分)。

71. 答:导线一定要均匀地分布在铁心上,漆皮无划伤,绕线时,线与线之间不得绞劲、压摞,且一定要注意层间绝缘包扎,绕线时尽可能少接头,如需接头时,漆皮必须处理干净,接线无尖角,焊接后应用酒精把焊锡膏抹净,焊接处应套比接头长的玻璃丝管(10 分)。

72. 答:漆包线拉得太紧,能使二次导线电阻变大,也能使漆包线漆皮脱落(5 分)。绕制太松,能造成二次线圈尺寸不合格,影响一、二次间的绝缘距离(5 分)。

73. 答:应立即拉开电源闸刀切断电源,或站在干燥的木板、绝缘垫板上,单手将触电者拉开或用干燥的竹竿、木棒等绝缘杆拨开触电者身上电线或电气用具(6 分)。总之,应尽快将触电者和导电体隔开,并立即对触电者进行抢救(4 分)。

74. 答:(1)铁磁性材料:在外磁场中能强烈地被磁化(3 分)。

(2)顺磁性材料:在外磁场中,只能微弱地被磁化(3 分)。

(3)抗磁性材料:能抗拒或削弱外磁场对材料本身的磁化作用(4 分)。

75. 答:公差与偏差是完全不同的概念。从意义上,偏差相对基本尺寸而言,指对基本尺寸偏离大小的数值,包括实际偏差和极限偏差(2 分)。而公差只是表示限制尺寸变动范围大小的一个数值(2 分)。

从作用上,极限偏差表示公差带的位置,反映零件配合松紧程度(2 分)。公差表示公差带的大小,反映零件配合精度(2 分)。

从数值上,偏差可为正、负或零(1 分)。而公差只能是正值,不能为零或负值(1 分)。

76. 答:在大型互感器内部,利用主绝缘及附加零部件构成一些特定的油路,使循环的油能够在这些特定的油路中定向流动,以提高器身内部及绕组内部的冷却效率,这种方式就是导向冷却(10 分)。

77. 答:螺旋式线圈按螺旋形绕制,线圈的匝与匝之间留出空隙,在空隙中加入垫块构成径向油道(4 分)。可以用多根导线并联绕制,多根导线并联绕制时必须进行换位(2 分)。分单列螺旋、双列螺旋等(2 分)。适用于低压大电流线圈(2 分)。

78. 答:(1)玻璃丝包线:以玻璃丝为主要绝缘结构,抗电晕性和抗过载性强,导线的柔软性降低,耐热性受绝缘漆和浸渍胶粘漆制约。主要用于绕制发电机、大中型电动机、牵引电机及干式变压器等设备的绕组和线圈(5 分)。

(2)纸包绝缘导线:在裸导线上绕包层数不同的绝缘纸而成,制造简单、成本低,由于纸的自身较脆,耐热性低,只有与变压器油配合使用,才具有良好的电性能和很高寿命。主要用于油浸变压器(5 分)。

79. 答:三个 10 Ω 电阻接成星形时 $U_\phi=\dfrac{220}{\sqrt{3}}=127(\text{V})$(2 分)

$I_1=I_\phi=\dfrac{127}{10}=12.7(\text{A})$(2 分)

另外三个阻值相同的电阻接成三角形时 $I_\phi=\dfrac{220}{R}$(2 分)

$I_1=\sqrt{3}I_\phi=\dfrac{\sqrt{3}\times 220}{R}=12.7(\text{A})\quad R=\dfrac{\sqrt{3}\times 220}{12.7}=30(\Omega)$(3 分)

接成三角形的每个电阻阻值为 30 Ω,流过的电流为 12.7 A(1 分)。

80. 答:电力机车平波电抗器总装程序:(1)检查上下铁轭和铁心饼穿心螺杆的夹紧状况,应紧固无松动(1 分);(2)松开铁心拉紧螺杆的螺母,取下上铁轭(1 分);(3)装好下铁轭绝缘或垫脚绝缘和油道隔板(1 分);(4)将准备好的线圈按图纸位置套入铁心柱(1 分);(5)将铁心与线圈间的撑板插入并打紧(1 分);(6)装好上铁轭绝缘或上油道隔板和压板(1 分);(7)装好上铁轭、压梁绝缘和压梁(1 分);(8)将拉紧螺杆的螺母均匀拧紧(1 分);(9)对好压钉绝缘和垫圈,拧紧压钉螺栓,压紧线圈,拧紧锁紧螺母(2 分)。

81. 答:改进产品结构设计;提高毛坯制造质量;改进机械加工方法;改善生产组织形式和劳动管理制度(8 分)。总之,各途径都必须以保证和提高产品质量及降低产品成本为前提(2 分)。

变压器、互感器装配工(初级工)技能操作考核框架

一、框架说明

1. 依据《国家职业标准》[注]，以及中国北车确定的“岗位个性服从于职业共性”的原则，提出变压器、互感器装配工(初级工)技能操作考核框架(以下简称：技能考核框架)。

2. 本职业等级技能操作考核评分采用百分制。即：满分为 100 分，60 分为及格，低于 60 分为不及格。

3. 实施“技能考核框架”时，考核制件(活动)命题可以选用本企业的加工件(活动项目)，也可以结合实际另外组织命题。

4. 实施“技能考核框架”时，考核的时间和场地条件等应依据《国家职业标准》，并结合企业实际确定。

5. 实施“技能考核框架”时，其“职业功能”的分类按以下要求确定：

(1)“加工与装配”属于本职业等级技能操作的核心职业活动，其“项目代码”为“E”。

(2)“工艺准备”、“质量检测与控制”属于本职业等级技能操作的辅助性活动，其“项目代码”分别为“D”和“F”。

6. 实施“技能考核框架”时，其“鉴定项目”和“选考数量”按以下要求确定：

(1)按照《国家职业标准》有关技能操作鉴定比重的要求，本职业等级技能操作考核制件的“鉴定项目”应按“D”+“E”+“F”组合，其考核配分比例相应为：“D”占 40 分，“E”占 50 分，“F”占 10 分。

(2)依据中国北车确定的“核心职业活动选取 2/3，并向上取整”的规定，在“E”类鉴定项目——“加工与装配”的全部 7 项中，至少选取 5 项。

(3)依据中国北车确定的“其余‘鉴定项目’的数量可以任选”的规定，“D”和“F”类鉴定项目——“工艺准备”、“质量检测与控制”中，至少分别选取 1 项。

(4)依据中国北车确定的“确定‘选考数量’时，所涉及‘鉴定要素’的数量占比，应不低于对应‘鉴定项目’范围内‘鉴定要素’总数的 60%，并向上取整”的规定，考核制件的鉴定要素“选考数量”应按以下要求确定：

①在“D”类“鉴定项目”中，在已选定的 1 个鉴定项目中，至少选取已选鉴定项目所对应的全部鉴定要素的 60%项，并向上保留整数。

②在“E”类“鉴定项目”中，在已选的 5 个鉴定项目所包含的全部鉴定要素中，至少选取总数的 60%项，并向上保留整数。

③在“F”类“鉴定项目”中，在已选定的 1 个或全部鉴定项目中，至少选取已选鉴定项目所对应的全部鉴定要素的 60%项，并向上保留整数。

举例分析：

按照上述“第 6 条”要求，若命题时按最少数量选取，即：在“D”类鉴定项目中的选取了“工艺准备”1 项，在“E”类鉴定项目中选取了“变压器器身制作”、“变压器试验与测量”、“电流互感器一次绕组制作”、“电压互感器铁心制作”、“电流互感器二次绕组制作”5 项，在“F”类鉴定项目中选取了 “质量检测与控制”1 项。则：此考核制件所涉及的“鉴定项目”总数为 7 项，具体包括：“工艺准备”、“变压器器身制作”、“变压器试验与测量”、“电流互感器一次绕组制作”、“电压互感器铁心制作”、“电流互感器二次绕组制作”、“质量检测与控制”。

此考核制件所涉及的鉴定要素“选考数量”相应为 16 项，具体包括：“工艺准备”鉴定项目包含的全部 5 个鉴定要素中的 3 项，“变压器器身制作”、“变压器试验与测量”、“电流互感器一次绕组制作”、“电压互感器铁心制作”、“电流互感器二次绕组制作”5 个鉴定项目包括的全部 15 个鉴定要素中的 10 项，“质量检测与控制”鉴定项目包含的全部 5 个鉴定要素中的 3 项。

7. 本职业等级技能操作需要两人及以上共同作业的，可由鉴定组织机构根据“必要、辅助”的原则，结合实际情况确定协助人员的数量。在整个操作过程中，协助人员只能起必要、简单的辅助作用。否则，每违反一次，至少扣减应考者的技能考核总成绩 10 分，直至取消其考试资格。

8. 实施“技能考核框架”时，应同时对应考者在质量、安全、工艺纪律、文明生产等方面行为进行考核。对于在技能操作考核过程中出现的违章作业现象，每违反一项（次）至少扣减技能考核总成绩 10 分，直至取消其考试资格。

注：按照中国北车规定，各《职业技能操作考核框架》的编制依据现行的《国家职业标准》或现行的《行业职业标准》或现行的《中国北车职业标准》的顺序执行。

二、变压器、互感器装配工（初级工）技能操作鉴定要素细目表

<table>
<tr><th rowspan="2">职业功能</th><th colspan="4">鉴定项目</th><th colspan="3">鉴定要素</th></tr>
<tr><th>项目代码</th><th>名　称</th><th>鉴定比重（%）</th><th>选考方式</th><th>要素代码</th><th>名　称</th><th>重要程度</th></tr>
<tr><td rowspan="5">工艺准备</td><td rowspan="5">D</td><td rowspan="3">阅读工艺文件</td><td rowspan="5">40</td><td rowspan="5">任选</td><td>001</td><td>了解变压器的基本原理、结构特点及工艺方案</td><td>Y</td></tr>
<tr><td>002</td><td>能读懂产品的维修方案</td><td>Y</td></tr>
<tr><td>003</td><td>能读懂产品质量控制和预防措施的工艺文件</td><td>X</td></tr>
<tr><td rowspan="2">基本测量、装配工具的使用</td><td>001</td><td>能正确的选用合理的装配工具进行产品的装配，如：螺钉旋具、扳手、老虎钳等</td><td>Y</td></tr>
<tr><td>002</td><td>能正确使用直尺、角度尺、游标卡尺等测量工具对各零部件进行检验</td><td>Y</td></tr>
<tr><td rowspan="4">加工与装配</td><td rowspan="4">E</td><td rowspan="2">变压器器身制作</td><td rowspan="4">50</td><td rowspan="4">至少选择五项</td><td>001</td><td>变压器器身干燥及真空注油工艺过程、注意项点</td><td>X</td></tr>
<tr><td>002</td><td>能熟悉变压器的制造流程，特别是器身的组装工艺</td><td>Y</td></tr>
<tr><td rowspan="2">变压器试验与测量</td><td>001</td><td>变压器例行试验项目及检测要求</td><td>X</td></tr>
<tr><td>002</td><td>变压器型式试验项目及检测要求</td><td>X</td></tr>
</table>

续上表

职业功能	鉴定项目				鉴定要素		
	项目代码	名　称	鉴定比重(%)	选考方式	要素代码	名　称	重要程度
加工与装配	E	成品制作		至少选择五项	001	变压器总组装工艺	X
					002	变压器总组装要点	X
		电流互感器一次绕组制作			001	能进行电流互感器一次绕组导体的整形和检查	X
					002	能进行电流互感器引线的磷铜焊接	Y
					003	能进行电流互感器一次绕组的成型	Y
					004	能进行电流互感器主绝缘、端绝缘和层间绝缘的包扎	X
		电流互感器铁心制作			001	能检查电工钢带质量、规格和型号	Y
					002	能进行电流互感器环形铁心的卷制	Y
					003	能进行电流互感器环形铁心起、末端头的焊接	Y
					004	能进行电流互感器环形铁心外观质量、外形尺寸及重量的检验	X
		电压互感器铁心制作			001	能进行电压互感器铁心的叠铁制作	Y
					002	能进行电压互感器铁心的紧固	Y
					003	能进行电压互感器铁心防锈工作	Y
		电流互感器二次绕组制作			001	能进行电流互感器二次绕组铁心绝缘的包绕	Y
					002	能进行电流互感器二次绕组导线的绕制	Y
					003	能进行电流互感器二次绕组层间绝缘和外绝缘的包绕	X
					004	能进行电流互感器二次绕组匝数的调整	X
质量检测与控制	F	维修与保养	10	任选	001	日常故障判定与修理	X
					002	日常维护保养	X
		相关设备、工具等维护保养			001	能对浇注模具进行维护及保养	Y
					002	能正确选用校正胎并维护保养	Y
					003	能对互感器用电动扳手等工具进行维护保养	Y

注：重要程度中X表示核心要素，Y表示一般要素。下同。

变压器、互感器装配工(初级工)技能操作考核样题与分析

职 业 名 称：________________

考 核 等 级：________________

存 档 编 号：________________

考核站名称：________________

鉴定责任人：________________

命题责任人：________________

主管负责人：________________

中国北车股份有限公司劳动工资部制

职业技能鉴定技能操作考核制件图示或内容

考核内容及要求：

按照工艺要求备齐工艺文件、图纸、铜绞线、皱纹纸、直纹布等各零部件并进行组装、调整、检查。

职业名称	变压器、互感器装配工
考核等级	初级工
试题名称	铜软绞线包绝缘
材质等信息：无	

职业技能鉴定技能操作考核准备单

职业名称	变压器、互感器装配工
考核等级	初级工
试题名称	铜软绞线包绝缘

一、材料准备

序号	材料名称	规　格	数　量	备　注
1	铜软绞线			
2	皱纹纸			
3	直纹布带			

二、设备、工具准备清单

序号	材料名称	规　格	数　量	备　注
1	割纸刀			
2	游标卡尺			

三、考核内容及要求

1. 按照工艺要求备齐工艺文件、图纸、铜绞线、皱纹纸、直纹布等各零部件并进行组装、调整、检查。

2. 考试时间:60 分钟。

3. 考核评分(表)。

职业名称	变压器、互感器装配工	考核等级	初级工		
试题名称	铜软绞线包绝缘	考核时限	60 分钟		
鉴定项目	考核内容	配分	评分标准	扣分说明	得分
基本测量、装配工具的使用	选用合理工具	15	正确选用得 15 分		
	正确使用测量工具	25	正确使用得 25 分		
变压器器身制作	器身干燥工艺过程	4	符合工艺得 4 分		
	真空注油工艺过程	4	符合工艺得 4 分		
	器身组装工艺	4	符合工艺得 4 分		
变压器试验与测量	变压器例行试验检测	4	检测正确得 4 分		
	变压器型式试验检测	4	检测正确得 4 分		
电流互感器一次绕组制作	一次绕组导体整形和检查	4	正确整形和检查得 4 分		
	引线磷铜焊接	2	正确焊接得 2 分		
	电流互感器一次绕组成型	4	成型合格得 4 分		
	电流互感器主绝缘、端绝缘和层间绝缘的包扎	2	正确包扎得 2 分		

续上表

鉴定项目	考核内容	配分	评分标准	扣分说明	得分
电压互感器铁心制作	铁心的叠铁制作	4	正确制作得4分		
	电压互感器铁心的紧固	2	正确紧固得2分		
	铁心的防锈	2	正确防锈得2分		
电流互感器二次绕组制作	二次绕组铁心绝缘的包绕	4	正确包绕得4分		
	二次绕组导线的绕制	2	正确绕制得2分		
	二次绕组层间绝缘和外绝缘的包绕	2	正确包绕得2分		
	二次绕组匝数的调整	2	正确调整得2分		
维修保养	故障判定与修理	2	正确判定与修理得2分		
	日常维护保养	4	正确维护保养得4分		
设备工具维护保养	浇注模具维护与保养	2	正确维护保养得2分		
	选用校正胎并维护保养	2	正确校正保养得2分		

职业技能鉴定技能考核制件(内容)分析

职业名称	变压器、互感器装配工
考核等级	初级工
试题名称	铜软绞线包绝缘
职业标准依据	国家职业标准

试题中鉴定项目及鉴定要素的分析与确定

分析事项 \ 鉴定项目分类	基本技能"D"	专业技能"E"	相关技能"F"	合计	数量与占比说明
鉴定项目总数	2	7	2	11	鉴定项目总数为11项,选取的鉴定项目总数为8项,其中专业技能选取数量占比为71%,符合大于2/3的要求
选取的鉴定项目数量	1	5	2	8	
选取的鉴定项目数量占比(%)	50	71	100	73	
对应选取鉴定项目所包含的鉴定要素总数	2	21	5	28	所选鉴定项目中鉴定项目总和为28项,从中选考24项,总选取数量占比为86%,符合大于60%的要求
选取的鉴定要素数量	2	18	4	24	
选取的鉴定要素数量占比(%)	100	86	80	86	

所选取鉴定项目及相应鉴定要素分解与说明

鉴定项目类别	鉴定项目名称	国家职业标准规定比重(%)	《框架》中鉴定要素名称	本命题中具体鉴定要素分解	配分	评分标准	考核难点说明
"D"	基本测量装配工具的使用	40	能够正确选用合理装配工具进行装配	正确选用螺钉旋具	5	正确选用得5分	
				正确选用扳手	5	正确选用得5分	
				正确选用老虎钳	5	正确选用得5分	
			能正确使用测量工具对各零部件进行检验	使用直尺进行检验	5	正确检验得5分	
				使用角度尺进行检验	10	正确检验得10分	
				使用游标卡尺进行检验	10	正确检验得10分	
"E"	变压器器身制作	50	变压器器身干燥及真空注油工艺过程、注意项点	器身干燥及真空注油工艺过程	4	工艺符合要求得4分	
			能熟悉变压器的制造流程,特别是器身的组装工艺	器身组装工艺	4	工艺符合要求得4分	
	变压器试验与测量		变压器例行试验项目及检测要求	变压器例行试验检测	4	正确进行例行试验检测得4分	
			变压器型式试验项目及检测要求	变压器型式试验检测	4	正确进行型式试验检测得4分	
	电流互感器一次绕组制作		能进行电流互感器一次绕组导体的整形和检查	一次绕组导体整形和检查	4	正确整形和检查得4分	

续上表

鉴定项目类别	鉴定项目名称	国家职业标准规定比重(%)	《框架》中鉴定要素名称	本命题中具体鉴定要素分解	配分	评分标准	考核难点说明
“E”	电流互感器一次绕组制作		能进行电流互感器引线的磷铜焊接	引线磷铜焊接	2	正确焊接得2分	
			能进行电流互感器一次绕组的成型	电流互感器一次绕组成型	4	正确一次绕组成型得4分	
			能进行电流互感器主绝缘、端绝缘和层间绝缘的包扎	电流互感器主绝缘、端绝缘和层间绝缘的包扎	2	正确包扎得2分	
	电压互感器铁心制作		能进行电压互感器铁心的叠铁制作	铁心的叠铁制作	4	正确制作得4分	
			能进行电压互感器铁心的紧固	电压互感器铁心的紧固	2	正确紧固得2分	
			能进行电压互感器铁心防锈工作	铁心的防锈	2	正确防锈得2分	
	电流互感器二次绕组制作		能进行电流互感器二次绕组铁心绝缘的包绕	二次绕组铁心绝缘的包绕	2	正确包绕得2分	
			能进行电流互感器二次绕组导线的绕制	二次绕组导线的绕制	2	正确绕制得2分	
			能进行电流互感器二次绕组层间绝缘和外绝缘的包绕	二次绕组层间绝缘和外绝缘的包绕	2	正确包绕得2分	
			能进行电流互感器二次绕组匝数的调整	二次绕组匝数的调整	2	正确调整得2分	
	辅助电路故障判断		能够判断电机过热、烧损故障	判断电机过热、烧损故障	2	正确判断得2分	
			能够判断辅助电路接线故障	判断辅助风机过热、烧损故障	2	正确判断得2分	
			能够判断辅助风机过热、烧损故障	判断辅助风机过热、烧损故障	2	正确判断得2分	
“F”	维修保养	10	日常故障判定与修理	故障判定与修理	2	正确判定与修理得2分	
			日常维护保养	日常维护保养	4	正确判定与修理得4分	
	设备工具维护		能对浇注模具进行维护及保养	浇注模具维护与保养	2	正确维护、保养得2分	
			能正确选用校正胎并维护保养	选用校正胎并维护保养	2	正确维护、保养得2分	

续上表

鉴定项目类别	鉴定项目名称	国家职业标准规定比重(%)	《框架》中鉴定要素名称	本命题中具体鉴定要素分解	配分	评分标准	考核难点说明
质量、安全、工艺纪律、文明生产等综合考核项目				考核时限	不限	每超时5分钟，扣10分	
				工艺纪律	不限	依据企业有关工艺纪律规定执行，每违反一次扣10分	
				劳动保护	不限	依据企业有关劳动保护管理规定执行，每违反一次扣10分	
				文明生产	不限	依据企业有关文明生产管理规定执行，每违反一次扣10分	
				安全生产	不限	依据企业有关安全生产管理规定执行，每违反一次扣10分	

变压器、互感器装配工(中级工)技能操作考核框架

一、框架说明

1. 依据《国家职业标准》注,以及中国北车确定的“岗位个性服从于职业共性”的原则,提出变压器、互感器装配工(中级工)技能操作考核框架(以下简称:技能考核框架)。

2. 本职业等级技能操作考核评分采用百分制。即:满分为 100 分,60 分为及格,低于 60 分为不及格。

3. 实施“技能考核框架”时,考核制件(活动)命题可以选用本企业的加工件(活动项目),也可以结合实际另外组织命题。

4. 实施“技能考核框架”时,考核的时间和场地条件等应依据《国家职业标准》,并结合企业实际确定。

5. 实施“技能考核框架”时,其“职业功能”的分类按以下要求确定:

(1)“加工与装配”、“产品制作”属于本职业等级技能操作的核心职业活动,其“项目代码”为“E”。

(2)“工艺准备”、“质量检测与控制”属于本职业等级技能操作的辅助性活动,其“项目代码”分别为“D”和“F”。

6. 实施“技能考核框架”时,其“鉴定项目”和“选考数量”按以下要求确定:

(1)按照《国家职业标准》有关技能操作鉴定比重的要求,本职业等级技能操作考核制件的“鉴定项目”应按“D”+“E”+“F”组合,其考核配分比例相应为:“D”占 30 分,“E”占 60 分,“F”占 10 分。

(2)依据中国北车确定的“核心职业活动选取 2/3,并向上取整”的规定,在“E”类鉴定项目——“加工与装配”与“产品制作”的全部 9 项中,至少选取 6 项。

(3)依据中国北车确定的“其余‘鉴定项目’的数量可以任选”的规定,“D”和“F”类鉴定项目——“工艺准备”、“质量检测与控制”中,至少分别选取 1 项。

(4)依据中国北车确定的“确定‘选考数量’时,所涉及‘鉴定要素’的数量占比,应不低于对应‘鉴定项目’范围内‘鉴定要素’总数的 60%,并向上取整”的规定,考核制件的鉴定要素“选考数量”应按以下要求确定:

①在“D”类“鉴定项目”中,在已选定的 1 个或全部鉴定项目中,至少选取已选鉴定项目所对应的全部鉴定要素的 60%项,并向上保留整数。

②在“E”类“鉴定项目”中,在已选的 6 个鉴定项目所包含的全部鉴定要素中,至少选取总数的 60%项,并向上保留整数。

③在“F”类“鉴定项目”中,在已选定的 1 个或全部鉴定项目中,至少选取已选鉴定项目所

对应的全部鉴定要素的60%项，并向上保留整数。

举例分析：

按照上述“第6条”要求，若命题时按最少数量选取，即：在“D”类鉴定项目中的选取了“阅读工艺文件及工装准备”、“设备维护保养”2项，在“E”类鉴定项目中选取了“引线装配”、“器身装配”、“总装配”、“一次绕组制作”、“电压互感器绕组制作”、“成品制作”6项，在“F”类鉴定项目中分别选取了“插铁质量检测”和“绝缘距离与绝缘电阻检测”2项。则：此考核制件所涉及的“鉴定项目”总数为10项，具体包括：“设备维护保养”、“阅读工艺文件及工装准备”、“引线装配”、“器身装配”、“总装配”、“一次绕组制作”、“电压互感器绕组制作”、“成品制作”、“插铁质量检测”、“绝缘距离与绝缘电阻检测”。

此考核制件所涉及的鉴定要素“选考数量”相应为16项，具体包括：“阅读工艺文件及工装准备”、“设备维护保养”鉴定项目包含的全部7个鉴定要素中的5项，“引线装配”、“器身装配”、“总装配”、“一次绕组制作”、“电压互感器绕组制作”、“成品制作”6个鉴定项目包括的全部17个鉴定要素中的9项，“插铁质量检测”、“绝缘距离与绝缘电阻检测”鉴定项目包含的全部3个鉴定要素中的2项。

7. 本职业等级技能操作需要两人及以上共同作业的，可由鉴定组织机构根据“必要、辅助”的原则，结合实际情况确定协助人员的数量。在整个操作过程中，协助人员只能起必要、简单的辅助作用。否则，每违反一次，至少扣减应考者的技能考核总成绩10分，直至取消其考试资格。

8. 实施“技能考核框架”时，应同时对应考者在质量、安全、工艺纪律、文明生产等方面行为进行考核。对于在技能操作考核过程中出现的违章作业现象，每违反一项(次)至少扣减技能考核总成绩10分，直至取消其考试资格。

注：按照中国北车规定，各《职业技能操作考核框架》的编制依据现行的《国家职业标准》或现行的《行业职业标准》或现行的《中国北车职业标准》的顺序执行。

二、变压器、互感器装配工(中级工)技能操作鉴定要素细目表

职业功能	鉴定项目				鉴定要素		
	项目代码	名　称	鉴定比重(%)	选考方式	要素代码	名　称	重要程度
工艺准备	D	读图与绘图	30	任选	001	能读懂变压器装配所用的引线装配、总装配、装入式电流互感器装配、测控图、连管装配、风扇接线图等装配图	Y
					002	能读懂原理图和使用说明书	Y
					003	能读懂电流互感器总装配和器身装配等装配图	X
					004	能读懂电压互感器总装配和器身装配图	
		阅读工艺文件及工装准备			001	能读懂变压器引线装配、器身装配、总装配的相关工艺文件	X
					002	能读懂零部件、组部件装配的相关工艺文件	Y
					003	能读懂电压互感器绕组和器身装配等工艺守则	X
					004	能读懂互感器总装配工艺守则	Y

续上表

职业功能	鉴定项目				鉴定要素		
	项目代码	名称	鉴定比重(%)	选考方式	要素代码	名称	重要程度
工艺准备	D	设备维护保养		任选	001	能维护保养普通变压器和特种变压器等器身装配、引线装配、总装配所需的设备工装	X
					002	能进行互感器专用吊具的维护和保养	Y
					003	能进行互感器专用吊具使用前的检验	X
加工与装配	E	引线制作	60	至少选择六项	001	能利用磷铜焊进行低压引线准备	X
		引线装配			001	能进行单级式电压互感器绕组层间绝缘、端绝缘和外绝缘的包绕	X
					002	能进行不同结构形式绕组的绕制	Y
					003	能进行电压互感器绕组增减匝工作	X
		器身装配			001	能进行互感器总装配过程中的清洁工作	Y
					002	能进行互感器成品真空浇注工作	X
		总装配			001	能进行总装配绝缘距离控制	X
					002	能进行变压器热油循环	Y
产品制作		一次绕组制作			001	能进行电流互感器一次引线的冷压焊接	Y
					002	能进行电流互感器多匝一次绕组封线的冷压焊接	
		电流互感器铁心制作			001	能使用铁心退火炉进行电流互感器铁心的升温、保温和降温工作	X
					002	能进行电流互感器铁心退火后励磁特性试验前准备工作	X
		电压互感器绕组制作			001	能进行单级式电压互感器绕组层间绝缘、端绝缘、角环和外绝缘的包绕	X
					002	能进行串级式电压互感器绕组层间绝缘、端绝缘、角环和外绝缘的包绕	X
					003	能进行不同结构形式绕组的绕制	Y
		电压互感器器身制作			001	能进行电压互感器绕组的预压装工作	
					002	能进行单级式电压互感器器身的套装、绝缘隔板放置和整铁工作	
					003	能进行串级式电压互感器器身的套装、绝缘隔板放置和整铁工作	
					004	能进行串级式电压互感器器身中各绕组的连接	
					005	能进行串级式电压互感器器身中绕组匝数调整	
		成品制作			001	能进行电流互感器一次及二次配线,进行储油柜、膨胀器、瓷套等装配工作	
					002	能进行电压互感器一次及二次配线,柜底、膨胀器等装配工作	
					003	能进行互感器总装配过程中的清洁工作	
					004	能进行互感器成品真空注油工作	
					005	能进行互感器成品打压试漏工作	

续上表

职业功能	鉴定项目				鉴定要素		
	项目代码	名　称	鉴定比重（%）	选考方式	要素代码	名　称	重要程度
质量检测与控制	F	插铁质量检测	10	任选	001	能够对变压器铁心插换质量检测数据进行分析判断	X
		绝缘距离与绝缘电阻检测			001	能够正确测量电极之间及电极对地绝缘距离	X
					002	能使用兆欧表测量绝缘电阻和接地电阻	Y
		真空与压力检测			001	能对变压器真空度、油压、充氮压力进行测量	X
					002	能排除真空抽不上去、压力下降和抽真空、试漏时变压器油箱变形严重等故障	Y

变压器、互感器装配工(中级工)技能操作考核样题与分析

职 业 名 称：________________

考 核 等 级：________________

存 档 编 号：________________

考核站名称：________________

鉴定责任人：________________

命题责任人：________________

主管负责人：________________

中国北车股份有限公司劳动工资部制

职业技能鉴定技能操作考核制件图示或内容

考核内容及要求：

高压引线铜棒上连线、编织线、连接件已全部焊好、压好，只考核包扎绝缘。

职业名称	变压器、互感器装配工
考核等级	中级工
试题名称	高压引线绝缘包扎
材质等信息：无	

职业技能鉴定技能操作考核准备单

职业名称	变压器、互感器装配工
考核等级	中级工
试题名称	高压引线绝缘包扎

一、材料准备

序号	材料名称	规　格	数　量	备　注
1	高压引线			
2	皱纹纸带			
3	直纹布带			
4	白乳胶			

二、设备、工具准备清单

序号	材料名称	规　格	数　量	备　注
1	毛刷			
2	游标卡尺			
3	剪刀			

三、考核内容及要求

1. 高压引线铜棒上连线、编织线、连接件已全部焊好、压好，只考核包扎绝缘。
2. 考试时间：120 分钟。
3. 考核评分(表)。

职业名称	变压器、互感器装配工	考核等级	中级工		
试题名称	高压引线绝缘包扎	考核时限	120 分钟		
鉴定项目	考核内容	配分	评分标准	扣分说明	得分
阅读工艺文件及工装准备	识读变压器引线装配、器身装配、总装配的相关工艺文件	5	正确识读得 5 分		
	识读零部件、组部件装配的相关工艺文件	5	正确识读得 5 分		
	识读电压互感器绕组和器身装配等工艺守则	5	正确识读得 5 分		
	识读互感器总装配工艺守则	5	正确识读得 5 分		
设备维护保养	维护保养普通变压器和特种变压器等器身装配、引线装配、总装配所需的设备工装	5	正确维护保养得 5 分		
	进行互感器专用吊具的维护和保养	3	正确维护保养得 3 分		
	进行互感器专用吊具使用前的检验	2	正确检验得 2 分		

续上表

鉴定项目	考核内容	配分	评分标准	扣分说明	得分
引线装配	进行单级式电压互感器绕组层间绝缘、端绝缘和外绝缘的包绕	3	正确包绕得3分		
	进行不同结构形式绕组的绕制	3	正确绕制得3分		
	进行电压互感器绕组的增减匝工作	3	正确增减匝得3分		
器身装配	进行互感器总装配过程中的清洁工作	4	正确清洁得4分		
	进行互感器成品真空浇注工作	3	正确浇注得3分		
总装配	进行总装配绝缘距离控制	4	正确控制得4分		
	进行变压器热油循环	2	正确循环得2分		
一次绕组制作	进行电流互感器一次引线的冷压焊接	3	正确焊接得3分		
	进行电流互感器多匝一次绕组封线的冷压焊接	5	正确焊接得5分		
电压互感器绕组制作	进行单级式电压互感器绕组层间绝缘、端绝缘、角环和外绝缘的包绕	4	正确包绕得4分		
	进行串级式电压互感器绕组层间绝缘、端绝缘、角环和外绝缘的包绕	3	正确包绕得3分		
	进行不同结构形式绕组的绕制	3	正确绕制得3分		
成品制作	能进行电流互感器一次及二次配线，能进行储油柜、膨胀器、瓷套等装配工作	4	正确装配得4分		
	进行电压互感器一次及二次配线，柜底、膨胀器等装配工作	4	正确装配得4分		
	进行互感器总装配过程中的清洁工作	4	正确清洁得4分		
	进行互感器成品真空注油工作	4	正确真空注油得4分		
	进行互感器成品打压试漏工作	4	正确打压试漏得4分		
插铁质量检测	能够对变压器铁心插换质量检测数据进行分析判断	4	正确分析判断得4分		
绝缘距离与绝缘电阻检测	能够正确测量电极之间及电极对地绝缘距离	4	正确测量得4分		
	能使用兆欧表测量绝缘电阻和接地电阻	2	正确使用得2分		
质量、安全、工艺纪律、文明生产等综合考核项目	考核时限	不限	每超时5分钟，扣10分		
	工艺纪律	不限	依据企业有关工艺纪律规定执行，每违反一次扣10分		
	劳动保护	不限	依据企业有关劳动保护管理规定执行，每违反一次扣10分		
	文明生产	不限	依据企业有关文明生产管理规定执行，每违反一次扣10分		
	安全生产	不限	依据企业有关安全生产管理规定执行，每违反一次扣10分		

职业技能鉴定技能考核制件(内容)分析

职业名称	变压器、互感器装配工
考核等级	中级工
试题名称	高压引线绝缘包扎
职业标准依据	国家职业标准

试题中鉴定项目及鉴定要素的分析与确定

分析事项 \ 鉴定项目分类	基本技能“D”	专业技能“E”	相关技能“F”	合计	数量与占比说明
鉴定项目总数	3	9	3	15	鉴定项目总数为15项,选取的鉴定项目总数为10项,其中专业技能选取数量占比为67%,符合大于2/3的要求
选取的鉴定项目数量	2	6	2	10	
选取的鉴定项目数量占比(%)	67	67	67	67	
对应选取鉴定项目所包含的鉴定要素总数	7	22	3	32	所选鉴定项目中鉴定项目总和为32项,从中选考28项,总选取数量占比为88%,符合大于60%的要求
选取的鉴定要素数量	7	18	3	28	
选取的鉴定要素数量占比(%)	100	82	100	88	

所选取鉴定项目及相应鉴定要素分解与说明

鉴定项目类别	鉴定项目名称	国家职业标准规定比重(%)	《框架》中鉴定要素名称	本命题中具体鉴定要素分解	配分	评分标准	考核难点说明
“D”	阅读工艺文件及工装准备	30	能读懂变压器引线装配、器身装配、总装配的相关工艺文件	识读变压器引线装配、器身装配、总装配的相关工艺文件	5	正确识读得5分	
			能读懂零部件、组部件装配的相关工艺文件	识读零部件、组部件装配的相关工艺文件	5	正确识读得5分	
			能读懂电压互感器绕组和器身装配等工艺守则	识读电压互感器绕组和器身装配等工艺守则	5	正确识读得5分	
			能读懂互感器总装配工艺守则	识读互感器总装配工艺守则	5	正确识读得5分	
	设备维护保养		能维护保养普通变压器和特种变压器等器身装配、引线装配、总装配所需的设备工装	维护保养普通变压器和特种变压器等器身装配、引线装配、总装配所需的设备工装	5	正确维护保养得5分	
			能进行互感器专用吊具的维护和保养	进行互感器专用吊具的维护和保养	3	正确维护保养得3分	
			能进行互感器专用吊具使用前的检验	进行互感器专用吊具使用前的检验	2	正确检验得2分	

续上表

鉴定项目类别	鉴定项目名称	国家职业标准规定比重(%)	《框架》中鉴定要素名称	本命题中具体鉴定要素分解	配分	评分标准	考核难点说明
"E"	引线装配	60	能进行单级式电压互感器绕组层间绝缘、端绝缘和外绝缘的包绕	进行单级式电压互感器绕组层间绝缘、端绝缘和外绝缘的包绕	3	正确包绕得3分	
			能进行不同结构形式绕组的绕制	进行不同结构形式绕组的绕制	3	正确绕制得3分	
			能进行电压互感器绕组的增减匝工作	进行电压互感器绕组的增减匝工作	3	正确增减匝得3分	
	器身装配		能进行互感器总装配过程中的清洁工作	进行互感器总装配过程中的清洁工作	4	正确清洁得4分	
			能进行互感器成品真空浇注工作	进行互感器成品真空浇注工作	3	正确浇注得3分	
	总装配		能进行总装配绝缘距离控制	进行总装配绝缘距离控制	4	正确控制得4分	
			能进行变压器热油循环	进行变压器热油循环	2	正确循环得2分	
	一次绕组制作		能进行电流互感器一次引线的冷压焊接	进行电流互感器一次引线的冷压焊接	3	正确焊接得3分	
			能进行电流互感器多匝一次绕组封线的冷压焊接	进行电流互感器多匝一次绕组封线的冷压焊接	5	正确焊接得5分	
	电压互感器绕组制作		能进行单级式电压互感器绕组层间绝缘、端绝缘、角环和外绝缘的包绕	进行串级式电压互感器绕组层间绝缘、端绝缘、角环和外绝缘的包绕	4	正确包绕得4分	
			能进行串级式电压互感器绕组层间绝缘、端绝缘、角环和外绝缘的包绕	进行不同结构形式绕组的绕制	3	正确绕制得3分	
			能进行不同结构形式绕组的绕制	能进行电流互感器一次及二次配线，进行储油柜、膨胀器、瓷套等装配工作	3	正确装配得3分	
	成品制作		能进行电流互感器一次及二次配线，系电杆连接片储油柜、膨胀器、瓷套等装配工作	进行电压互感器一次及二次配线，柜底、膨胀器等装配工作	4	正确装配得4分	
			能进行电压互感器一次及二次配线，柜底、膨胀器等装配工作	进行互感器总装配过程中的清洁工作	4	正确清洁得4分	
			能进行互感器总装配过程中的清洁工作	进行互感器成品真空注油工作	4	正确真空注油得4分	

续上表

鉴定项目类别	鉴定项目名称	国家职业标准规定比重(%)	《框架》中鉴定要素名称	本命题中具体鉴定要素分解	配分	评分标准	考核难点说明
"E"	成品制作		能进行互感器成品真空注油工作	进行互感器成品打压试漏工作	4	正确打压试漏得4分	
			能进行互感器成品打压试漏工作	进行单级式电压互感器绕组层间绝缘、端绝缘和外绝缘的包绕	4	正确包绕得4分	
"F"	插铁质量检测	10	能够对变压器铁心插换质量检测数据进行分析判断	能够对变压器铁心插换质量检测数据进行分析判断	4	正确分析判断得4分	
	绝缘距离与绝缘电阻检测		能够正确测量电极之间及电极对地绝缘距离	能够正确测量电极之间及电极对地绝缘距离	4	正确测量得4分	
			能使用摇表测量绝缘电阻和接地电阻	能使用摇表测量绝缘电阻和接地电阻	2	正确使用得2分	
质量、安全、工艺纪律、文明生产等综合考核项目				考核时限	不限	每超时5分钟，扣10分	
				工艺纪律	不限	依据企业有关工艺纪律规定执行，每违反一次扣10分	
				劳动保护	不限	依据企业有关劳动保护管理规定执行，每违反一次扣10分	
				文明生产	不限	依据企业有关文明生产管理规定执行，每违反一次扣10分	
				安全生产	不限	依据企业有关安全生产管理规定执行，每违反一次扣10分	

变压器、互感器装配工(高级工)技能操作考核框架

一、框架说明

1. 依据《国家职业标准》注,以及中国北车确定的“岗位个性服从于职业共性”的原则,提出变压器、互感器装配工(高级工)技能操作考核框架(以下简称:技能考核框架)。

2. 本职业等级技能操作考核评分采用百分制。即:满分为 100 分,60 分为及格,低于 60 分为不及格。

3. 实施“技能考核框架”时,考核制件(活动)命题可以选用本企业的加工件(活动项目),也可以结合实际另外组织命题。

4. 实施“技能考核框架”时,考核的时间和场地条件等应依据《国家职业标准》,并结合企业实际确定。

5. 实施“技能考核框架”时,其“职业功能”的分类按以下要求确定:

(1)“加工与装配”、“产品制作”属于本职业等级技能操作的核心职业活动,其“项目代码”为“E”。

(2)“工艺准备”、“质量检测与控制”属于本职业等级技能操作的辅助性活动,其“项目代码”分别为“D”和“F”。

6. 实施“技能考核框架”时,其“鉴定项目”和“选考数量”按以下要求确定:

(1)按照《国家职业标准》有关技能操作鉴定比重的要求,本职业等级技能操作考核制件的“鉴定项目”应按“D”+“E”+“F”组合,其考核配分比例相应为:“D”占 30 分,“E”占 60 分,“F”占 10 分。

(2)依据中国北车确定的“核心职业活动选取 2/3,并向上取整”的规定,在“E”类鉴定项目——“加工与装配”、“产品制作”的全部 7 项中,至少选取 5 项。

(3)依据中国北车确定的“其余‘鉴定项目’的数量可以任选”的规定,“D”和“F”类鉴定项目——“工艺准备”、“质量检测与控制”中,至少分别选取 1 项。

(4)依据中国北车确定的“确定‘选考数量’时,所涉及‘鉴定要素’的数量占比,应不低于对应‘鉴定项目’范围内‘鉴定要素’总数的 60%,并向上取整”的规定,考核制件的鉴定要素“选考数量”应按以下要求确定:

①在“D”类“鉴定项目”中,在已选定的 1 个或全部鉴定项目中,至少选取已选鉴定项目所对应的全部鉴定要素的 60%项,并向上保留整数。

②在“E”类“鉴定项目”中,在已选的 5 个鉴定项目所包含的全部鉴定要素中,至少选取总数的 60%项,并向上保留整数。

③在“F”类“鉴定项目”中,在已选定的 1 个项目中,至少选取已选鉴定项目所对应的全部

鉴定要素的60%项,并向上保留整数。

举例分析:

按照上述"第6条"要求,若命题时按最少数量选取,即:在"D"类鉴定项目中的选取了"阅读工艺文件及工装准备"、"设备使用及维护保养"2项,在"E"类鉴定项目中选取了"器身装配"、"总装配"、"一次绕组制作"、"器身制作"、"成品制作"5项,在"F"类鉴定项目中选取了"生产过程质量控制"1项。则:此考核制件所涉及的"鉴定项目"总数为8项,具体包括:"阅读工艺文件及工装准备"、"设备使用及维护保养","器身装配"、"总装配"、"一次绕组制作"、"器身制作"、"成品制作","生产过程质量控制"。

此考核制件所涉及的鉴定要素"选考数量"相应为12项,具体包括:"阅读工艺文件及工装准备"、"设备维护保养"鉴定项目包含的全部6个鉴定要素中的4项,"器身装配"、"总装配"、"一次绕组制作"、"器身制作"、"成品制作"5个鉴定项目包括的全部11个鉴定要素中的7项,"生产过程质量控制"鉴定项目包含的全部1个鉴定要素中的1项。

7. 本职业等级技能操作需要两人及以上共同作业的,可由鉴定组织机构根据"必要、辅助"的原则,结合实际情况确定协助人员的数量。在整个操作过程中,协助人员只能起必要、简单的辅助作用。否则,每违反一次,至少扣减应考者的技能考核总成绩10分,直至取消其考试资格。

8. 实施"技能考核框架"时,应同时对应考者在质量、安全、工艺纪律、文明生产等方面行为进行考核。对于在技能操作考核过程中出现的违章作业现象,每违反一项(次)至少扣减技能考核总成绩10分,直至取消其考试资格。

注:按照中国北车规定,各《职业技能操作考核框架》的编制依据现行的《国家职业标准》或现行的《行业职业标准》或现行的《中国北车职业标准》的顺序执行。

二、变压器、互感器装配工(高级工)技能操作鉴定要素细目表

职业功能	鉴定项目				鉴定要素		
	项目代码	名称	鉴定比重(%)	选考方式	要素代码	名称	重要程度
工艺准备	D	读图与绘图	30	任选	001	能读懂新结构变压器装配所用的引线装配、器身装配、总装配、环形互感器装配、测控图、连管装配、风扇接线图等	X
					002	能读懂新结构变压器装配所用线圈图、铁心装配图、整体套装图等	Y
					003	能读懂新结构变压器装配所用导线夹、绝缘垫板、引线、接线片、压钉、铭牌等	X
					004	能读懂新结构变压器所用外购组部件安装说明书及工作原理图,如套管、有载开关、各类器仪表等	Y
		阅读工艺文件及工装准备			001	能读懂新结构变压器引线装配、器身装配、总装配的相关工艺文件	Y
					002	能读懂新结构引线制作的相关工艺文件	Y
					003	能读懂新结构零部件、组部件装配的相关工艺文件	X
					004	能够设计专用扳手、器身吊螺杆等工具、工装	X

续上表

职业功能	鉴定项目				鉴定要素		
	项目代码	名　称	鉴定比重（%）	选考方式	要素代码	名　称	重要程度
工艺准备	D	设备使用及维护保养		任选	001	能够维护、保养新式装备	X
					002	能处理新型变压器等器身装配、引线装配、总装配所需的工具、量具及测量仪器、仪表的一般故障	X
加工与装配	E	器身装配	60	至少选择五项	001	线圈整体套装	X
					002	绝缘装配	Y
					003	铁心的插铁	X
		引线装配			001	能够在新结构、新工艺条件下进行引线装配工作	X
					002	能够对引线装配过程中出现的质量不合格项进行原因分析，予以处理	X
					003	能够在工作中灵活运用各种引线连接方法	Y
		总装配			001	能够进行新结构、新工艺条件下的变压器总装配	X
产品制作		一次绕组制作			001	能进行电流互感器铝导电管的氩弧焊接	X
					002	能进行电流互感器多层铝片引线的氩弧焊接	X
		电流互感器铁心制作			001	能进行电流互感器气隙铁心的卷制、切开真空压力浸漆和浸漆后烘干处理	X
					002	能进行电流互感器气隙铁心浸漆烘干后励磁特性试验前的准备工作	Y
		器身制作			001	能对电流互感器器身电容屏开裂、器身支架接地不良和器身二次绕组压装螺杆松动等故障的进行原因分析、判断和处理，并制定控制和预防措施	X
					002	能对电压互感器器身支架开裂、穿心螺杆绝缘电阻低和二次绕组匝数错误等故障进行原因分析、判断和处理，并制定控制和预防措施	Y
		成品制作			001	能分析和判断电流互感器和电压互感器成品发生故障的原因，并制定控制和预防措施	X
					002	能对互感器成品修理方案的内容提出改进意见，并进行互感器成品的修理	Y
					003	能进行新结构互感器成品的总装配、真空注油和打压试漏	Y
质量检测与控制	F	生产过程质量控制	10	必选	001	能够组织解决正常产品在器身套装、引线、总装配等过程中出现的质量问题	X

变压器、互感器装配工(高级工)技能操作考核样题与分析

职 业 名 称：__________
考 核 等 级：__________
存 档 编 号：__________
考核站名称：__________
鉴定责任人：__________
命题责任人：__________
主管负责人：__________

中国北车股份有限公司劳动工资部制

职业技能鉴定技能操作考核制件图示或内容

考核内容及要求：

按照工艺要求将变压器线圈与铁心进行套装。

职业名称	变压器、互感器装配工
考核等级	高级工
试题名称	变压器线圈套装
材质等信息：无	

职业技能鉴定技能操作考核准备单

职业名称	变压器、互感器装配工
考核等级	高级工
试题名称	变压器线圈套装

一、材料准备

序号	材料名称	规　格	数　量	备　注
1	变压器铁心			
2	变压器线圈			
3	绝缘垫块			

二、设备、工具准备清单

序号	材料名称	规　格	数　量	备　注
1	专用支架			
2	撬杠			

三、考核内容及要求

1. 按照工艺要求将变压器线圈与铁心进行套装。
2. 考试时间:120 分钟。
3. 考核评分(表)。

职业名称	变压器、互感器装配工	考核等级	高级工		
试题名称	变压器线圈套装	考核时限	120 分钟		
鉴定项目	考核内容	配分	评分标准	扣分说明	得分
阅读工艺文件及工装准备	识读变压器装配相关工艺文件	5	正确识读得 5 分		
	识读引线制作的相关工艺文件	5	正确识读得 5 分		
	识读部件装配的相关工艺文件	5	正确识读得 5 分		
	设计专用扳手、器身吊螺杆等工具、工装	5	正确设计得 5 分		
设备使用及维护保养	维护、保养新式装备	5	正确维护保养得 5 分		
	处理工、量具及测量仪器、仪表的一般故障	5	正确处理得 5 分		
器身装配	线圈整体套装	5	正确套装得 5 分		
	绝缘装配	5	正确装配得 5 分		
	铁心的插铁	5	正确得 5 分		
总装配	进行新结构下的变压器总装配	5	正确装配得 5 分		
	进行新工艺条件下的变压器总装配	5	正确装配得 5 分		
一次绕组制作	进行电流互感器铝导电管的氩弧焊接	5	正确焊接得 5 分		
	进行电流互感器多层铝片引线的氩弧焊接	5	正确焊接得 5 分		

续上表

鉴定项目	考核内容	配分	评分标准	扣分说明	得分
器身制作	对电流互感器器身故障进行原因分析、判断和处理，并制定控制和预防措施	5	正确分析判断得5分		
	对电压互感器器身故障进行原因分析、判断和处理，并制定控制和预防措施	5	正确分析判断得5分		
成品制作	分析和判断电流互感器和电压互感器成品故障原因，并制定控制和预防措施	5	正确分析判断得5分		
	对互感器成品修理方案的内容提出改进意见，并进行互感器成品的修理	5	正确修理得5分		
	能进行新结构互感器成品的总装配、真空注油和打压试漏	5	正确注油试漏得5分		
生产过程质量控制	组织解决正常产品在器身套装、引线、总装配等过程中出现的质量问题	10	正确解决问题得10分		
质量、安全、工艺纪律、文明生产等综合考核项目	考核时限	不限	每超时5分钟，扣10分		
	工艺纪律	不限	依据企业有关工艺纪律规定执行，每违反一次扣10分		
	劳动保护	不限	依据企业有关劳动保护管理规定执行，每违反一次扣10分		
	文明生产	不限	依据企业有关文明生产管理规定执行，每违反一次扣10分		
	安全生产	不限	依据企业有关安全生产管理规定执行，每违反一次扣10分		

职业技能鉴定技能考核制件(内容)分析

职业名称	变压器、互感器装配工
考核等级	高级工
试题名称	变压器线圈套装
职业标准依据	国家职业标准

试题中鉴定项目及鉴定要素的分析与确定

分析事项 \ 鉴定项目分类	基本技能"D"	专业技能"E"	相关技能"F"	合计	数量与占比说明
鉴定项目总数	3	7	1	11	鉴定项目总数为11项,选取的鉴定项目总数为8项,其中专业技能选取数量占比为71%,符合大于2/3的要求
选取的鉴定项目数量	2	5	1	8	
选取的鉴定项目数量占比(%)	67	71	100	73	
对应选取鉴定项目所包含的鉴定要素总数	6	11	1	18	所选鉴定项目中鉴定项目总和为18项,从中选考18项,总选取数量占比为100%,符合大于60%的要求
选取的鉴定要素数量	6	11	1	18	
选取的鉴定要素数量占比(%)	100	100	100	100	

所选取鉴定项目及相应鉴定要素分解与说明

鉴定项目类别	鉴定项目名称	国家职业标准规定比重(%)	《框架》中鉴定要素名称	本命题中具体鉴定要素分解	配分	评分标准	考核难点说明
"D"	阅读工艺文件及工装准备	30	能读懂新结构变压器引线装配、器身装配、总装配的相关工艺文件	识读变压器装配相关工艺文件	5	正确识读得5分	
			能读懂新结构引线制作的相关工艺文件	识读引线制作的相关工艺文件	5	正确识读得5分	
			能够设计专用扳手、器身吊螺杆等工具、工装	识读部件装配的相关工艺文件	5	正确识读得5分	
			能读懂新结构变压器引线装配、器身装配、总装配的相关工艺文件	设计专用扳手、器身吊螺杆等工具、工装	5	正确设计得5分	
	设备使用及维护保养		维护保养新式装备	维护保养新式装备	5	正确维护保养得5分	
			处理工、量具及测量仪器、仪表的一般故障	处理工、量具及测量仪器、仪表的一般故障	5	正确处理得5分	
"E"	器身装配	60	线圈整体套装	线圈整体套装	5	正确套装得5分	
			绝缘装配	绝缘装配	5	正确装配得5分	
			铁心的插铁	铁心的插铁	5	正确得5分	
	总装配		能够进行新结构、新工艺条件下的变压器总装配	进行新结构下的变压器总装配	5	正确装配得5分	

续上表

鉴定项目类别	鉴定项目名称	国家职业标准规定比重(%)	《框架》中鉴定要素名称	本命题中具体鉴定要素分解	配分	评分标准	考核难点说明
"E"	一次绕组制作		能进行电流互感器铝导电管的氩弧焊接	进行新工艺条件下的变压器总装配	5	正确装配得5分	
			能进行电流互感器多层铝片引线的氩弧焊接	进行电流互感器铝导电管的氩弧焊接	5	正确焊接得5分	
	器身制作		能对电流互感器器身电容屏开裂、器身支架接地不良和器身二次绕组压装螺杆松动等故障的进行原因分析、判断和处理,并制定控制和预防措施	进行电流互感器多层铝片引线的氩弧焊接	5	正确焊接得5分	
			能对电压互感器器身支架开裂、穿心螺杆绝缘电阻低和二次绕组匝数错误等故障进行原因分析、判断和处理,并制定控制和预防措施	对电流互感器器身故障进行原因分析、判断和处理,并制定控制和预防措施	5	正确分析判断得5分	
	成品制作		能分析和判断电流互感器和电压互感器成品发生故障的原因,并制定控制和预防措施	对电压互感器器身故障进行原因分析、判断和处理,并制定控制和预防措施	5	正确分析判断得5分	
			能对互感器成品修理方案的内容提出改进意见,并进行互感器成品的修理	分析和判断电流互感器和电压互感器成品故障原因,并制定控制和预防措施	5	正确分析判断得5分	
			能进行新结构互感器成品的总装配、真空注油和打压试漏	对互感器成品修理方案的内容提出改进意见,并进行互感器成品的修理	10	正确修理得10分	
"F"	生产过程质量控制	10	能够组织解决正常产品在器身套装、引线、总装配等过程中出现的质量问题	组织解决正常产品在器身套装、引线、总装配等过程中出现的质量问题	10	正确解决问题得10分	
质量、安全、工艺纪律、文明生产等综合考核项目				考核时限	不限	每超时5分钟,扣10分	
				工艺纪律	不限	依据企业有关工艺纪律规定执行,每违反一次扣10分	
				劳动保护	不限	依据企业有关劳动保护管理规定执行,每违反一次扣10分	

续上表

鉴定项目类别	鉴定项目名称	国家职业标准规定比重(%)	《框架》中鉴定要素名称	本命题中具体鉴定要素分解	配分	评分标准	考核难点说明
质量、安全、工艺纪律、文明生产等综合考核项目				文明生产	不限	依据企业有关文明生产管理规定执行，每违反一次扣10分	
				安全生产	不限	依据企业有关安全生产管理规定执行，每违反一次扣10分	